学ぶ人は、
変えて
ゆく人だ。

目の前にある問題

社

挑み続

「学び」で、

少しずつ世界は変えてゆける。

いつでも、どこでも、誰でも、

学ぶことができる世の中へ。

旺文社

大学入学

共通テスト

数学II・B・C 集中講義 改訂版

開成中学校・高等学校教諭
松野陽一郎 著

旺文社

　共通テストは，日本の大学入学試験の中でもっともたくさんの人が受験する試験です．「数学Ⅰ・数学Ａ」や「数学Ⅱ・数学Ｂ・数学Ｃ」では，一回に30万人以上の受験者がいます．それだけに社会全体の関心も高く，試験の内容についても毎年さまざまなことが言われます．易しくなった・難しくなった，全受験者の平均点がこれだけ上がった・下がった，傾向が変わった・維持されている，などと．

　しかし，このような分析は，実際に共通テストを受ける人たちにとっては，たいした意味を持たないと私は思います．難しかろうが易しかろうが，平均点が高かろうが低かろうが，結局「準備して，会場に行って，問題を解いてくる」ことは同じです．それにそもそも，難易とか傾向とかは，その場で実際に問題が出されるまではわかりません．そこに神経を使ってしまうのは，受験に対して実効的ではないでしょう．どんな問題でもがんばる，最善を尽くす，それだけです．

　受験生にとってほんとうに必要なことは，適切な準備です．共通テストに成功するには，どのような学習を積み重ねればよいのか？　これこそが，受験生のみなさんの知りたいことでしょう．この本を執筆するにあたって，私もずいぶん考えました．過去出題の問題を読み，実際に解いてみて，答えを出した後もあれこれ考えました．

　その結果わかった「適切な準備」とは——残念ながら，しかし当然ながら——魔法の杖を一振り！　というような鮮やかなものではありませんでした．詳しくは本書の全体，特に CHAPTER 0 に詳しく述べましたが，一番大切なことは

　　　　　教科書に載っている基礎的なことを，徹底的に理解する

ことでした．……と聞くと，なあんだ基礎かあ，じゃあ簡単だしラクだな，と思った人もいるかもしれません．でもそうではないのです．基礎事項の（なんとなくではない，完璧な）習得は決して容易なことではなく，また安易にできることでもないのです．

　私は，容易でも安易でもない「高校数学の基礎の習得」を成し遂げようと，自分の未来のために決意した人の力になりたいと願って，この本を書きました．もともとは2024年入試までの課程に合わせて書いた本でしたが，このたびの課程の改訂に応じて，版も新たにできたことをうれしく思っています．

　この本は，受験生の皆さんが「教科書に載っている基礎的なこと」を効率よくもれなく習得し，さらにその使い方・組み合わせ方に習熟して，そして共通テストで思うような成果を挙げることに，きっと役立つはずです．教科書とこの本でしっかり勉強した人は，共通テストの難易度が変わろうが傾向が変わろうがまったく関係なく，試験場で最大のパフォーマンスを発揮して，自分の手で自分の未来を切り開くことができるはずです．信じて，努力を積み重ねてください！

松野陽一郎

この本は，10つの CHAPTER と**チャレンジテスト**（問題と解説）から成ります．

CHAPTER のうち，最初の CHAPTER 0 は，共通テストで「数学II」「数学II・数学B・数学C」を受験するにあたり必要な対策を，要点を絞って述べました．

そのあとの CHAPTER 1〜CHAPTER 9 は単元ごとの解説や練習問題で，この本のコア部分です．CHAPTER 1 から CHAPTER 5 までが数学II，CHAPTER 6，7 が数学B，CHAPTER 8，9 は数学Cの内容です．

CHAPTER 1 以降の CHAPTER はそれぞれ，5個から9個の THEME，そして**コラム**を含みます．

各 THEME には，🏛 GUIDANCE，いくつかの POINT，何問かの問からなる EXERCISE とその 解説 と 解答，➕PLUS が含まれます．🏛 GUIDANCE でまずこの THEME で学ぶべきこと，そのために必要な心構えを説明します．次に POINT で，共通テストを受験するうえでぜひとも知っておいてほしい基礎事項をまとめて述べます．そして，POINT の内容がしっかり自分に定着しているか，うまく使いこなせるかをチェックしつつ力をつけるための練習問題を EXERCISE としています．短い 解説 がつくときとつかないときがありますが，解答 は必ずあります．さらに，ここまでで述べ切れなかったことや，やや発展的な内容を，少し違う視点から，➕PLUS として記します．

チャレンジテストは，過去に共通テスト，そして試行調査や試作問題に出題された問題から，学習効果が高いものを私が選んで，掲載しています．そのあとには問題の 解答 と 解説 があります．解説 の前後には，どのようなことを意識して問題に向かい合ったらよいかを説いた 💡アドバイス と，問題の内容について数学的なことをいろいろ書いた 補説 がついています．

この本の読み方の一例を以下に示します．もちろん，これ以外にもありえます．

まずは CHAPTER 0 を読みます．一回目はざっと目を通すくらいでもかまいません．この部分だけでも，新しい知見が得られる人も多いと思います．

次に各自の学習ペースに合わせて，CHAPTER 1〜CHAPTER 9 を読みます．特に POINT の内容を自分がわかっているかどうか，しっかりチェックしましょう．なお，スペースの都合で基礎事項の証明などは書けていないことも多いので，それは教科書などで補ってください．

ある程度，基礎事項の定着の手ごたえを得られたら，**チャレンジテスト**に立ち向かってみましょう．解きっぱなしにはせず，必ず，💡アドバイス・解説・補説 も読んで考えましょう．特に，解けなかった問題の事後研究は入念に！

もくじ

コ ラ ム 一 覧

THEME

0-1 共通テスト数学Ⅱ・B・Cの対策総論

GUIDANCE 共通テストの科目「数学Ⅱ」および「数学Ⅱ・数学B・数学C」では，短い試験時間の中で長い問題文からポイントを適切に読み取り，基礎事項のうち「いま使うべきもの」が何かを正しくとらえる必要がある．そのためには，数学Ⅱ・数学B・数学Cの基礎力はもちろん，さらに広い意味での「読解力」を日頃から養いたい．

POINT 0-1 共通テスト「数学Ⅱ」「数学Ⅱ・数学B・数学C」の特徴

60分の試験時間は，問題全体の分量と，状況の理解にかかる時間を考えると，多くの受験生にとってはかなり短い時間であろう．問題の内容も，いわゆる受験問題として世にある「求めよ」「計算せよ」タイプではないものもあり，「こんなの見たことない！」とあわてる受験生もいることと思う．

しかし，問題を解くのに，特殊な知識や技術が必要とされるわけではない．数学Ⅱ，数学B・数学Cの授業を受ければ必ず説明されるはずの，教科書に載っている基礎知識（定義や用語も含む），そして基本的な考え方に立脚すれば最後まで解けるように，問題の内容も，問題文による誘導も，丁寧に作られている．その点についてはきちんと準備して臨めば心配はいらない．

出題内容については，出題の年によっても変動がある．たとえば，2022年の「数学Ⅱ・数学B」の問題を見ると，数列やベクトルの問題では状況の把握に手間がかかりそうであるし，確率密度関数を自分で決定する統計の問題は多くの受験生には意外だっただろう．難問ではないものの，大きく負担を感じた受験生もいたことと思う．一方，2023年の「数学Ⅱ・数学B」は，数列・ベクトル（これは2025年以降の課程では数学Cになる）・統計，どれも見慣れたタイプの穏やかな出題であった．今後の出題内容や難易がどうなるかは，今はわからない．どんな問題も出題される可能性があると覚悟して，何でも来い，とどっしり構えよう．

POINT 0-2 基礎事項の理解：「教科書に載っていること」

教科書の内容を一通り学習したあと，自分で教科書を徹底的に読み込み，教科書に載っていることであればいつ問われても即座に答えられるようになる．これが，今後の共通テストにうまく対応するためにもっとも重要なことである．

「教科書を理解する」とは，単に「教科書に載っている問題の答えを出せる」だけのことではない．ものごとが成り立つ理由，さまざまな概念を定義する動機，問題解決のための発想，こまごまとした注意など，教科書には実にたくさんのさまざまなことが，文章や図で記載されている．これらをすべて読み解き，理解す

るのは決して容易なことではない．しかし，それが必要なのである．

　2022年出題の「数学Ⅱ」「数学Ⅱ・数学B」では，座標平面上での曲線の接線，対数の大小の判断，数理的モデルを見て漸化式を立てることなどが話題になっているが，いずれも教科書に基礎事項として詳しく説明されていることに拠って立って推論して，無理なく解答できる問題である．計算量はむしろ少ない．教科書に載っている，ごく自然な基本的発想ができるかどうかを問われることが，共通テストの一面だと思っておくのがよいだろう．

　この本では，教科書に載っている大切なことなのに，多くの受験生が読み飛ばしてしまいがちなことを，たくさん指摘している．ぜひ参考にしてほしい．

POINT 0-3 読解力：「読み取る力」と「ついていく力」

　問題文の量が多い共通テストでは読解力が必須，とはよく言われる．しかし，数学の共通テストに必要な読解力とは何かを，具体的にわかっていないと，あまり実際的な意味がない．ここでは「読み取る力」と「ついていく力」を考える．

　読み間違いには，単なる読み飛ばしや見落とし，単語や数式の誤認から，問われていることの勘違い，論理展開の誤解など，いろいろある．これらを避ける対策は一朝一夕にはできない．書かれていることを正確に「読み取る」ことは，数学の力というよりは文章力の問題だ．日頃から多くの本を読み，人の話をよく聞き，書いたり話したりする体験が必要だろう．

　そして数学の共通テストでは，穴埋め式の問題文で解答者に「問題を解くためにこう考えなさい」と誘導すること，さらにそのあとで「では，似た問題（または発展した問題）を考えなさい，さきほどと同じように考えればできますよ」と問いかけることが多い．考え方の説明があれば，何もなしではとても解けないような問題でも解けるだろうということだが，ここには，出題者の意図を適切に読み取り，その発想に「ついていく」ことが解答者にはできるはずだ，という前提がある．短い試験時間でこれを実行するのは決して簡単なことではない．対策としては，日頃から「答えだけ合えばよい」ではなく発想や考え方を一つ一つ丁寧に確認すること，問題が解けてもほかの解法も探究すること，一つの考え方を知ったときにそれを自分なりに応用してみること，などが有効だが，いずれにせよ速成できることではない．意識して学習を進めることが大切だ．

POINT 0-4 スピード：「まずはゆっくりじっくり」

　時間の足りない共通テストに挑むのだから，速く読まねば，速く解かねば……とあせるのはよくわかる．しかし，「ゆっくりでもできないことは，速くはできない」．日頃の勉強では，すべてがきちんとわかるまで，あわてず急がず考え抜くことが大切だ．これを積み重ねれば，スピードはあとから自然についてくる．

THEME

0-2 共通テスト数学II・B・Cの対策各論

📖 **GUIDANCE** 　数学II，数学B，数学Cの単元ごとに，共通テスト対策のポイントを説明する．POINT 0-1 でも述べた通り，特別な知識・技術は要らない．そのかわり，基礎事項を完璧に理解することが要求される．この本では，大切な基礎事項を後の9つの CHAPTER で挙げている．教科書とともに，一つずつ確認してほしい．

POINT 0-5 　数学II 　方程式・式と証明

　内容が非常に多く，また多様である単元だ．一言で言えば「多項式（整式）の計算に習熟すること」が目標だが，これは「多項式の展開（二項定理や多項定理も用いる）」「多項式の割り算の等式の利用（剰余の定理や因数定理も）」「複素数の計算」「対称式の取り扱い」など，実にさまざまなことから成っている．そしてこの「計算」をもとに「証明」もできるようになる．

　初歩的なことがすぐ華やかな応用につながる単元で，基礎事項の地道な積み上げが極めて有効だ．あわてず一つ一つ習得すれば，必ず成果が挙がる．

POINT 0-6 　数学II 　図形と方程式

　座標平面上で図形，特に点・直線・円を考える．直線の方程式は x, y の1次方程式，円の方程式は x, y の（ある条件を満たす）2次方程式である．図形の研究に方程式の研究が生きる．そして逆に，方程式の研究に図形の研究を生かすこともできる．この双方向の往来をたくさん経験することが，まず必要だ．

　学習中は常に「図形」と「式」の両方を意識して臨むとよい．問題によってどちらを主に用いたらよいかは変わる．何が来ても対応できるようになろう．

POINT 0-7 　数学II 　三角関数

　三角関数 (sin, cos, tan) の定義を正しく理解し，グラフの形をしっかり認識する．そのあとは式の計算，特に加法定理とそこから導かれる諸公式を自在に用いることになる．共通テストを含む大学入試で問われる計算にはいくつか典型例があるので，まずはその習得からだろう．この本でもしっかり記してある．

　三角関数に限らないが，関数のグラフの形についての出題は，共通テストやその試行調査では多く見られている．日頃からグラフを手で描く経験を積もう．

POINT 0-8 　数学II 　指数関数・対数関数

　指数関数 a^t や対数関数 $\log_a x$ の記号がこれまでに見慣れないものなので苦手

に感じてしまう人が多いが，ここは新しい記号が目と手になじむまでがんばらねばならない．そして，慣れてしまえば決して難しいものではない．コツは，慣れるまでひたすら「定義に帰って」いちいち考えることである．そのうえでいくつかある公式を使えるようになれば，計算問題も非常に楽にできる．

指数関数・対数関数のグラフもよく見てよく描き，手の内に入れておこう．

POINT 0-9 数学Ⅱ 微分と積分

100点満点中，30点分ほどと，かなりの配点がされている単元である．習得しておくべき内容はシンプルなので，努力が結果に結びつきやすい．

共通テストでは，複雑な数値の計算よりも，微分・積分という操作の基本的な意味がわかっているか，グラフのどこを見ればなにがわかるか，などが問われている．ただし，このようなことを問うためには (簡単な) 文字式を用いる必要があり，そのため文字式を答えたり観察したりする問題も出ている．

POINT 0-10 数学B 数列

等差数列や等比数列，整数の累乗の和，階差数列と部分和の関係，そして漸化式と，基礎をなすことがらはどれも決して難しいものではない．しかし，問題となるとこれらが組み合わされ，扱う式もやや複雑になるため，難問だと感じる人が多いようである．とはいえ，添え字の記号 (a_n など) や総和記号 ($\sum$)，そして番号のつけかえ ($a_n = \cdots$ という式から $a_{n+1} = \cdots$ という式を作るなど) など，式と記号の操作に十分習熟した人には，意外に考えやすい．自信を持ってほしい．

POINT 0-11 数学B 確率分布と統計的推測

統計的推測については，センター試験でも共通テストでも，だいたい毎回，同じことが問われていると言える．正規分布すると考えられる確率変数 (二項分布に従う確率変数や標本平均を近似的にそう見なすことも多い) に対しての，確率の算出や区間推定の幅の決定，仮説検定などが話題となるだろう．

ただし，それ以外の話題も出ることがあるので，注意を要する．正規分布でない分布，確率変数の独立性などについて，回数は少ないものの，問われている．

POINT 0-12 数学C ベクトル

ベクトルについては学ぶべき基礎事項が多く，一つ一つもしっかり考えないと理解が難しい．手間のかかる単元だが，実は，基礎の仕込みさえできてしまえば，どんな問題でも (平面上でも空間内でも) いつも同じような技法と思想により解決できるので，受験生としては安心して試験に臨めるところでもあるのだ．

教科書の記述や図示は，ときに簡単なつまらないことに思えるだろう．これをおろそかにせず一つずつ考えて完璧に理解して進むことが，学習のコツである．

　課程の改定により，2025年度試験からはじめて共通テストに出題される単元である．試作問題ではつとめて基本的なことだけ問おうとする意図が感じられるが，学習範囲としては非常に広いので，長期的にはどうなるかわからない．

　一方，理系への進学を目指す人が二次試験対策としてこの単元を一通り学んだあとであれば，おそらく，共通テストのこの単元の問題は取り組みやすく，有力な選択肢であろう．

1 複素数とその演算

GUIDANCE　実数は，数直線上にある数だと考えられる．数学では，数直線の外（そと）にも数の世界を拡げて考えると，物事がよりきれいに理解できる場面が多い．この数 —— 複素数 —— の世界の構造は，数学Cで複素数平面を学んではじめて見える．数学Ⅱでは，複素数の計算について学ぶ．

POINT 1 虚数単位と複素数

「2乗すると -1 に等しくなるもの」，すなわち $z^2 = -1$ をみたす z を，数だとみなすことにする．このように考えても，これまでの四則演算において成立していた加法，乗法の結合法則や交換法則，また，分配法則は変わらず成立するものとできる．このとき，$z^2 = -1$ であれば $(-z)^2 = -1$ でもあるから，「2乗すると -1 に等しくなるもの」は2つあることになる．そこで，その一方を記号で i と書き，**虚数単位**と呼ぶ．すると $z^2 = -1$ をみたす z の値は，i と $-i(=(-1) \times i)$ である．

2つの実数 a，b を組み合わせて $a + bi$ と表される数を**複素数**という．

POINT 2 複素数に関する用語

以下，a，b は実数とする．

複素数 $z = a + bi$ に対して，a を z の**実部**，b を z の**虚部**という．

虚部が0である複素数 $a + 0i$ は，実数 a と同一のものとみなす．これによって，実数は複素数の一種であるとみなせる．

虚部が0でなく，したがって実数でない複素数を**虚数**という．特に，実部が0である虚数 $0 + bi$（ただし $b \neq 0$）を bi と書き，**純虚数**という．

2つの複素数は，その実部どうし，虚部どうしがそれぞれ等しい場合にのみ，等しいという．

複素数 z の実部をそのままに，虚部を (-1) 倍した複素数を，z と**共役な複素数**といい，$\bar{z}$ と表す．つまり，$z = a + bi$ に対して，$\bar{z} = a - bi$ である．

POINT 3 複素数の四則演算

複素数の四則演算は，虚数単位 i を普通の文字のように扱って計算し，時に応じて $i^2 = -1$ を用いて進めればよい．

除法では，共役な複素数を利用する．a，b，c，d が実数で $c + di \neq 0$ のとき，

$$\frac{a+bi}{c+di}=\frac{(a+bi)(c-di)}{(c+di)(c-di)}=\frac{ac+(bc-ad)i-bdi^2}{c^2+d^2}=\frac{ac+bd}{c^2+d^2}+\frac{bc-ad}{c^2+d^2}i$$

と計算できる.

一般に，複素数 z に対して，「$z+\bar{z}$ は実数」「$z\bar{z}$ は実数」「$z-\bar{z}$ は 0 か純虚数」が成り立つことは，よく用いられる.

複素数 z，w について，「$zw=0 \iff z=0$ または $w=0$」である.

POINT 4 実数の平方根の記号の約束

実数 x に対して，記号 $\sqrt{x}$ の意味は，以下の通りである.

〔1〕 $x>0$ のときは，$\sqrt{x}$ は x の平方根（正のものと負のものが 1 つずつある）のうち，正の方を表すものとする.

〔2〕 $x=0$ のときは，$\sqrt{x}=\sqrt{0}$ は 0 を表す.

〔3〕 $x<0$ のときは，$\sqrt{x}=\sqrt{-x}\,i$ とする. ここで $\sqrt{-x}$ は，〔1〕で規約した，正の実数 $-x$ に対する，正の平方根である.

この規約によると，x，y がともに正の実数のときには成り立っていた公式

$$\sqrt{xy}=\sqrt{x}\sqrt{y}\,,\quad \sqrt{\frac{y}{x}}=\frac{\sqrt{y}}{\sqrt{x}}$$

は，x や y が負の実数かもしれないときには，成り立つとはいえない.

EXERCISE 1 ●複素数とその演算

問1 $z=3+i$，$w=-1+2i$ に対して，$z+w$，$z-w$，zw，$\dfrac{z}{w}$ を計算せよ. また，$z\bar{w}$ を計算し，これと $\dfrac{z}{w}$ との比を計算せよ.

問2 $(5+3i)x+(3+2i)y=1$ をみたす実数 x，y の値を求めよ.

問3 $\sqrt{(-4)(-9)} \neq \sqrt{-4}\sqrt{-9}$ と $\sqrt{\dfrac{12}{-3}} \neq \dfrac{\sqrt{12}}{\sqrt{-3}}$ を確かめよ.

問4 $z^2=15-8i$ をみたす複素数 z を求めよ.

解答 **問1** $z+w=2+3i$，$z-w=4-i$，

$zw=-3+5i+2i^2=-3+5i-2=-5+5i$，

$\dfrac{z}{w}=\dfrac{z\bar{w}}{w\bar{w}}=\dfrac{(3+i)(-1-2i)}{(-1+2i)(-1-2i)}=\dfrac{-1-7i}{1+4}=\dfrac{-1-7i}{5}\left(=-\dfrac{1}{5}-\dfrac{7}{5}i\right).$

また，この計算の中で $z\bar{w}=-1-7i$ と $w\bar{w}=5$ がわかった. そして

$\dfrac{z}{w}=\dfrac{z\overline{w}}{w\overline{w}}=\dfrac{z\overline{w}}{5}$ なので，$z\overline{w}:\dfrac{z}{w}=5:1$ である．

問2 $(5+3i)x+(3+2i)y=1$ は $(5x+3y)+(3x+2y)i=1+0i$ と書き直され，これは（$5x+3y$, $3x+2y$, 1, 0 が実数なので）$5x+3y=1$ かつ $3x+2y=0$，すなわち $(x, y)=(2, -3)$ のときのみ成り立つ．

問3 $\sqrt{(-4)(-9)}=\sqrt{36}=6$, $\sqrt{-4}\sqrt{-9}=\sqrt{4}\,i\cdot\sqrt{9}\,i=6i^2=-6$ で，両者は等しくない．

$\sqrt{\dfrac{12}{-3}}=\sqrt{-4}=\sqrt{4}\,i=2i$, $\dfrac{\sqrt{12}}{\sqrt{-3}}=\dfrac{2\sqrt{3}}{\sqrt{3}\,i}=\dfrac{2}{i}=\dfrac{2i}{i\cdot i}=\dfrac{2i}{-1}=-2i$ で，両者は等しくない．

問4 $z=a+bi$（a, b は実数）とおく．$z^2=a^2+2abi+b^2i^2=(a^2-b^2)+2abi$ で，これが $15-8i$ に等しいのは $a^2-b^2=15$ …① かつ $2ab=-8$ …② のときのみ．①，②を連立して解く．②から $b=-\dfrac{4}{a}$．これを①に代入して

$a^2-\left(-\dfrac{4}{a}\right)^2=15$, これを整理して $a^4-15a^2-16=0$, すなわち

$(a^2-16)(a^2+1)=0$．a は実数なのでこれは $a=\pm4$ のときだけ成立する．このとき，②より $b=\mp1$（複号同順）であり，このとき①も満たされる．答えは $z=4-i$ と $z=-4+i$ である．

✚PLUS　複素数を考えるときには，それまで実数を考えていたときには当然のように成立していたことのうち，いくつかが通用しなくなります．たとえば，2つの複素数の間には，一般に大小関係は定義されません．また，POINT 4 でも平方根記号を用いた計算に注意が必要であることを述べました．ただし平方根記号については，大学で学ぶ考え方によると，ある解釈のしかたによって，実数のときの公式が復権します．

THEME 2　多項式のかけ算

🏮 **GUIDANCE**　数学 I で，2 次式が現れる加減乗や因数分解について学んだ．特に，乗法（かけ算）の基本は分配法則であった．これは 3 次以上の一般の多項式でもまったく同じである．ただし，因数分解をさらりとできるようになるには，乗法公式の形を脳裏に置く必要がある．また，累乗の展開では二項定理が重要である．

POINT 5　3 次式の乗法公式・因数分解

以下，左辺を右辺に変形するのが展開，右辺を左辺に変形するのが因数分解.

〔1〕　$(x+y)^3 = x^3 + 3x^2y + 3xy^2 + y^3$,
　　　$(x-y)^3 = x^3 - 3x^2y + 3xy^2 - y^3$.

〔2〕　$(x+y)(x^2 - xy + y^2) = x^3 + y^3$,
　　　$(x-y)(x^2 + xy + y^2) = x^3 - y^3$.

POINT 6　二項定理

n を正の整数とする．$(x+y)^n$ を展開すると，$x^{n-k}y^k$（$k=0, 1, \cdots, n$）の項が現れるが，その項の係数は ${}_nC_k$ である．

${}_nC_k$ は「n 個のものから k 個を選ぶ選び方の総数」で，これを**二項係数**ともいう．二項係数は，右図のような**パスカルの三角形**に現れる：いちばん上を 0 行目として，n 行目に ${}_nC_0, {}_nC_1, \cdots, {}_nC_n$ が並ぶ.

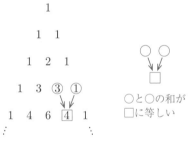

○と○の和が□に等しい

POINT 7　三項定理，多項定理

n を正の整数とする．$(x+y+z)^n$ を展開すると，$x^p y^q z^r$（p, q, r は 0 以上の整数で $p+q+r=n$ をみたす）の項が現れるが，その項の係数は $\dfrac{n!}{p!\,q!\,r!}$ である．より一般に，$(x_1+x_2+\cdots+x_l)^n$ を展開したときの $x_1^{e_1}x_2^{e_2}\cdots\cdots x_l^{e_l}$（$e_1, e_2, \cdots, e_l$ は 0 以上の整数で $e_1+e_2+\cdots+e_l=n$ をみたす）の項の係数は

$$\dfrac{n!}{e_1!\,e_2!\cdot\cdots\cdot e_l!}$$ である.

EXERCISE 2 ●多項式のかけ算

問 1 次の式を展開せよ.

(1) $(3a+2b)^3$ 　　　(2) $(2x-5y)(4x^2+10xy+25y^2)$

問 2 次の式を因数分解せよ.

(1) $64x^3+y^3+3y^2z+3yz^2+z^3$ 　　(2) $54l^3m^2-16m^2n^3$

問 3 (1) $(x-2y)^{10}$ を展開したときの x^6y^4 の項の係数を求めよ.

(2) $(a-3b+2c)^7$ を展開したときの a^4bc^2 の項の係数を求めよ.

問 4 n を自然数とする. $(x+y)^n$ の二項定理による展開を用いて,
$$_nC_0+{}_nC_1+{}_nC_2+\cdots+{}_nC_n=2^n$$
が成り立つことを示せ.

解説 展開や因数分解の計算をうまく進めるには,数学 I で学んだ「ある部分をひとかたまりと見なす」手法が必要になる.たとえば,$64x^3$ は,$4x$ をひとかたまりと見なせばその 3 乗である,など.また,共通因数のくくり出しも重要である.

解答 **問 1** (1) $(3a+2b)^3=(3a)^3+3(3a)^2(2b)+3(3a)(2b)^2+(2b)^3$
$$=\boldsymbol{27a^3+54a^2b+36ab^2+8b^3}.$$

(2) $(2x-5y)(4x^2+10xy+25y^2)$
$=(2x-5y)((2x)^2+(2x)(5y)+(5y)^2)$
$=(2x)^3-(5y)^3$
$=\boldsymbol{8x^3-125y^3}.$

問 2 (1) $64x^3+y^3+3y^2z+3yz^2+z^3$
$=(4x)^3+(y+z)^3$
$=(4x+(y+z))((4x)^2-4x(y+z)+(y+z)^2)$
$=\boldsymbol{(4x+y+z)(16x^2-4xy-4xz+y^2+2yz+z^2)}.$

(2) $54l^3m^2-16m^2n^3=2m^2(27l^3-8n^3)$
$$=2m^2((3l)^3-(2n)^3)$$
$$=2m^2(3l-2n)((3l)^2+(3l)(2n)+(2n)^2)$$
$$=\boldsymbol{2m^2(3l-2n)(9l^2+6ln+4n^2)}.$$

問 3 (1) x^6y^4 の項は ${}_{10}C_4x^6(-2y)^4=\dfrac{10\cdot9\cdot8\cdot7}{4\cdot3\cdot2\cdot1}\cdot x^6\cdot16y^4=3360x^6y^4$

からのみ生じる.求める係数は **3360** である.

(2) a^4bc^2 の項は $\dfrac{7!}{4!1!2!}a^4(-3b)^1(2c)^2=-1260a^4bc^2$ からのみ生じる．求める係数は -1260 である．

問4 二項定理より

$$(x+y)^n={}_nC_0x^n+{}_nC_1x^{n-1}y+{}_nC_2x^{n-2}y^2+\cdots+{}_nC_ny^n$$

である．これに $x=1,\ y=1$ に代入したもの，つまり

$$(1+1)^n={}_nC_01^n+{}_nC_11^{n-1}1+{}_nC_21^{n-2}1^2+\cdots+{}_nC_n1^n$$

は当然成立する．そしてこれは

$$2^n={}_nC_0+{}_nC_1+{}_nC_2+\cdots+{}_nC_n$$

ということである．これで示すべきことが示せた．

✚PLUS 多項式のかけ算（展開と因数分解）は数学のあらゆる分野の問題に登場します．多くの計算を経験し，"目を慣らす"必要があるでしょう．

問4で示した等式は，場合の数から考えた意味づけもできます．n 人のクラスから委員を選びますが，1人も選ばない（「0人を選ぶ」ということにします）こともよいし，全員を選んでもよいとします．このとき，選び方の総数は，「0人を選ぶ」または「1人を選ぶ」または…または「n 人を選ぶ」と考えれば $({}_nC_0+{}_nC_1+\cdots+{}_nC_n)$ 通りです．そして，1人1人が委員になるかならないかの二択を n 人全員について繰り返すと考えれば 2^n 通りです．両者は当然等しいはずなので，問4の等式が成り立ちます．

1つのことを，多項式の計算からも，場合の数の考え方からも示せた……のですが，よく考えてみると，この2つのことはそんなに大きく異なってはいないことが感じられるはずです．

なお，数式のカッコが二重になるとき，内側のカッコは $(\ )$ で，外側のカッコは $\{\ \}$ で書かねばならないように思っている人も世の中にはいるようですが，そのようにしなければならない数学的理由はまったくありません．むしろ，A$(1,\ 2)$ などの座標を表すカッコ $(\ )$ や，$\{3,\ 4\}$ などの集合を表すカッコ $\{\ \}$ など，固有の用法があるカッコも数学には多いので，演算の順序を示すためのカッコにわざわざいろいろなカッコを使い分けるのは，わずらわしく混乱のもとになるだけだと私は考えます．

THEME
3 多項式のわり算

🏛 **GUIDANCE** 整数どうしのわり算に余りを出さないもの $\left(20 \div 3 = \dfrac{20}{3}\right)$ と出す

もの (20 を 3 でわると商は 6, 余りは 2) があるように, 多項式 (整式ともいう) どうしのわり算にも余りを出すものと出さないものがある. 教科書では, 余りを出すわり算を「多項式の除法」として述べ, 余りを出さないわり算は「分数式の計算」として扱っている.

POINT 8 多項式を表す記号

文字 x についての多項式 (たとえば x^2+2x-4) を, A などの 1 つの文字で表す ($A=x^2+2x-4$ など) ことがある. また, その多項式が「x についてのもの」であることを明示するために, $A(x)$ などと表す ($A(x)=x^2+2x-4$ など) こともある.

x についての多項式 $A(x)$ に $x=\alpha$ を代入して得る数式を $A(\alpha)$ と書く. たとえば, $A(x)=x^2+2x-4$ であれば, $A(3)=3^2+2\cdot3-4=11$ である.

POINT 9 余りを出す多項式のわり算

$A(x)$, $B(x)$ は x の多項式で, $B(x) \neq 0$ とする.

このとき, x の多項式 $Q(x)$, $R(x)$ で
$$\begin{cases} A(x)=B(x)Q(x)+R(x), \\ (R(x) \text{ の次数}) < (B(x) \text{ の次数}) \end{cases}$$
をみたすものが, ただ 1 通り存在する. $Q(x)$, $R(x)$ をそれぞれ, $A(x)$ を $B(x)$ でわったときの商, 余りという.

$$
\begin{array}{r}
2x+1 \\
x^2+x-3\overline{)\,2x^3+3x^2-\ x+4} \\
\underline{2x^3+2x^2-6x} \\
x^2+5x+4 \\
\underline{x^2+\ x-3} \\
4x+7
\end{array}
$$

$2x^3+3x^2-x+4$ を x^2+x-3 で割ると, 商が $2x+1$, 余りが $4x+7$ である.

具体的に与えられた $A(x)$, $B(x)$ に対し,
$A(x)$ を $B(x)$ でわったときの商と余りを求めるには, 図のように, $A(x)$, $B(x)$ を降べきの順に書いて筆算をすればよい.

$A(x)$ を $B(x)$ でわった余りが 0 になるとき, $A(x)$ は $B(x)$ でわり切れるといい, $B(x)$ は $A(x)$ の因数 (または約数) であるという.

※定数の次数については, 0 でない定数の次数は 0 とし, 定数 0 はほかのどんな多項式よりも次数が低いものと考える.

POINT **10** 有理式，約分と通分

分子・分母が多項式である式を**有理式**という．多項式 $P(x)$ は $\dfrac{P(x)}{1}$ と表され，1 も多項式であるから，$P(x)$ は (多項式であると同時に) 有理式でもある．多項式でない有理式を特に**分数式**ということがある．

以下，$A(x)$ などはすべて多項式とし，分母に現れる多項式は 0 でないものとする．

● $A(x)$，$B(x)$ がともに $C(x)$ でわり切れるとき，有理式 $\dfrac{A(x)}{B(x)}$ は約分できる．すなわち，$A(x)=A_1(x)C(x)$，$B(x)=B_1(x)C(x)$ とするとき，$\dfrac{A(x)}{B(x)}=\dfrac{A_1(x)}{B_1(x)}$ である．

定数でない多項式によって約分されない有理式は**既約**であるという．

● 分母の異なる 2 つの有理式に対し，それぞれの分子分母に適切な多項式をかけて，同じ分母をもつ 2 つの有理式にすることを，**通分**するという．2 つの有理式の和・差を計算するときなどに行われる．

● 2 つの有理式 $\dfrac{A(x)}{B(x)}$，$\dfrac{C(x)}{D(x)}$ の積と商は

$$\frac{A(x)}{B(x)}\cdot\frac{C(x)}{D(x)}=\frac{A(x)C(x)}{B(x)D(x)}, \quad \frac{A(x)}{B(x)}\div\frac{C(x)}{D(x)}=\frac{A(x)}{B(x)}\cdot\frac{D(x)}{C(x)}=\frac{A(x)D(x)}{B(x)C(x)}$$

で計算される．途中で約分ができるときは，適宜行う．

EXERCISE 3 ●多項式のわり算

問 1 x の多項式 $P(x)=2x^3-x$ に対して，$P(2)$，$P(\alpha)$，$P(\alpha+1)$ を求めよ．

問 2 $A=x^3-2x^2y+2xy^2$，$B=x^2-y^2$ とする．

(1) A，B を x の多項式と見たときの，A を B でわったときの商と余りを求めよ．

(2) A，B を y の多項式と見たときの，A を B でわったときの商と余りを求めよ．

問 3 (1) $\dfrac{3x^2+x-10}{x^2+5x+6}$ を約分せよ．

(2) $\dfrac{x-6}{x^2+4x}-\dfrac{4x+3}{x^2-2x}$ を計算せよ．

問 4 $\dfrac{1-\dfrac{1}{a^2}}{1-\dfrac{1}{a^3}}$ を計算せよ.

解答 問 1 $P(2)=2\cdot2^3-2=14.$ $P(\alpha)=2\alpha^3-\alpha.$

$P(\alpha+1)=2(\alpha+1)^3-(\alpha+1)=2\alpha^3+6\alpha^2+6\alpha+2-\alpha-1=\boldsymbol{2\alpha^3+6\alpha^2+5\alpha+1}.$

問 2 (1)

$$x^2-y^2 \overline{\smash{)}\,x^3-2yx^2+2y^2x} \qquad \overset{x-2y}{}$$

$$\begin{array}{r} \underline{x^3 \qquad -y^2x} \\ -2yx^2+3y^2x \\ \underline{-2yx^2 \qquad +2y^3} \\ 3y^2x-2y^3 \end{array}$$

商 $\boldsymbol{x-2y}$,

余り $\boldsymbol{3y^2x-2y^3}$.

(2)

$$-y^2+x^2 \overline{\smash{)}\,2xy^2-2x^2y+x^3} \qquad \overset{-2x}{}$$

$$\begin{array}{r} \underline{2xy^2 \qquad -2x^3} \\ -2x^2y+3x^3 \end{array}$$

商 $\boldsymbol{-2x}$,

余り $\boldsymbol{-2x^2y+3x^3}$.

問 3 (1) $\dfrac{3x^2+x-10}{x^2+5x+6}=\dfrac{(x+2)(3x-5)}{(x+2)(x+3)}=\dfrac{\boldsymbol{3x-5}}{\boldsymbol{x+3}}.$

(2) $\dfrac{x-6}{x^2+4x}-\dfrac{4x+3}{x^2-2x}=\dfrac{x-6}{x(x+4)}\cdot\dfrac{x-2}{x-2}-\dfrac{4x+3}{x(x-2)}\cdot\dfrac{x+4}{x+4}$

$=\dfrac{(x^2-8x+12)-(4x^2+19x+12)}{x(x+4)(x-2)}=\dfrac{-3x^2-27x}{x(x+4)(x-2)}$

$=\dfrac{-3x(x+9)}{x(x+4)(x-2)}=\dfrac{\boldsymbol{-3(x+9)}}{\boldsymbol{(x+4)(x-2)}}.$

問 4 $\dfrac{1-\dfrac{1}{a^2}}{1-\dfrac{1}{a^3}}=\dfrac{\left(1-\dfrac{1}{a^2}\right)\cdot a^3}{\left(1-\dfrac{1}{a^3}\right)\cdot a^3}=\dfrac{a^3-a}{a^3-1}=\dfrac{a(a-1)(a+1)}{(a-1)(a^2+a+1)}=\dfrac{\boldsymbol{a(a+1)}}{\boldsymbol{a^2+a+1}}.$

✚PLUS $A(x)$ を $B(x)$ でわった商が $Q(x)$, 余りが $R(x)$ のとき,

$\dfrac{A(x)}{B(x)}=Q(x)+\dfrac{R(x)}{B(x)}$ が成り立ちます. この式変形を, $\dfrac{A(x)}{B(x)}$ の帯分数化というこ

とがあります. 数学のあちこちに登場する式変形です.

4 多項式のわり算の等式

🏛 **GUIDANCE**　POINT 9 で解説した「余りを出す多項式のわり算」を表す等式（および次数についての不等式）は，多項式を数学的にとらえるのに最も大切なものである．その応用の第一歩が，剰余の定理と因数定理である．なおこのとき，実数だけではなく複素数も使えることは知っておきたい．

POINT 11 多項式のわり算の余りの次数

$A(x)$，$B(x)$ は x の多項式で，$B(x)$ は m 次式だとする $(m \geqq 1)$．このとき，$A(x)$ を $B(x)$ でわったときの商を $Q(x)$，余りを $R(x)$ とすると，$R(x)$ の次数は m より小さく，$(m-1)$ 以下である．この情報を，多項式のわり算の等式 $A(x)=B(x)Q(x)+R(x)$ に盛り込むことができる．

たとえば，$B(x)$ が 2 次式 px^2+qx+r であれば，余り $R(x)$ の次数は 1 以下なので，$R(x)=ax+b$ とおき，$A(x)=(px^2+qx+r)Q(x)+(ax+b)$ とできる．

POINT 12 剰余の定理，因数定理

多項式 $A(x)$ を 1 次式 $x-\alpha$（α は定数）でわると，余りの次数は 0 以下なので，余りは（文字 x を含まない）定数である．これを r とおくと，$A(x)=(x-\alpha)Q(x)+r$ が成り立つ（$Q(x)$ は商）．これに $x=\alpha$ を代入して，次の 2 つの定理を得る．

剰余の定理　$A(x)$ を $x-\alpha$ でわったときの余りは $A(\alpha)$ に等しい．

因数定理　$A(\alpha)=0 \iff A(x)$ は $x-\alpha$ でわり切れる．

POINT 13 多項式のわり算の等式の使い方

POINT 12 と同様の考え方から，次のようなことがわかる．

● 多項式 $A(x)$ を 1 次式 $px+q$ でわったときの余りを r とすると，商を $Q(x)$ として等式 $A(x)=(px+q)Q(x)+r$ が成り立つ．よって，余り r は $A\left(-\dfrac{q}{p}\right)$ に等しい．

● 多項式 $A(x)$ を 2 次式 $(x-\alpha)(x-\beta)$（ただし α，β は相異なる定数）でわったときの余りの次数は 1 次以下なので，余りを $ax+b$ とおける．そこで等式 $A(x)=(x-\alpha)(x-\beta)Q(x)+(ax+b)$ が成り立つ（$Q(x)$ は商）．これ

に $x=\alpha$ と $x=\beta$ を代入すると，正体不明の $Q(x)$ に関わらない等式が 2 つ得られ，a, b の値を求められる.

EXERCISE 4 ● 多項式のわり算の等式

問 1 $A(x)=x^3-2x^2+kx+3$ とする（k は定数）.

(1) $A(x)$ を $x-1$ でわったときの余りを k で表せ.

(2) $A(x)$ が $x-1$ でわり切れるように，k の値を定めよ.

問 2 x の多項式 $A(x)$ を $x-3$ でわると 7 余り，$x+1$ でわると -5 余る. $A(x)$ を x^2-2x-3 でわったときの余りを求めよ.

問 3 x の多項式 $P(x)$ を $(x-2)^2$ でわると $3x-10$ が余る. $P(x)$ を $x-2$ でわったときの余りを求めよ.

問 4 x^{11} を x^2+1 でわったときの余りを，次の 2 通りの方法で求めよ.

(1) 筆算などで，わり算を実行する.

(2) 余りを $ax+b$ とおき，多項式のわり算の等式に $x=i$, $x=-i$ を代入する（i は虚数単位）.

解答 **問 1** (1) 剰余の定理より，余りは $A(1)=1^3-2\cdot1^2+k\cdot1+3=\boldsymbol{k+2}$ に等しい.

(2) (1)より（または因数定理より）$k+2=0$，つまり $\boldsymbol{k=-2}$ と定める.

問 2 求める余りは 2 次式 x^2-2x-3 でわった余りなので次数が 1 以下だから，定数 a, b を用いて $ax+b$ とおける. 商を $Q(x)$ とすると
$$A(x)=(x^2-2x-3)Q(x)+(ax+b)$$
が成り立つ. これに $x=3$ と $x=-1$ を代入すると（x^2-2x-3 が $(x-3)(x+1)$ と因数分解されることに注意して）
$$A(3)=3a+b,\ A(-1)=-a+b$$
を得る. ここで問題に与えられた条件と剰余の定理により $A(3)=7$, $A(-1)=-5$ なので，これを代入して
$$7=3a+b,\ -5=-a+b$$
を得る. これを連立して解いて $(a,\ b)=(3,\ -2)$ を得る. よって，求める余りは $\boldsymbol{3x-2}$ である.

問 3 $P(x)$ を $(x-2)^2$ でわったときの商を $Q(x)$ とすると，等式
$$P(x)=(x-2)^2Q(x)+3x-10 \quad \cdots\text{①}$$
が成り立つ. これを，$3x-10=(x-2)\cdot3-4$（$3x-10$ を $x-2$ でわると商が 3 で余りが -4）に注意して

$$P(x)=(x-2)\cdot(x-2)Q(x)+(x-2)\cdot 3-4$$
$$=(x-2)\cdot\big((x-2)Q(x)+3\big)-4$$

と変形すると，-4 の次数が $x-2$ の次数より小さいことから，これは，$P(x)$ を $x-2$ でわったときの余りが -4 であることを示している．なお別解として，等式①に $x=2$ を代入して $P(2)=-4$，剰余の定理より，求める余りは -4 だ，と考えてもよい．

問4 (1) 商は $x^9-x^7+x^5-x^3+x$，余りは $-x$ である．

$$
\begin{array}{r}
x^9 \quad -x^7 \quad +x^5 \quad -x^3 \quad +x \\
\hline
x^2+1\,)\,\overline{x^{11}} \\
\underline{x^{11}+x^9} \\
-x^9 \\
\underline{-x^9-x^7} \\
x^7 \\
\underline{x^7+x^5} \\
-x^5 \\
\underline{-x^5-x^3} \\
x^3 \\
\underline{x^3+x} \\
-x
\end{array}
$$

(2) 商を $Q(x)$ として，$x^{11}=(x^2+1)Q(x)+(ax+b)$ とおける．これに $x=i$，$x=-i$ を代入する．$(\pm i)^{11}=\mp i$（複号同順），$(\pm i)^2+1=0$ に注意して $-i=ai+b$ と $i=-ai+b$ を得る．これを a, b について解いて $(a,\ b)=(-1,\ 0)$ を得る．よって，求める余りは $-x$ である．

➕PLUS 「等式 $A(x)=B(x)Q(x)+R(x)$ からいろいろ導き出せる」と理解するのが肝心です．次数についての注意も忘れずに．

5 ３次以上の因数分解と方程式

GUIDANCE ３次以上の多項式の因数分解や，３次以上の方程式を解くことは一般には難しい．共通テストなどで高校生が３次以上で「因数分解せよ」「方程式を解け」と要求されるときには，必ず何か特別なカラクリがあると思ってよい．因数定理，文字の置き換えなど．

POINT 14 因数定理を利用した因数分解

多項式 $P(x)$ を因数分解するのに，「$P(\alpha)=0$ となる定数 α を探す」方法がある．もし $P(\alpha)=0$ となれば，因数定理より $P(x)$ は $x-\alpha$ でわり切れる．その商を $Q(x)$ とすると，$P(x)=(x-\alpha)Q(x)$ と，$P(x)$ が因数分解できる．このとき定数 α は，整数や有理数でなく無理数や虚数であってもかまわない．ただし，どのような数を用いて因数分解してよいかは問題の文脈によるので，それに従うこと．

POINT 15 整数係数での因数分解のコツ

多項式 $P(x)=a_nx^n+a_{n-1}x^{n-1}+\cdots+a_1x+a_0$ の係数がすべて整数であり，$P(x)$ の因数分解もすべて整数係数で行いたいとする．このとき，因数定理を適用するために $P(\alpha)=0$ となる定数 α を探すが，その候補としては

$$\pm\frac{(a_0 \text{ の正の約数})}{(a_n \text{ の正の約数})}$$

の形をした有理数のみ考えればよい．そして，$\alpha=\dfrac{l}{k}$（k, l は整数）が $P(\alpha)=0$ をみたすとわかれば，$P(x)$ は $kx-l$ を因数にもつ．

POINT 16 因数分解と方程式

方程式 $P(x)=0$ について，$P(x)=Q_1(x)Q_2(x)$ と因数分解ができるならば，
$$P(x)=0 \iff Q_1(x)=0 \text{ または } Q_2(x)=0$$
である．だからこのときは，$Q_1(x)=0$ と $Q_2(x)=0$ を別々に解けば $P(x)=0$ の解がすべて求まる．

多項式 $P(x)$ を因数分解したときに因数 $x-\alpha$ が e 個現れる（つまり $P(x)$ が $(x-\alpha)^e$ を因数にもつ）とき，方程式 $P(x)=0$ は e 重解 α をもつという．

複素数を用いるならば，任意の多項式 $P(x)$ は１次式の積に因数分解できる

ことが証明されている (章末コラムを参照). したがって, n 次方程式 $P(x)=0$ は (e 重解を e 個と数えるとして) 複素数の範囲では n 個の解をもつ.

EXERCISE 5 ● 3次以上の因数分解と方程式

問 1 次の方程式を (複素数の範囲で) 解け.

(1) $x^4-5x^3+x^2+9x+2=0$　　(2) $3x^3+4x^2-19x+10=0$

問 2 $P(x)=x^4+5x^2+9$ を因数分解し, $P(x)=0$ をみたす x の値 (複素数) を求めよ.

問 3 (1) $x+\dfrac{1}{x}=t$ とおくとき, $x^2+\dfrac{1}{x^2}$ を t の式で表せ.

(2) 方程式 $x^2-7x+12-\dfrac{7}{x}+\dfrac{1}{x^2}=0$ …① を解け.

(3) 方程式 $x^4-7x^3+12x^2-7x+1=0$ …② を解け.

問 4 x の方程式 $x^3-ax^2+(a-13)x+12(a-1)=0$ が 2 重解をもつように, 定数 a の値を定めよ.

解説 方程式を解く方法は一般にはいろいろある. **問 3**(3)は左辺の係数が 1, -7, 12, -7, 1 と左右対称になっていて, このような方程式 (相反方程式という) は(1)のように文字をおくとうまく変形できる. しかし今の場合は, 因数定理を用いてより直截的に解くことも可能である ($x=1$ が解であることを見つけ, 左辺を $x-1$ で割る).

解答 **問 1** (1) 左辺が $x=-1$ や $x=2$ のときに 0 に等しくなることを見つける.

$$x^4-5x^3+x^2+9x+2=0 \iff (x+1)(x^3-6x^2+7x+2)=0$$
$$\iff (x+1)(x-2)(x^2-4x-1)=0$$
$$\iff x+1=0 \text{ または } x-2=0 \text{ または } x^2-4x-1=0$$
$$\iff \boldsymbol{x=-1 \text{ または } x=2 \text{ または } x=2\pm\sqrt{5}}.$$

(2) 困難だが, $x=\dfrac{2}{3}$ が解の 1 つであることを発見するしかない.

$$3x^3+4x^2-19x+10=0 \iff (3x-2)(x^2+2x-5)=0$$
$$\iff 3x-2=0 \text{ または } x^2+2x-5=0$$
$$\iff \boldsymbol{x=\dfrac{2}{3} \text{ または } x=-1\pm\sqrt{6}}.$$

問2　$P(x)=(x^4+6x^2+9)-x^2=(x^2+3)^2-x^2=(x^2-x+3)(x^2+x+3)$.

$x^2-x+3=0 \iff x=\dfrac{1\pm\sqrt{11}\,i}{2}$, $x^2+x+3=0 \iff x=\dfrac{-1\pm\sqrt{11}\,i}{2}$ より，求

める x の値は $\dfrac{1+\sqrt{11}\,i}{2}$, $\dfrac{1-\sqrt{11}\,i}{2}$, $\dfrac{-1+\sqrt{11}\,i}{2}$, $\dfrac{-1-\sqrt{11}\,i}{2}$ である．

問3　(1)　$t^2=\left(x+\dfrac{1}{x}\right)^2=x^2+2\cdot x\cdot\dfrac{1}{x}+\left(\dfrac{1}{x}\right)^2=x^2+\dfrac{1}{x^2}+2$ より，

$$x^2+\dfrac{1}{x^2}=t^2-2.$$

(2)　(1)の t の設定のもとで，

$$① \iff \left(x^2+\dfrac{1}{x^2}\right)-7\left(x+\dfrac{1}{x}\right)+12=0$$

$$\iff (t^2-2)-7t+12=0 \iff t=2 \text{ または } t=5$$

である．

$$t=2 \iff x+\dfrac{1}{x}=2 \iff x^2-2x+1=0 \iff x=1,$$

$$t=5 \iff x+\dfrac{1}{x}=5 \iff x^2-5x+1=0 \iff x=\dfrac{5\pm\sqrt{21}}{2}$$

であるから，①の解は $x=1$ **または** $x=\dfrac{5\pm\sqrt{21}}{2}$ である．

(3)　$x=0$ は②を成立させない．したがって②は，②の両辺を x^2 でわった方程式①と同値である．だから②の解は①の解と同じ，$x=1$ **または**

$x=\dfrac{5\pm\sqrt{21}}{2}$ である．

問4　この方程式は $(x-4)(x+3)(x-a+1)=0$ と同値である（左辺を 0 にする x の値を探し，4 と -3 を見つける）．これが 2 重解をもつのは $4=a-1$ または $-3=a-1$，すなわち $a=5$ **または** $a=-2$ のときである．

✚PLUS　因数分解は技術と練習を要する式計算です．たとえば POINT 15 で述べたコツを知っていて，これを使う練習を積んでいることは，問題を解いたり推論したりするために，とても重要です．

6　2次方程式，解と係数の関係

GUIDANCE　CHAPTER 1 の内容は数学Ⅱ・B・Cのあらゆる分野で基礎事項として使われるが，2次方程式やその解と係数の関係は，センター試験では頻出していた.

POINT 17　（実数係数の）2次方程式の解の公式

a, b, c は実数の定数で，$a \neq 0$ とする.

x の2次方程式 $ax^2 + bx + c = 0$ …（＊）の解は，$x = \dfrac{-b \pm \sqrt{b^2 - 4ac}}{2a}$ である. ここで $\sqrt{b^2 - 4ac}$ は，$D = b^2 - 4ac$（これを2次方程式（＊）の判別式という）とするとき

$\begin{cases} D > 0 \text{ ならば実数 } \sqrt{D} \text{ に等しく,} \\ D = 0 \text{ ならば } 0 \text{ に等しく,} \\ D < 0 \text{ ならば純虚数 } \sqrt{-D}\,i \text{ に等しい.} \end{cases}$

したがって，

$\begin{cases} D > 0 \iff （＊）\text{は相異なる2つの実数解をもつ} \\ D = 0 \iff （＊）\text{は1つの実数解（重解）をもつ} \\ D < 0 \iff （＊）\text{は相異なる互いに共役な虚数解をもつ} \end{cases}$

が成り立つ.

POINT 18　2次方程式の解と係数の関係

x の2次方程式 $ax^2 + bx + c = 0$ の解を α, β とする（重解のときは $\alpha = \beta$ と考える）とき，解 α, β と係数 a, b, c の間に関係式

$$\alpha + \beta = -\frac{b}{a}, \quad \alpha\beta = \frac{c}{a}$$

が成り立つ（2次方程式の解と係数の関係）.

POINT 19　2次方程式の解と係数の関係からわかること

● x の2次式 $ax^2 + bx + c$ は，2次方程式 $ax^2 + bx + c = 0$ の解を α, β とする（重解のときは $\alpha = \beta$ と考える）とき，

$$ax^2 + bx + c = a(x - \alpha)(x - \beta)$$

と因数分解できる.

● 2数 α, β の和を p, 積を q とするとき,解が α, β である x の2次方程式の1つは $x^2-px+q=0$ である.ほかには,これの両辺を(0でない)定数倍したものも解が α, β である. $ax^2+bx+c=0$ の形をしたもののうちでは,これ以外には,解が α, β となる2次方程式はない.

● 実数係数の x の2次方程式 $ax^2+bx+c=0$ について,

解がすべて正数(重解も認める)

$$\Longleftrightarrow b^2-4ac\geqq0 \text{ かつ } -\frac{b}{a}>0 \text{ かつ } \frac{c}{a}>0,$$

解がすべて負数(重解も認める)

$$\Longleftrightarrow b^2-4ac\geqq0 \text{ かつ } -\frac{b}{a}<0 \text{ かつ } \frac{c}{a}>0,$$

解のうち一方が正,他方が負

$$\Longleftrightarrow \frac{c}{a}<0 \quad (\text{このとき必ず } b^2-4ac>0 \text{ となる})$$

が成り立つ.

EXERCISE 6 ● 2次方程式,解と係数の関係

問1 k を実数定数とする. x の2次方程式 $2x^2-3x+k=0$ が虚数解をもつような k の値の範囲を求め,そのときの解を求めよ.

問2 (1) 実数係数の範囲で, $2x^2-8x-14$ を因数分解せよ.

(2) 複素数係数の範囲で, $x^2+6x+11$ を因数分解せよ.

問3 和が3,積が7である2つの複素数を求めよ.

問4 a を実数定数として, x の2次方程式

$x^2-(a+4)x-(a-4)=0$ …(☆) を考える.

(1) (☆)が相異なる2つの正数解をもつような a の値の範囲を求めよ.

(2) (☆)が正数解と負数解を1つずつもつような a の値の範囲を求めよ.

解答 **問1** この2次方程式が虚数解をもつのは $(-3)^2-4\cdot2\cdot k<0$,すなわち $k>\dfrac{9}{8}$ のときで,このときの解は

$x=\dfrac{-(-3)\pm\sqrt{(-3)^2-4\cdot2\cdot k}}{2\cdot2}$,すなわち $x=\dfrac{3\pm\sqrt{-9+8k}\,i}{4}$ である.

問2 (1) $2x^2-8x-14=0$ の解が $x=2\pm\sqrt{11}$ なので,

$2x^2-8x-14=2\bigl(x-(2+\sqrt{11})\bigr)\bigl(x-(2-\sqrt{11})\bigr)=2(x-2-\sqrt{11})(x-2+\sqrt{11})$.

(2) $x^2+6x+11=0$ の解が $x=-3\pm\sqrt{2}\,i$ なので,

$$x^2+6x+11=\bigl(x-(-3+\sqrt{2}\,i)\bigr)\bigl(x-(-3-\sqrt{2}\,i)\bigr)$$
$$=(x+3-\sqrt{2}\,i)(x+3+\sqrt{2}\,i).$$

問3 求めるものは $x^2-3x+7=0$ の 2 解であり，それ以外にはない．実際に解いて，答えは $\dfrac{3+\sqrt{19}\,i}{2}$ と $\dfrac{3-\sqrt{19}\,i}{2}$.

問4 (1) (☆) の解が相異なる実数で，かつ，その和と積がどちらも正である条件が求めるもので，それは

$$(a+4)^2-4\cdot1\cdot(-(a-4))>0 \ \text{かつ} \ -\frac{-(a+4)}{1}>0 \ \text{かつ} \ \frac{-(a-4)}{1}>0$$

$$\cdots①$$

である．そして

① $\Longleftrightarrow$ $a(a+12)>0$ かつ $a+4>0$ かつ $a-4<0$

$\Longleftrightarrow$ ($a<-12$ または $0<a$) かつ $-4<a$ かつ $a<4$

$\Longleftrightarrow$ **$0<a<4$.**

(2) (☆) の解の積 $-(a-4)$ が負であること，すなわち **$a>4$** が求める条件である：$-(a-4)$ が負であれば，(☆) の判別式 $(a+4)^2+4(a-4)$ は正になる（$(a+4)^2$ が常に 0 以上であることに注意）ので，(☆) が実数解を持たないのでは？という心配は不要．

✚PLUS　2 次方程式の解と係数の関係に現れる $\alpha+\beta$, $\alpha\beta$ は「α, β の基本対称多項式」と呼ばれるもので，この値をもとに，α, β の対称式の値はすべて計算されます．たとえば「$x^2-5x+2=0$ の解を α, β とするとき，$\alpha+2$, $\beta+2$ を解とする 2 次方程式を 1 つ作れ」に対し，「$\alpha+\beta=5$, $\alpha\beta=2$ より，$(\alpha+2)+(\beta+2)=(\alpha+\beta)+4=5+4=9$, $(\alpha+2)(\beta+2)=\alpha\beta+2(\alpha+\beta)+4=2+2\cdot5+4=16$, よって，答えの 1 つは $x^2-9x+16=0$」などです．もっともこの答えは，「$(x-2)^2-5(x-2)+2=0$」としても求められます．

7 等式の証明，恒等式

> **GUIDANCE** 文字を含む等式には，文字の値が（そのときに考えている範囲の数のうち）何であっても成立するものと，文字に対して何らかの条件が課されたときに成り立つものがある．前者を恒等式といい，数学の主役の1人である．

POINT 20 恒等式

文字を含む等式で，文字の値が何であっても成立するものを**恒等式**という．ここで，「文字の値」としてどのような数が許されるかは，その場合ごとに考えなければならないが，高校生としては特にことわりがなければ「文字の値になり得るすべての実数」を想定すればよい．

● $\dfrac{1}{x}+\dfrac{1}{y}=\dfrac{x+y}{xy}$ は恒等式だと考えるが，ここで x，y の値としてあり得るのは「0以外のすべての実数」だと考えてよい．

POINT 21 多項式の恒等式

実数係数の n 次以下の多項式 $P(x)$，$Q(x)$ について，次の3条件は同値である．

(1) $P(x)=Q(x)$ が x についての恒等式である．

(2) $P(x)$，$Q(x)$ の同じ次数の項の係数がすべて一致している．

(3) $P(x)=Q(x)$ をみたす相異なる x の値が $(n+1)$ 個以上存在する．

　（このことの証明については章末コラムを参考にせよ．）

POINT 22 等式の証明

多項式 A，B に対して，等式 $A=B$ が恒等式であることを示すには，POINT 21 を利用するほかに，「$A-B$ を計算して，これが文字の値にかかわらず0であることを示す」手法も有力である．

分数式を含む等式が恒等式であることを示すには，その等式の分母を払った等式が恒等式であることを示してもよい．EXERCISE 7 **問1**を参考にせよ．

条件が与えられ，そのもとでの等式を証明するには，その条件（あるいはそれと同値な条件）を最初，または都合のよいタイミングで使えばよい．

POINT 23 比例式

以下では文字の値は 0 でないとする.

● $a:b=a':b'$ とは, $\dfrac{a}{a'}=\dfrac{b}{b'}$, $\dfrac{a}{b}=\dfrac{a'}{b'}$, $ab'=a'b$ などが成り立つという意味である.「$\dfrac{a}{a'}=\dfrac{b}{b'}=k$ とおく」「$\dfrac{a}{b}=\dfrac{a'}{b'}=l$ とおく」などと新しい文字を導入して, うまく処理できることがある.

● $a:b:c=a':b':c'$ とは, $\dfrac{a}{a'}=\dfrac{b}{b'}=\dfrac{c}{c'}$ が成り立つという意味である.「$\dfrac{a}{a'}=\dfrac{b}{b'}=\dfrac{c}{c'}=k$ とおく」としてうまく処理できることがある.

EXERCISE 7 ●等式の証明, 恒等式

問 1 (1) $3x=a(x+2)+b(x-1)$ …① を x についての恒等式にする, 定数 a, b の値を求めよ.

(2) $\dfrac{3x}{(x-1)(x+2)}=\dfrac{a}{x-1}+\dfrac{b}{x+2}$ …② を x についての恒等式にする, 定数 a, b の値を求めよ.

問 2 等式 $(a^2+b^2)(c^2+d^2)=(ac+bd)^2+(ad-bc)^2$ を証明せよ.

問 3 $\alpha+\beta+\gamma=0$ であれば, $\alpha^3+\beta^3+\gamma^3=3\alpha\beta\gamma$ であることを証明せよ.

問 4 0 でない実数 a, b, c, d が $a:b=c:d$ をみたすとき, $(a+c):(b+d)=a:b$ であることを証明せよ. ただし $b+d\neq0$ とする.

解答 **問 1** (1) ① $\iff 3x=(a+b)x+(2a-b)$ …①′ である. ①′ が恒等式になるのは, 両辺の係数を見て, $3=a+b$ かつ $0=2a-b$, すなわち **$a=1$ かつ $b=2$** のとき. あるいは, ①の両辺に $x=1$, $x=-2$ を代入して $3=3a$, $-6=-3b$ を得るので $(a, b)=(1, 2)$ が必要, そしてこれで十分 (1 次以下の x の多項式どうしの等式①が, 相異なる 2 個の x の値において成り立つから), としてもよい.

(2) ②の両辺に $(x-1)(x+2)$ をかけると①になる. よって, $x\neq1$ かつ $x\neq-2$ である限りでは, ① $\iff$ ②である. したがって,「②が恒等式である」すなわち「②が $x\neq1$ かつ $x\neq-2$ でつねに成り立つ」ことは「①が $x\neq1$ かつ $x\neq-2$ でつねに成り立つ」ことと同値だが, これは「①が 1, -2 以外の 2 個 (以上) の x の値において成り立つ」ことと同値で, 結局は「①が恒等式である」ことと同値である (POINT 21 を見よ). よって, 答えは(1)と同じ, **$a=1$**

かつ $b=2$ である.

問2 $(右辺)=a^2c^2+2abcd+b^2d^2+a^2d^2-2abcd+b^2c^2$

$\qquad\qquad =a^2c^2+a^2d^2+b^2c^2+b^2d^2$

$\qquad\qquad =(左辺).$

問3 $\alpha+\beta+\gamma=0$ のとき $\gamma=-\alpha-\beta$ なので,

$(\alpha^3+\beta^3+\gamma^3)-3\alpha\beta\gamma=\alpha^3+\beta^3+(-\alpha-\beta)^3-3\alpha\beta(-\alpha-\beta)$

$\qquad\qquad\qquad\qquad\quad =\alpha^3+\beta^3-\alpha^3-3\alpha^2\beta-3\alpha\beta^2-\beta^3+3\alpha^2\beta+3\alpha\beta^2$

$\qquad\qquad\qquad\qquad\quad =0$

であり,よって,$\alpha^3+\beta^3+\gamma^3=3\alpha\beta\gamma$ である.

問4 $\dfrac{a}{b}=\dfrac{c}{d}$ である.この式の値を k とおく.$a=kb$,$c=kd$ である.この とき,

$\qquad (a+c):(b+d)=(kb+kd):(b+d)=k(b+d):(b+d)=k:1$

であるが,$\dfrac{a}{b}=k$ より,この比は $a:b$ に等しい.

➕PLUS **問4**の結論は「加比の理」と呼ばれ,小学生や中学生にも説明されること がある内容ですが,文字計算を使わない説明はどうしても感覚的になりがちです.比 の値を k とおく上記の説明は,簡潔でわかりやすいでしょう.なお,別解として

$$\frac{a+c}{b+d}-\frac{a}{b}=0$$

を,直接計算して示す方法もあります.

THEME
8　不等式の証明

> 📖 **GUIDANCE**　不等式を証明することは数学全体の重大なテーマだが，高校生が数学Ⅱで学ぶ"不等式の証明"はそこまで大規模なものではない．正負の数の基本性質と「実数の2乗は非負」，それにいくつかの定理を知れば対応できる．

POINT 24　不等式の証明のための基礎知識

以下，文字はすべて実数を表すとする．

● $A>B$ を証明するには，$A-B>0$ を示せばよい．それにはたとえば

$$A-B=\bigcirc\bigcirc>\triangle\triangle=\square\square>0$$

のように，$A-B$ に等号・不等号を用いた変形を適宜加えて，最後に0に至ればよい．

● いくつかの実数の積 $A\cdot B\cdots\cdot Z$ について，因数 A，B，$\cdots$，Z がどれも0でないならば，このうちの負のものの個数が奇数であれば積は負，偶数であれば正である．

● 実数の2乗は必ず0以上である：つねに $A^2\geqq0$．そして $A^2=0$ となるのは $A=0$ のときに限る．したがって，つねに $A^2+B^2+\cdots+Z^2\geqq0$ であり，$A^2+B^2+\cdots+Z^2=0$ となるのは A，B，$\cdots$，Z すべてが0のときに限る．

● $X\geqq0$，$Y\geqq0$ とする．このとき，$X\geqq Y \iff X^2\geqq Y^2$ である．だから，$X\geqq Y$ を示すかわりに $X^2\geqq Y^2$ を示してよいし，その逆もよい．平方根号や絶対値記号の入った不等式を証明するときに有力な考え方である．

● 一般に，$|A|\geqq A$，$|A|\geqq-A$ が成り立つ．

POINT 25　不等式に関する定理

相加平均・相乗平均の定理

$a\geqq0$ かつ $b\geqq0$ のとき，不等式 $\dfrac{a+b}{2}\geqq\sqrt{ab}$，または同じことだが

$a+b\geqq2\sqrt{ab}$ が成立する．等号は $a=b$ のときのみ成立する．

コーシー・シュワルツの定理

任意の実数 a，b，c，d に対して，不等式 $(a^2+b^2)(c^2+d^2)\geqq(ac+bd)^2$ が成立する．等号は $ad=bc$ のときのみ成立する．

三角不等式

任意の実数 x，y に対して，不等式 $|x+y|\leqq|x|+|y|$ が成立する．等号は x，

y が同符号か，または x, y の少なくとも一方が 0 のときのみ成立する．

EXERCISE 8 ●不等式の証明

問1 任意の実数 a, b, c, d について，$a>b$ かつ $c>d$ であれば $ac+bd>ad+bc$ であることを証明せよ．

問2 任意の実数 x, y について，不等式 $x^2+6y^2 \geqq 4xy$ が成立することを証明せよ．また，等号が成立するのはどのようなときか．

問3 (1) 相加平均・相乗平均の定理を証明せよ．

(2) 任意の正数 x について，$3x+\dfrac{2}{x} \geqq 2\sqrt{6}$ であることを証明せよ．

問4 任意の実数 a, b について，不等式 $|a|+|b| \leqq \sqrt{2}\sqrt{a^2+b^2}$ が成り立つことを証明せよ．

解答 **問1** $a>b$ かつ $c>d$ のとき，$a-b>0$ かつ $c-d>0$ だから，

$$(ac+bd)-(ad+bc)=a(c-d)-b(c-d)=(a-b)(c-d)>0$$

である．ゆえに，$ac+bd>ad+bc$ である．

問2 $(x^2+6y^2)-4xy=(x^2-4xy+4y^2)+2y^2=(x-2y)^2+2y^2 \geqq 0$

であるから，$x^2+6y^2 \geqq 4xy$ である．等号は $(x-2y)^2=0$ かつ $2y^2=0$，すなわち **$x=0$ かつ $y=0$** のときのみ成立する．

問3 (1) $a \geqq 0$ かつ $b \geqq 0$ のとき，

$$\frac{a+b}{2}-\sqrt{ab}=\frac{1}{2}\left((\sqrt{a})^2+(\sqrt{b})^2-2\sqrt{a}\sqrt{b}\right)=\frac{1}{2}(\sqrt{a}-\sqrt{b})^2 \geqq 0$$

であるから，$\dfrac{a+b}{2} \geqq \sqrt{ab}$ である．等号は $\sqrt{a}-\sqrt{b}=0$，すなわち $a=b$ のときのみ成立する．

(2) 相加平均・相乗平均の定理より，$3x+\dfrac{2}{x} \geqq 2\sqrt{3x \cdot \dfrac{2}{x}}=2\sqrt{6}$ である．

問4 $|a|+|b|$ も $\sqrt{2}\sqrt{a^2+b^2}$ も 0 以上なので，この不等式を示すには $(|a|+|b|)^2 \leqq (\sqrt{2}\sqrt{a^2+b^2})^2$ を示せばよい．これは

$$
\begin{aligned}
(\sqrt{2}\sqrt{a^2+b^2})^2-(|a|+|b|)^2 &= 2(a^2+b^2)-(|a|^2+2|a||b|+|b|^2) \\
&= 2|a|^2+2|b|^2-|a|^2-2|a||b|-|b|^2 \\
&= |a|^2-2|a||b|+|b|^2 \\
&= (|a|-|b|)^2 \\
&\geqq 0
\end{aligned}
$$

より，確かに成り立つ.

➕ PLUS　x を実数とし，$f(x) = x^2 + 2 + \dfrac{3}{x^2+2}$ とします．相加平均・相乗平均の定理より

$$f(x) \geqq 2\sqrt{(x^2+2) \cdot \dfrac{3}{x^2+2}} = 2\sqrt{3}$$

が成り立つので，任意の実数 x に対して $f(x) \geqq 2\sqrt{3}$ です．しかし，だからといって「$f(x)$ の最小値は $2\sqrt{3}$ だ」と言ってしまうと誤りです．それは，この不等式で等号が成立するのはいつか？と，相加平均・相乗平均の定理に立ち帰って考えるとわかります．このテーマは昔から重視されています．2017 年度の共通テスト試行調査でも出題されました.

　この説明でピンと来なかった人は，まず**問3**の(2)で示した不等式で，等号が成立するのはいつかを考えるとよいでしょう．それは，POINT 25 を見ればわかる通り，$3x = \dfrac{2}{x}$ のとき，すなわち $x = \sqrt{\dfrac{2}{3}}$ のときです（$x > 0$ に注意）．ではこれと同じように，上記の $f(x) \geqq 2\sqrt{3}$ について考えると，どうなるでしょうか.

● POINT 21 で述べたことの説明をしよう．そこでは共通テストや教科書に合わせて"実数係数"として述べたが，実は複素数で考えてよい．

次の定理は POINT 21 の(3)⟹(2)である．これが示せれば，(2)⟹(1)と(1)⟹(3)は当然であるから，(1)，(2)，(3)がすべて同値だと言える．

> **定理**　複素数係数の n 次以下の多項式 $P(z)$，$Q(z)$ について，$P(z)=Q(z)$ をみたす相異なる複素数 z の値が $(n+1)$ 個以上存在するならば，$P(z)$，$Q(z)$ の同じ次数の項の係数はすべて一致している．

以下に証明の概略を述べる．

$P(z)$，$Q(z)$ の次数が n 以下であり，かつ，$P(z)=Q(z)$ をみたす相異なる複素数 α_1, α_2, $\cdots$, α_n, α_{n+1} があったとしよう．$R(z)=P(z)-Q(z)$ とおくと，$R(z)$ は次数が n 以下の多項式で，$k=1$, 2, $\cdots$, n, $n+1$ に対して $R(\alpha_k)=P(\alpha_k)-Q(\alpha_k)=0$ である．よって，因数定理より，$R(z)$ は $z-\alpha_k$ $(k=1$, 2, $\cdots$, n, $n+1)$ を因数にもつ．したがって，

$$R(z)=A(z)(z-\alpha_1)(z-\alpha_2)\cdots\cdots(z-\alpha_n)(z-\alpha_{n+1}) \quad \cdots ☆$$

となる z の多項式 $A(z)$ が存在するはずである．ここで，$A(z)$ が 0 以外の多項式だと仮定すると，☆の右辺の次数は $n+1$ 以上となる．しかし☆の左辺の次数は n 以下なのだからこれは矛盾である．よって，$A(z)$ は 0 であり，したがって，$R(z)$ も 0 である．$R(z)=P(z)-Q(z)$ であったから，これは多項式 $P(z)-Q(z)$ のすべての次数の項の係数が 0 であることを意味する．よって，$P(z)$ と $Q(z)$ のどの次数の項の係数も，差が 0 であり，つまり等しい．

● 多項式 x^2+9 は，実数しか使わないとすると，これ以上因数分解できない．しかし複素数を用いることにすれば，$x^2+9=(x-3i)(x+3i)$ と，2つの1次式の積に因数分解できる（これは $x^2+9=0$ の2解が $3i$，$-3i$ であることからもわかる）．

このように，複素数を用いると，因数分解などの式計算が自由になる．その端的な例が，POINT 16 でも触れた定理である．

代数学の基本定理

> 複素数係数の n 次式 $P(z)$ は
> $$P(z)=a(z-\alpha_1)(z-\alpha_2)\cdots\cdots(z-\alpha_n)$$
> と因数分解される．a は $P(z)$ の z^n の項の係数である．また α_1, α_2, $\cdots$,

α_n は複素数で，この中には一致しているものもあり得る．z の方程式 $P(z)=0$ の解は $\alpha_1,\ \alpha_2,\ \cdots,\ \alpha_n$ である（重解もあり得る）．

　この定理の証明はガウスに帰せられている．大学などで学べることだろう．

● 　3次方程式の解と係数の関係を証明しよう．

　複素数係数の3次方程式 $az^3+bz^2+cz+d=0$ を考える．代数学の基本定理（前項を参照）より，この左辺はある複素数 $\alpha,\ \beta,\ \gamma$ を用いて

$$az^3+bz^2+cz+d=a(z-\alpha)(z-\beta)(z-\gamma)\quad\cdots(\heartsuit)$$

と因数分解できる．そして $\alpha,\ \beta,\ \gamma$ がもとの方程式の解である．さて，$(\heartsuit)$ の右辺は $az^3-a(\alpha+\beta+\gamma)z^2+a(\alpha\beta+\alpha\gamma+\beta\gamma)z-a\alpha\beta\gamma$ と展開される．これが az^3+bz^2+cz+d と同じ多項式になるはずなので，

$$-a(\alpha+\beta+\gamma)=b,\ \ a(\alpha\beta+\alpha\gamma+\beta\gamma)=c,\ \ -a\alpha\beta\gamma=d,$$

すなわち

$$\alpha+\beta+\gamma=-\frac{b}{a},\ \ \alpha\beta+\alpha\gamma+\beta\gamma=\frac{c}{a},\ \ \alpha\beta\gamma=-\frac{d}{a}$$

が成り立つ．これが，3次方程式の解と係数の関係である．

9 座標平面上の点と直線

GUIDANCE 点と直線は，図形を考えるとき最も基本となるものである．これが座標平面の上にあるときどのように扱えるかを徹底的に知ることが，座標幾何（座標を用いて図形を研究すること）の重要な第一歩である．

POINT 26 2点間の距離

2点 $A(x_1, y_1)$，$B(x_2, y_2)$ の間の距離は

$$AB = \sqrt{|x_2 - x_1|^2 + |y_2 - y_1|^2}$$
$$= \sqrt{(x_2 - x_1)^2 + (y_2 - y_1)^2}$$

で与えられる．（任意の実数 a に対し $|a|^2 = a^2$ であることに注意．）

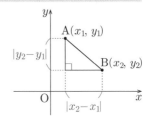

POINT 27 内分点・外分点の座標

2点 $A(x_1, y_1)$，$B(x_2, y_2)$ を結ぶ線分 AB を $m : n$ に内分する点の座標は

$$\left(\frac{nx_1 + mx_2}{m + n}, \ \frac{ny_1 + my_2}{m + n} \right)$$

であり，$m : n$ に外分する点の座標は

$$\left(\frac{-nx_1 + mx_2}{m - n}, \ \frac{-ny_1 + my_2}{m - n} \right)$$

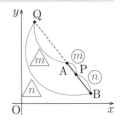

である．「$m : n$ に外分」は「$m : (-n)$ に内分」と同じ，と理解してよい．

特に，2点 $A(x_1, y_1)$，$B(x_2, y_2)$ を結ぶ線分 AB の中点の座標は

$\left(\dfrac{x_1 + x_2}{2}, \ \dfrac{y_1 + y_2}{2} \right)$ である．

POINT 28 三角形の重心の座標

3点 $A(x_1, y_1)$，$B(x_2, y_2)$，$C(x_3, y_3)$ を3頂点とする $\triangle ABC$ の重心の座標は $\left(\dfrac{x_1 + x_2 + x_3}{3}, \ \dfrac{y_1 + y_2 + y_3}{3} \right)$ である．

POINT 29 直線の方程式

以下，a, b, c は実数の定数で，a, b のうち少なくとも一方は 0 でないとする．

　　x, y の 1 次方程式 $ax+by+c=0$ …(☆) をみたす (x, y) を座標とする点全体からなる，座標平面 (xy 平面) 上の点の集合 (方程式 (☆) の表す図形，方程式 (☆) のグラフ) は，直線である．これを l とすると，l は具体的には次のような直線である．

● $b\neq0$ のとき：(☆) は $y=-\dfrac{a}{b}x-\dfrac{c}{b}$ と同値なので，l は傾きが $-\dfrac{a}{b}$，y 切片 が $-\dfrac{c}{b}$ である直線である．

● $b=0$ のとき：(☆) は $x=-\dfrac{c}{a}$ と同値 ($b=0$ なので，前提より $a\neq0$ であることに注意) なので，l は x 軸に垂直で点 $\left(-\dfrac{c}{a},\ 0\right)$ を通る直線である．

　　座標平面上の任意の直線について，それはある 1 次方程式で表される図形である．この方程式を，この直線の方程式という．

EXERCISE 9 ●座標平面上の点と直線

問 1　点 P$(p, 0)$ が点 A$(0, 3)$，点 B$(5, 2)$ から等距離にあるように，実数 p の値を定めよ．

問 2　点 P が AB を $1:2$ に内分している．A の座標が $(-3, 1)$，P の座標が $(1, 2)$ のとき，B の座標を求めよ．

問 3　直線 $3x+by+c=0$ (方程式 $3x+by+c=0$ で表される直線のこと) が 2 点 $(3, 2)$，$(-2, -1)$ を通るように，実数定数 b，c の値を定めよ．

問 4　3 点 A$(1, -4)$，B$(-2, 1)$，C があり，C は直線 $2x-y-5=0$ 上にある．

(1)　C の x 座標を t とおく．C の y 座標を t の式で表せ．

(2)　△ABC の重心 G が x 軸の点となるときの，C，G の座標を求めよ．

解答　**問 1**　$AP^2=(p-0)^2+(0-3)^2=p^2+9$，
$BP^2=(p-5)^2+(0-2)^2=p^2-10p+29$ なので，$AP^2=BP^2$ すなわち
$p^2+9=p^2-10p+29$ を p について解けばよい．答えは **$p=2$**.

問 2　〈解 1〉　B の座標を (x, y) とおく．P の座標について

$$(1,\ 2)=\left(\frac{2\cdot(-3)+1\cdot x}{1+2},\ \frac{2\cdot1+1\cdot y}{1+2}\right)$$

が成り立つ．これを解いて $x=9$，$y=4$．よって，B の座標は $(\mathbf{9}, \mathbf{4})$ である．

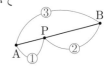

〈解2〉 Bは，APを3：2に外分する点である．よって，その座標は

$$\left(\frac{-2\cdot(-3)+3\cdot1}{3-2},\ \frac{-2\cdot1+3\cdot2}{3-2}\right)=(9,\ 4)\ \text{である．}$$

問3 与えられた条件より，$(x,\ y)=(3,\ 2)$ のときも $(x,\ y)=(-2,\ -1)$ のときも，方程式 $3x+by+c=0$ が真の等式であるように，つまり

$$3\cdot3+b\cdot2+c=0 \quad \text{かつ} \quad 3\cdot(-2)+b\cdot(-1)+c=0$$

が成り立つようにすればよい．$b,\ c$ について解いて，答えは **$b=-5,\ c=1$**.

問4 (1) Cの y 座標を s とすると，点 C$(t,\ s)$ が直線 $2x-y-5=0$ の上にあるので，$2t-s-5=0$ が成り立つ．よって，$s=2t-5$ である．つまり，C の y 座標は **$2t-5$** と表される．

(2) (1)での t を用いて，重心Gの座標は

$$\left(\frac{1+(-2)+t}{3},\ \frac{-4+1+(2t-5)}{3}\right)=\left(\frac{t-1}{3},\ \frac{2t-8}{3}\right)$$

と表される．Gが x 軸上にあるのはGの y 座標が0のとき，すなわち $\dfrac{2t-8}{3}=0$ のとき，つまり $t=4$ のときである．このとき，C の座標は

$$(t,\ 2t-5)=(\mathbf{4},\ \mathbf{3}),\ \text{G の座標は}\ \left(\frac{4-1}{3},\ 0\right)=(\mathbf{1},\ \mathbf{0})\ \text{である．}$$

✚PLUS 線分の長さが話題になるととにかく2点間の距離の公式(POINT 26)を持ち出したがる人が多いのですが，状況によっては線分の長さそのものではなくその比だけを考察すれば十分であることも多く，そういうときには内分点・外分点の座標の公式(POINT 27)が有力です．2乗や平方根号が必要な2点間の距離の公式よりも，加減乗除だけでできている内分点・外分点の座標の公式のほうが，扱いやすいのです．

THEME

10 座標平面上の直線を考える手法

🏮 **GUIDANCE** 座標幾何では「条件を与えられた直線の方程式を求める」「直線どうしの位置関係を考える」など，どんな問題を解くにしても用いられる手法がいくつかある．よく習熟して，いつでもすぐに使えるようになる必要がある．

POINT **30** 直線の方程式の求め方

〔1〕 点 (p, q) を通り傾きが m の直線の方程式は $y=m(x-p)+q$，あるいは同じことだが $y-q=m(x-p)$，ないし $m(x-p)-(y-q)=0$ である．

〔2〕 2点 (p_1, q_1)，(p_2, q_2) を通る直線の方程式は

● $p_1 \neq p_2$ であれば，傾きが $\dfrac{q_2-q_1}{p_2-p_1}$ なので，〔1〕のようにして求められる．

結果は $y-q_1=\dfrac{q_2-q_1}{p_2-p_1}(x-p_1)$，$(q_2-q_1)(x-p_1)-(p_2-p_1)(y-q_1)=0$ など．

● $p_1=p_2$ であれば，直線は x 軸に垂直で，その方程式は $x=p_1$ である．

〔3〕 直線 l と x 軸との交点の x 座標（これを l の x 切片という）が a，l と y 軸との交点の y 座標（l の y 切片）が b であり，$a \neq 0$，$b \neq 0$ であるならば，

l の方程式は $\dfrac{x}{a}+\dfrac{y}{b}=1$ である．

このほか，求める直線の方程式を $ax+by+c=0$，あるいは（直線が x 軸に垂直でないとわかっているときに）$y=mx+n$ とおいて，与えられた条件から a，b，c や m，n の値を定めていってもよい．

POINT **31** 2直線の一致・平行・垂直

ここでは，2直線が平行であるとは2直線の方向が一致していることだと考える．したがって，2直線が一致しているときにも「平行である」という．

〔1〕 2直線 $l_1: y=m_1x+n_1$，$l_2: y=m_2x+n_2$ について，以下が成り立つ．

l_1 と l_2 が一致する $\iff m_1=m_2$ かつ $n_1=n_2$，

l_1 と l_2 が平行である $\iff m_1=m_2$，

l_1 と l_2 が垂直である $\iff m_1m_2=-1$．

〔2〕 2直線 $L_1: a_1x+b_1y+c_1=0$，$L_2: a_2x+b_2y+c_2=0$ について，以下が成り立つ．

L_1 と L_2 が一致する $\iff a_1 : b_1 : c_1 = a_2 : b_2 : c_2$,

L_1 と L_2 が平行である $\iff a_1 : b_1 = a_2 : b_2$,

L_1 と L_2 が垂直である $\iff a_1 a_2 + b_1 b_2 = 0$.

POINT **32** 2直線の交点

2直線 $L_1 : a_1 x + b_1 y + c_1 = 0$, $L_2 : a_2 x + b_2 y + c_2 = 0$ が平行でなければ, L_1, L_2 はただ1点で交わる. その座標は, 2つの方程式 $a_1 x + b_1 y + c_1 = 0$, $a_2 x + b_2 y + c_2 = 0$ を連立した, 連立方程式の解である. これを (p, q) とする.

k を実数定数として, いま新たに方程式

$$k(a_1 x + b_1 y + c_1) + (a_2 x + b_2 y + c_2) = 0 \quad \cdots (*)$$

で表される図形 F を考える. $(x, y) = (p, q)$ を代入すると, 2つのカッコの中はどちらも 0 になるから, 等式 $(*)$ は成り立つ. よって, F は点 (p, q), すなわち2直線 L_1, L_2 の交点を通る. また, $(*)$ は x, y の1次方程式になることがわかるので, F は直線である. まとめると, F は L_1, L_2 の交点を通る直線である.

EXERCISE 10 ●座標平面上の直線を考える手法

問 1 次の各直線の方程式を,「$ax + by + c = 0$ の形式」で求めよ.

(1) 点 $(4, 2)$ を通り傾きが $\dfrac{1}{3}$ の直線.

(2) 2点 $(2, -1)$, $(-3, 1)$ を通る直線.

(3) x 切片が -7, y 切片が 5 の直線.

問 2 2直線 $ax - 2y + 4 = 0$, $3x + by - 12 = 0$ が一致するように, 実数定数 a, b の値を定めよ.

問 3 直線 $L : 5x - 3y = 0$ と点 $A(2, 1)$ を考える. A を通り L に平行な直線 l, および, A を通り L に垂直な直線 n の方程式を求めよ.

問 4 2直線 $3x + 2y - 1 = 0$, $4x + 5y - 8 = 0$ の交点を通り直線 $y = 2x$ と平行な直線の方程式を求めよ.

[注] 「直線 $ax - 2y + 4 = 0$」とは,「方程式 $ax - 2y + 4 = 0$ で表される直線」のことである. また,「直線 $L : 5x - 3y = 0$」とは,「方程式 $5x - 3y = 0$ で表され, その名前が L である直線」のことである.

解答 **問 1** (1) $y = \dfrac{1}{3}(x - 4) + 2$ を変形して, **$x - 3y + 2 = 0$.**

（ほかに $\dfrac{1}{3}x-y+\dfrac{2}{3}=0$ なども正解である．全体を 0 でない定数倍にして

も方程式は同値．）

(2) $(1-(-1))(x-2)-(-3-2)(y-(-1))=0$ を変形して，$\boldsymbol{2x+5y+1=0}$．

(3) $\dfrac{x}{-7}+\dfrac{y}{5}=1$ を変形して，$\boldsymbol{5x-7y+35=0}$．

問2 $a:(-2):4=3:b:(-12)$ とする．$\boldsymbol{a=-1}$，$\boldsymbol{b=6}$．

問3 l の方程式は $5(x-2)-3(y-1)=0$，すなわち $\boldsymbol{5x-3y-7=0}$．

n の方程式は $3(x-2)+5(y-1)=0$，すなわち $\boldsymbol{3x+5y-11=0}$．

問4 求める方程式を $k(3x+2y-1)+(4x+5y-8)=0$ …① の形で探して

みる．これは $(3k+4)x+(2k+5)y-(k+8)=0$ と同値．これが直線 $y=2x$,

すなわち直線 $-2x+y=0$ と平行になるのは，$(3k+4):(2k+5)=(-2):1$

のとき，すなわち $k=-2$ のとき．よって，①に $k=-2$ を代入して得られる

$\boldsymbol{-2x+y-6=0}$ が答えである．

✚PLUS　**問3**の解答の解説：$5(x-2)-3(y-1)=0$ は $(x,\ y)=(2,\ 1)$ のとき真．

また，これは $5x-3y+(定数)=0$ と変形できるから，$L:5x-3y=0$ と平行．よっ

て，これが l の方程式です．n についても同様です．

11　座標平面上の円

🏛 **GUIDANCE**　直線の次にシンプルで重要な図形は円であろう．もちろん座標幾何でも円は主役の１つである．しかし，１次式で処理できる直線とは異なり，円を座標幾何でうまく扱うには２次式が必要であり，その分，式の計算に手間がかかる．平方完成などの式の計算技術を確認するとともに，図形的考察もしっかり実行したい．

POINT33　円の方程式

点 $K(a, b)$ を中心とする半径 r の円 C の方程式は

$$(x-a)^2+(y-b)^2=r^2 \quad \cdots(\☆)$$

である．すなわち，円 C 上の点の座標はすべて方程式 $(\☆)$ をみたし，逆に，$(\☆)$ をみたすような (x, y) の値を座標とするような点はすべて円 C 上にある．

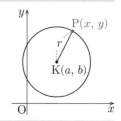

POINT34　x, y の２次方程式と円

POINT 33 の円の方程式 $(\☆)$ は x, y の２次方程式である．しかし，x, y の２次方程式であれば何でも円を表す方程式になるのではない．一般に，x, y の２次方程式が円を表すにはそれが

$$x^2+y^2+lx+my+n=0 \quad \cdots(*)$$

の形（x^2 と y^2 の係数が等しく，xy の項がない）の方程式と同値でなければならず，さらにこれを平方完成により $(x-a)^2+(y-b)^2=k \quad \cdots(**)$ の形にしたときに，$k>0$ でなければならない（そうでなければ円の半径となるべき正の実数が存在しない）．なお，方程式 $(**)$ は

$k>0$ ならば 中心 (a, b)，半径 $\sqrt{k}$ の円を表し，

$k=0$ ならば １点 (a, b) を表し，

$k<0$ ならば 空集合∅を表す．

POINT35　円の方程式の求め方

円の方程式は，円の中心の座標と半径がわかればただちに求まり，これがもっとも簡明である．しかしそれがすぐわからないときには，求める方程式を $(x-a)^2+(y-b)^2=r^2$ の形，または $x^2+y^2+lx+my+n=0$ の形において，

与えられた条件から a, b, r や l, m, n の値を計算で求めていく方法もある.

ただし，円の方程式を求める計算は 2 次式の計算なので，一般に，あまり平易でない．そこで，もしできるならば，円に対する条件を図形的に考察して，計算の手間を減らす工夫をするのがよい.

EXERCISE 11 ●座標平面上の円

問 1　次のような円の方程式を求めよ.

(1)　中心が点 $(7, -4)$，半径が $\sqrt{10}$ の円.

(2)　点 $(5, 0)$ を中心とし，点 $(3, 4)$ を通る円.

(3)　x 軸と点 $(-3, 0)$ で，y 軸と点 $(0, 3)$ で接する円.

問 2　次の方程式が表す図形は何か.

(1)　$x^2 - 4x + y^2 + 2y - 11 = 0$　　(2)　$3x^2 - 4x + 3y^2 = 0$

問 3　3 点 A$(-4, -1)$，B$(2, 7)$，C$(3, 0)$ を通る円の方程式を，次の 2 通りの方針で求めよ.

(1)　求める方程式を $x^2 + y^2 + lx + my + n = 0$ とおく.

(2)　2 直線 AC，BC の傾きを調べ，$\angle$ACB を求め，その結果を用いる.

問 4　点 A は x 軸正の部分にあり，点 B の座標は $(6, 6\sqrt{3})$ である．円 C は半直線 OA と点 A で，半直線 OB と点 B で，それぞれ接している．円 C の中心を K とする.

(1)　$\angle$KOA，$\angle$KOB を求めよ.

(2)　OA と AK の長さを求めよ.

(3)　円 C の方程式を求めよ.

解答　**問 1**　(1)　$(x-7)^2 + (y+4)^2 = 10$.

(2)　半径が 2 点 $(5, 0)$，$(3, 4)$ 間の距離，
$\sqrt{(5-3)^2 + (0-4)^2} = \sqrt{20}$ なので，
求める方程式は $(x-5)^2 + y^2 = 20$.

(3)　中心が点 $(-3, 3)$，半径が 3 であるので，
求める方程式は $(x+3)^2 + (y-3)^2 = 9$.

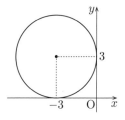

問 2　(1)　$x^2 - 4x + y^2 + 2y - 11 = 0$
$$\Longleftrightarrow x^2 - 4x + 4 + y^2 + 2y + 1 = 11 + 4 + 1$$
$$\Longleftrightarrow (x-2)^2 + (y+1)^2 = 4^2$$
より，答えは**中心が点 $(2, -1)$，半径が 4 の円**.

(2) $3x^2-4x+3y^2=0 \iff x^2-\dfrac{4}{3}x+y^2=0$

$\iff x^2-2\cdot\dfrac{2}{3}x+\left(\dfrac{2}{3}\right)^2+y^2=\left(\dfrac{2}{3}\right)^2 \iff \left(x-\dfrac{2}{3}\right)^2+y^2=\left(\dfrac{2}{3}\right)^2$

より，答えは**中心が点 $\left(\dfrac{2}{3},\ 0\right)$，半径が $\dfrac{2}{3}$ の円．**

問3 (1) $x^2+y^2+lx+my+n=0$ に3点の座標を代入したものを，$l,\ m,\ n$ の連立方程式として解く．まず n を消去するとよい．結果は $l=2,\ m=-6$, $n=-15$ で，求める方程式は $x^2+y^2+2x-6y-15=0$ である．

(2) AC の傾きは $\dfrac{0-(-1)}{3-(-4)}=\dfrac{1}{7}$，BC の傾きは $\dfrac{0-7}{3-2}=-7$ で，両者の積は -1 なので，2直線 AC，BC は直交して，$\angle ACB=90°$ である．だから（円周角の定理の逆より）AB は円の直径である．ここから円の中心は AB の中点 $(-1,\ 3)$，半径は直径 $\sqrt{(2-(-4))^2+(7-(-1))^2}=10$ の半分 5 とわかり，求める方程式は $(x+1)^2+(y-3)^2=25$ である．

問4 (1) 直線 OB の傾き $\sqrt{3}$ は $\tan60°$ に等しいので，$\angle BOA=60°$ である．$\angle KOA$，$\angle KOB$ はどちらもこの半分，$30°$ である．

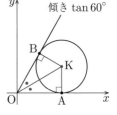

(2) $OA=OB=\sqrt{6^2+(6\sqrt{3})^2}=12$,
$AK=OA\tan30°=4\sqrt{3}$.

(3) K の座標は $(12,\ 4\sqrt{3})$，円 C の半径は $4\sqrt{3}$ とわかったので，求める方程式は $(x-12)^2+(y-4\sqrt{3})^2=48$.

➕PLUS 円はきれいな図形なので，よい性質をたくさん持っています．利用できるときはぜひ利用しましょう．**問3**の(2)では円周角の定理の逆が，**問4**の(2)では「円外の1点からひいた2本の接線について，接線の長さは等しい」ことが，とても有効でした．

THEME

12 "垂直" からわかること

📖 **GUIDANCE**　座標幾何では「垂直」「直交」「垂線」などから解決の糸口を見出すことが多い．距離を測ること，線対称移動，円の接線などでは，「垂直」が決定的な役割を果たしている．垂線やその足の求めかたから，しっかりおさえよう．

POINT 36　直線への垂線とその足

　直線 l と点 A に対して，A を通り l に垂直な直線 n を考えることは多い．A が l 上にあるときは n を「A での l の垂線」という，A が l 上にないときは n を「A から l へ下ろした垂線」といい，n と l の交点をこの垂線の足という．

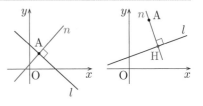

　l の傾きが m（0 でないとする），A の座標が $(p,\ q)$ のとき，n は傾きが $-\dfrac{1}{m}$ で A$(p,\ q)$ を通る直線なので，その方程式は $y=-\dfrac{1}{m}(x-p)+q$ である．

　A から l へ下ろした垂線の足 H の座標を求めるには，l と n の方程式を連立して解けばよいが，そのほかにも，H の座標を（H が l 上にあることをもとに）文字でおき，AH の傾きを文字で表し，それと l の傾きの積が -1 だ，としてもよい．なお，AH の長さについては POINT 38 を見よ．

POINT 37　点の線対称移動

　直線 l とその上にない点 P があるとき，l を軸として P と線対称の位置にある点 Q を求める方法の 1 つは，

$$\begin{cases} <1> & \text{PQ} \perp l\ \text{である} \\ <2> & \text{PQ の中点 M が}\ l\ \text{上にある} \end{cases}$$

ことの利用である．問題を解くときなどは，Q の座標を文字でおき（Q$(X,\ Y)$ など），PQ の傾きや M の座標をその文字で表し，$<1>$，$<2>$ を条件として課すことになる．

　なお，Q が求まれば PQ の中点として「P から l へ下ろした垂線の足」が求まったことになる．

直線 l とその上にない点Pがあるとき，Pと l 上の点Qの距離が最も短くなるのは，QがPから l へ下ろした垂線の足Hと一致するときである．PHの長さを，点Pと直線 l の距離という．

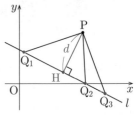

また，直線 l 上に点Pがあるときは，点Pと直線 l の距離は 0 だと考える．

l の方程式が $ax+by+c=0$，P の座標が (p, q) であるとき，P と l の距離 d は $d=\dfrac{|ap+bq+c|}{\sqrt{a^2+b^2}}$ で与えられる．

点Kを中心とする円 C と直線 l が点Tを接点として接しているとき，l と直線 TK は垂直である，また点Kと直線 l の距離は線分 TK の長さ，つまり円 C の半径に等しい．

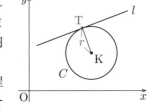

● 円 C と接点Tが与えられたときに接線 l の方程式を求めるには，まず直線 TK の傾きを求め，それとの積が -1 になる実数 m を求め，l を「傾き m でTを通る直線」ととらえればよい．なお，直線 TK が x 軸や y 軸に平行であるときはこの方法ではいけないが，l の方程式を求めることはかえって易しい．

特に，$C : x^2+y^2=r^2$，$T(s, t)$ のときは，l の方程式は $sx+ty=r^2$ となる．

● 円 C とその外部の点Aが与えられたときに，A を通る C の接線 l の方程式を求めるには，

＜方針1＞ 接点Tの座標を文字でおき，その文字を使って l の方程式を表し，A の座標がその解になるはず，と考える．

＜方針2＞ Aを通ることを用いて l の方程式を適当な文字を用いて表し，その l と中心Kとの距離が半径 r に等しくなるはず，と考える．

などの方針がある．

EXERCISE 12 ● "垂直"からわかること

問 1 点 A$(3, 1)$ から直線 $l : y=\dfrac{1}{2}x+1$ へ下ろした垂線 n の方程式と，その足Hの座標を求めよ．

問 2 直線 $l : y=3x$ を軸として点 $\mathrm{P}(0,\ 5)$ と線対称の位置にある点 Q の座標を求めよ.

問 3 点 $\mathrm{A}(13,\ 0)$ を通り円 $C : x^2+y^2=25$ に接する直線を l とする.

(1) l の傾きを k として, l の方程式を, $ax+by+c=0$ の形で表せ.

(2) l と C の中心 $\mathrm{O}(0,\ 0)$ との距離が C の半径に等しいことから k の方程式を作り, それを解いて k の値を求め, l の方程式を求めよ.

解答 **問 1** n の傾きは -2 なので, n の方程式は $y=-2(x-3)+1$, すなわち $y=-2x+7$ である. これと l の方程式を連立して解いて, H の座標 $\left(\dfrac{12}{5},\ \dfrac{11}{5}\right)$ を得る.

問 2 $\mathrm{Q}(X,\ Y)$ とおく, $\mathrm{PQ}\perp l$ より $\dfrac{5-Y}{0-X}\cdot 3=-1$, すなわち

$X+3Y=15$ …①. PQ の中点 $\left(\dfrac{X}{2},\ \dfrac{5+Y}{2}\right)$ は l 上にあるので $\dfrac{5+Y}{2}=3\cdot\dfrac{X}{2}$,

すなわち $Y=3X-5$ …②. ①と②を連立して解いて, Q の座標は $(X,\ Y)=(3,\ 4)$ である.

問 3 (1) l は傾き k で $\mathrm{A}(13,\ 0)$ を通るから, その方程式は $y=k(x-13)$, すなわち $kx-y-13k=0$ である.

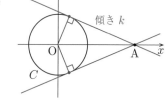

(2) $\dfrac{|k\cdot 0-0-13k|}{\sqrt{k^2+(-1)^2}}=5$, すなわち

$13|k|=5\sqrt{k^2+1}$ が成り立つ. この等式は両辺とも非負なので, 両辺を 2 乗した等式 $169k^2=25(k^2+1)$ と同値である.

よって, $k^2=\dfrac{25}{144}$, $k=\pm\dfrac{5}{12}$ である. l として適するものは 2 つあり, その方程式は $y=\dfrac{5}{12}(x-13)$ と $y=-\dfrac{5}{12}(x-13)$ である.

✚PLUS **問 3** の l の方程式は, 「接点を $\mathrm{T}(s,\ t)$ とすると $l : sx+ty=25$, これが $\mathrm{A}(13,\ 0)$ を通るから…」としても求まります. T が C 上にあるので $s^2+t^2=25$, を忘れずに.

13 直線・円の位置関係

> **GUIDANCE** 直線や円がいくつか座標平面上にあると，そこに位置関係が生じる．直線どうしのことは POINT 31 で，また直線と円が接することについては POINT 39 で述べたが，そのほかのことについて，ここでまとめておこう．

POINT 40 円と直線の位置関係

半径 r の円 C と直線 l があり，C の中心と l との距離が d であるとする．このとき，

$$\begin{cases} d<r \iff C と l が 2 点で交わっている \\ d=r \iff C と l が接している \\ d>r \iff C と l が離れている \end{cases}$$

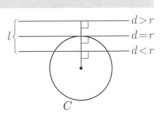

が成り立つ．

$d<r$ で，C と l が 2 点で交わっているとき，2 つの交点を結ぶ弦ができている．この弦の長さは $2\sqrt{r^2-d^2}$ である．

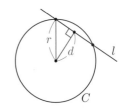

POINT 41 2円の位置関係

半径 r_1 の円 C_1 と半径 r_2 の円 C_2 があり，2 円の中心間の距離が d であるとする．$r_1>r_2$ だとするとき，2 円の位置関係は 5 通りに分類できて，

$$\begin{cases} d<r_1-r_2 \iff C_1 が C_2 を含んでいる & \text{①} \\ d=r_1-r_2 \iff C_1 に C_2 が内接する & \text{②} \\ r_1-r_2<d<r_1+r_2 \iff C_1 と C_2 が 2 点で交わる & \text{③} \\ d=r_1+r_2 \iff C_1 と C_2 が外接する & \text{④} \\ r_1+r_2<d \iff C_1 と C_2 が離れている & \text{⑤} \end{cases}$$

が成り立つ．

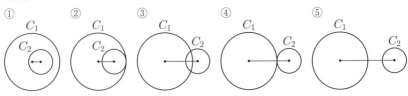

POINT 42 　2つの直線や円の共有点

2つの図形（直線や円）F_1，F_2 があり，その方程式がそれぞれ

$$\boxed{[1]}=0,\quad \boxed{[2]}=0$$

であるとしよう（$\boxed{[1]}$，$\boxed{[2]}$ は x，y の何らかの式）．このとき，F_1 と F_2 の共有点を求めるには，2つの方程式を連立して解けばよい．また，その実数解の個数を調べることによって，（実際に解を求めなくても）共有点の個数は調べられる．

しかし，連立方程式を解くにはけっこう手間がかかる．もし，問題の要求が連立方程式を解かずにすませられるものであれば，そうしたい．たとえば「F_1 と F_2 の共有点すべてを通る図形の方程式を作りたい」のであれば，

$$k\boxed{[1]}+\boxed{[2]}=0$$

という形の方程式を作り，実数定数 k の値を調整することによって，目的を達するという方針は有力である（POINT 32 と同じ論法を用いている）．

EXERCISE 13 ●直線・円の位置関係

問1　r を正の定数とし，直線 $l:y=2x$ と円 $C:x^2+(y-5)^2=r^2$ を考える．

(1)　l と C が2点で交わるのは，r の値がどのような範囲にあるときか．

(2)　l と C が2点で交わるとき，その2交点を端点とする線分の長さを r で表せ．

問2　点 $\mathrm{K}(4,\ 3)$ を中心とし，円 $C:x^2+y^2=4$ に外接する円 D の方程式を求めよ．また，2円の接点 T の座標を求めよ．

問3　2つの円 $C_1:x^2+y^2=4$，$C_2:(x+1)^2+(y-3)^2=9$ を考える．

(1)　C_1 と C_2 は2点で交わっていることを示せ．

(2)　C_1 と C_2 の2交点を通る直線 l の方程式を求めよ．

解説　問1の l と C の交点，問2の C と D の接点，問3の C_1 と C_2 の交点，これらをそれぞれの図形の方程式を連立して解くことにより求めることは可能だが，手間がかかる．以下の解答のように考えれば，そのような計算を要しない．

解答　**問1**　(1)　C の中心 $\mathrm{K}(0,\ 5)$ と $l:2x-y=0$ の

距離 d は $d=\dfrac{|2\cdot 0-5|}{\sqrt{2^2+(-1)^2}}=\sqrt{5}$ だから，求める範囲

は $r>\sqrt{5}$ である．

(2) 答えは $2\sqrt{r^2-d^2}=2\sqrt{r^2-5}$.

問2 C, D の中心間の距離が

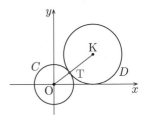

$\sqrt{(4-0)^2+(3-0)^2}=5$ で，これが2円の半径の
和に等しい．C の半径は2だから，D の半径は
$5-2=3$ である．よって，D の方程式は
$(x-4)^2+(y-3)^2=9$ である．次に，3点O，T，
K はこの順に一直線上にあり，OT＝2，TK＝3
だから，T は OK を $2:3$ に内分する点であり，その座標は
$\left(\dfrac{3\cdot0+2\cdot4}{2+3},\ \dfrac{3\cdot0+2\cdot3}{2+3}\right)=\left(\dfrac{8}{5},\ \dfrac{6}{5}\right)$ である．

問3 (1) C_1 の半径は2，C_2 の半径は3，2円の中心間の距離は
$\sqrt{(-1-0)^2+(3-0)^2}=\sqrt{10}$ で，$3-2<\sqrt{10}<3+2$ は成り立つから，C_1 と C_2
は2点で交わる．

(2) $C_1:x^2+y^2-4=0$，$C_2:x^2+y^2+2x-6y+1=0$ に注意して，答えを
$$k(x^2+y^2-4)+(x^2+y^2+2x-6y+1)=0 \quad\cdots\text{①}$$
の形で探す．①が表す図形が C_1，C_2 の共有点を通ることは，POINT 32，
POINT 42 のように考えればわかる．

$k=-1$ とすると① $\iff 2x-6y+5=0$ となり，これは直線を表すので，
これが l の方程式である．

✚PLUS　この THEME 13 で説明した3つの POINT は，どれも，問題の本質的部
分を見抜きダイレクトに解決するのに有効です．図形(ここでは直線や円)の方程式
が与えられていて，その共有点の有無や，共有点を通る図形が話題になると，つい
「連立方程式を立ててその解を考える」という方針にとびついてしまいがちですが，
そうでない道筋もあるかもしれない，と思っておきましょう．

THEME
14 軌跡

🏠 **GUIDANCE**　軌跡の問題に対して，論理的にすべてをきちんと考えて整った答案を書こうとすると，なかなか大変である．しかし共通テスト対策としては，点の動きを想像して図形的な感覚をもとに考えることを習得できればまずはよいだろう．そう考えると，学ぶべき「軌跡の求め方」には2つのタイプがある．

POINT 43 軌跡

　平面上の点を対象とする条件 C を1つ考えると，平面上の点全体は
「C をみたす点」と「C をみたさない点」
に分類できる．このうち「C をみたす点」であるものをすべて集めてできる図形（点の集合）を，条件 C が定める**軌跡**という．

　条件 C が定める軌跡が図形 F であると主張するには，本来，次の2つのことを確認しなければならない（ただし状況により，一方の確認作業を通じて他方の成立が明らかになったと判断して，そちらの確認作業を略することもある）．

　　(I)　条件 C をみたす点はすべて F に属すること．
　　(II)　F に属する点はすべて条件 C をみたすこと．

　（なお，(II)は「条件 C をみたさない点はすべて F に属さないこと」の対偶であり，この2つは同値である．）

POINT 44 軌跡の方程式の求め方

〔1〕　条件 C が座標平面上の点の位置に関する等式として直接的に与えられているときは，C が定める軌跡を F として，座標平面上の点 $\mathrm{P}(x,\ y)$ に対して
$\mathrm{P}(x,\ y) \in F \Longleftrightarrow \mathrm{P}(x,\ y)$ が C をみたす $\Longleftrightarrow x,\ y$ がある等式をみたす
がわかる．この「ある等式」が，F の方程式となる．

〔2〕　点 Q に対して点 P がただ1つ定まるしくみが確立しているとする．さらに図形 G が与えられているとする．このとき，「Q が G 上を動くとき，P がえがく軌跡を求めよ」という問題は，次の条件 C が定める軌跡 F を求めよという問題と同じである．

　　条件 C：（その点は）G 上のある点に対して，しくみに従い定まった点である．

　この問題は，対応 $\mathrm{Q} \longmapsto \mathrm{P}$ の逆の対応 $\mathrm{P} \longmapsto \mathrm{Q}$ が式に表せる場合には，次のように解決できる：点 $\mathrm{P}(x,\ y)$ に対応する点 Q の座標を $(s,\ t)$ とすると，

s, t は x, y の式で表せる.このとき

$$\text{P}(x,\ y)\in F \Longleftrightarrow \text{P}(x,\ y) \text{ が } C \text{ をみたす} \Longleftrightarrow \text{Q}(s,\ t) \text{ が } G \text{ 上にある}$$
$$\Longleftrightarrow (s,\ t) \text{ が } G \text{ の方程式をみたす}$$

である.G の方程式に $(s,\ t)$ を代入し,そこで s, t を x, y の式で表して得る等式が,F の方程式となる.

POINT 45 基本的な平面上の軌跡

- 1定点からの距離が一定である点の軌跡は円である.
- 2定点からの距離が等しい点の軌跡は,2定点を結ぶ線分の垂直二等分線である.
- 交わる2直線からの距離が等しい点の軌跡は,2直線がなす角の二等分線である.
- 2定点 A,B からの距離が一定の比 $k:l$ である点の軌跡は,$k \neq l$ のときは円になる(**アポロニウスの円**).AB を $k:l$ に内分する点と $k:l$ に外分する点とが,この円の直径の両端になる.
- 定点 O と動点 Q に対し,OQ を一定の比に内分(または外分)する点を P とする.Q が図形 G 上を動くとき,P のえがく軌跡 F は G と相似である.さらに,F と G は O を相似の中心として相似の位置にある.

$\left(\begin{array}{l}\text{この図では P は} \\ \text{OQ の外分点である}\end{array}\right)$

EXERCISE 14 ●軌跡

問1 2定点 A$(1,\ 0)$,B$(7,\ 3)$ を考える.次の軌跡の方程式を求めよ.

(1) A,B からの距離が等しい点の軌跡 F_1.

(2) A からの距離と B からの距離の比が $1:2$ である点の軌跡 F_2.

問2 原点 O$(0,\ 0)$ を考え,点 Q$(s,\ t)$ に対して,OQ を $3:1$ に内分する点を P とする.次の軌跡の方程式を求めよ.

(1) Q が直線 $m:y=2x+8$ 上を動くときの P の軌跡 F_1.

(2) Q が円 $G:(x-12)^2+(y+4)^2=16$ 上を動くときの P の軌跡 F_2.

解答 **問1** (1) 点 P$(x,\ y)$ に対して,

$$\text{P}(x,\ y)\in F_1 \Longleftrightarrow \text{AP}=\text{BP} \Longleftrightarrow \text{AP}^2=\text{BP}^2$$
$$\Longleftrightarrow (x-1)^2+(y-0)^2=(x-7)^2+(y-3)^2 \Longleftrightarrow \boldsymbol{4x+2y=19}.$$

(2) 点 $P(x, y)$ に対して,

$$P(x, y) \in F_2 \iff AP : BP = 1 : 2 \iff 2AP = BP \iff 4AP^2 = BP^2$$
$$\iff 4((x-1)^2 + (y-0)^2) = (x-7)^2 + (y-3)^2 \iff (x+1)^2 + (y+1)^2 = 20.$$

問 2　Q は OP を $4:1$ に外分するので，$P(x, y)$ とすると Q の座標 (s, t) は

$$\left(\frac{-1 \cdot 0 + 4x}{4-1}, \frac{-1 \cdot 0 + 4y}{4-1}\right) = \left(\frac{4}{3}x, \frac{4}{3}y\right)$$ に等しい．よって，$s = \frac{4}{3}x$, $t = \frac{4}{3}y$

である．

(1)

$$P(x, y) \in F_1 \iff 点 \left(\frac{4}{3}x, \frac{4}{3}y\right) が m 上にある$$

$$\iff \frac{4}{3}y = 2 \cdot \frac{4}{3}x + 8$$

$$\iff y = 2x + 6.$$

(2)

$$P(x, y) \in F_2 \iff 点 \left(\frac{4}{3}x, \frac{4}{3}y\right) が G 上にある$$

$$\iff \left(\frac{4}{3}x - 12\right)^2 + \left(\frac{4}{3}y + 4\right)^2 = 16$$

$$\iff \left(\frac{4}{3}\right)^2 \left(x - \frac{3}{4} \cdot 12\right)^2 + \left(\frac{4}{3}\right)^2 \left(y + \frac{3}{4} \cdot 4\right)^2 = 16$$

$$\iff (x-9)^2 + (y+3)^2 = 9.$$

✚ PLUS　軌跡について知るべきことはいろいろありますが，ここでは共通テスト対策として，基本的で重要なことにしぼって述べました．

THEME
15　領域

x，y の方程式（等式）は座標平面上の "線でえがかれる図形" を表すことが多いのに対して，x，y の不等式は "線を境界とした，塗られるエリア"，すなわち領域を表すことが多い．領域を図示すると，式の値や大小を可視化できるので，さまざまな数学的考察に強力な助けになる．

POINT 46　不等式の表す領域

● x，y の1次不等式 $y > ax + b$ が表す領域，すなわち不等式 $y > ax + b$ をみたす点全体の集合は，直線 $y = ax + b$ より "上"（y 座標が大きくなる方向）の領域である．直線 $y = ax + b$ を，この領域の**境界**という．今の場合は，領域は境界を含まない．一方，不等式 $y \geqq ax + b$ の表す領域は，境界である直線 $y = ax + b$ を含む．

　　不等式 $y < ax + b$ や $y \leqq ax + b$ は，直線 $y = ax + b$ より "下"（y 座標が小さくなる方向）の領域を表す．

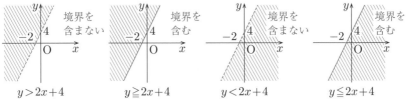

$y > 2x + 4$　　　　$y \geqq 2x + 4$　　　　$y < 2x + 4$　　　　$y \leqq 2x + 4$

● x，y の1次不等式 $ax + by + c > 0$ の表す領域を図示するには，

○ $b \neq 0$ ならば：これを y について解いて上に述べたように考えればよい．

○ $b = 0$ ならば：これを x について解く．$x >$（定数），あるいは $x <$（定数）となる．これの表す領域の図示は，右の通り，容易である．

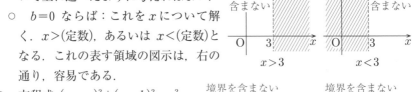

$x > 3$　　　　　$x < 3$

● 方程式 $(x-a)^2 + (y-b)^2 = r^2$ で表される円があるとき，

　不等式 $(x-a)^2 + (y-b)^2 < r^2$ はこの円の内部を，

　不等式 $(x-a)^2 + (y-b)^2 > r^2$

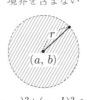
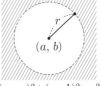

$(x-a)^2 + (y-b)^2 < r^2$　　　$(x-a)^2 + (y-b)^2 > r^2$

はこの円の外部を，それぞれ表す．不等号が ≦ や ≧ であれば，境界である円周も，領域に含まれる．

● 境界が直線や円でない領域も考えられる．

たとえば，不等式 $y \geqq x^2$，不等式 $x \geqq y^2$ が表す領域は右図の通りである（後者は，前者での x と y の立場を入れ替えただけのもの）．

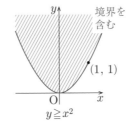

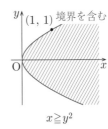

POINT 47 不等式の組み合わせで表される領域

● x, y についての2つの不等式 $A>0$, $B>0$ の連立不等式

$$A>0 \text{ かつ } B>0 \quad \left(\text{これを} \begin{cases} A>0 \\ B>0 \end{cases} \text{とも書く}\right)$$

の表す領域は，$A>0$ の表す領域（D とする）と $B>0$ の表す領域（E とする）の共通部分 $D \cap E$ である．

● A, B が x, y の式であるとき，

$$AB>0 \iff (A>0 \text{ かつ } B>0) \text{ または } (A<0 \text{ かつ } B<0)$$

である．よって，不等式 $AB>0$ の表す領域は，「$A>0$ かつ $B>0$ の表す領域」と「$A<0$ かつ $B<0$ の表す領域」の和集合である．

EXERCISE 15 ●領域

問 1 次の不等式の表す領域を図示せよ．

(1) $3x-2y-4<0$ 　　(2) $x^2+y^2 \leqq -4x+2y$ 　　(3) $y>x^2+2x+3$

問 2 次の連立不等式の表す領域を図示せよ．

(1) $x+y>2$ かつ $3x-y>1$ 　　(2) $1 \leqq x^2+y^2 \leqq 4$

問 3 次の不等式の表す領域を図示せよ．

(1) $(x-2y+1)(2x-y-1) \leqq 0$ 　　(2) $(x^2+y^2-6x)(x-y)>0$

(3) $(3x+y+1)^2>0$

問 4 連立不等式 $|x|-1 \leqq y \leqq 1-|x|$ の表す領域を図示せよ．

解答 **問 1** (1) $y>\dfrac{3}{2}x-2$ と同値．境界は直線 $y=\dfrac{3}{2}x-2$.

(2) $(x+2)^2+(y-1)^2 \leqq 5$ と同値．境界は円 $(x+2)^2+(y-1)^2=5$.

(3) 放物線 $y = x^2 + 2x + 3$ の"上"側が求める領域.

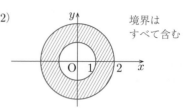

(1) 境界は含まない

(2) 境界は含む

(3) 境界は含まない $(-1, 2)$ 3

問2

(1) 交点は点 $\left(\dfrac{3}{4}, \dfrac{5}{4}\right)$

境界はすべて含まない

(2) 境界はすべて含む

問3 (1) 境界は2直線 $y = \dfrac{1}{2}x + \dfrac{1}{2}$,

$y = 2x - 1$.

(2) 境界は円 $(x-3)^2 + y^2 = 9$ と

直線 $y = x$.

(3) $(3x + y + 1)^2 > 0$ は,$3x + y + 1 \neq 0$

と同値.

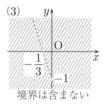

(1) $(1, 1)$ 境界は含む

(2) 境界は含まない $(3, 3)$

(3) 境界は含まない

問4 $|x| - 1 \leqq y$ の表す領域は図の D_1,$y \leqq 1 - |x|$ の表す領域は D_2 であるから,求める領域は $D_1 \cap D_2$ である.

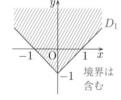

D_1 境界は含む

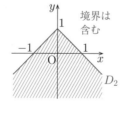

境界は含む D_2

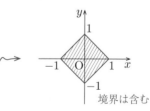

境界は含む

✚PLUS **問4**の不等式は $|y| \leqq 1 - |x|$,すなわち $|x| + |y| \leqq 1$ と同値です.

THEME

16 座標幾何を利用して

GUIDANCE 　『図形と方程式』の単元で学んだこと（座標幾何）は，幾何学と代数学を結びつけて考えることの第一歩であり，数学全般に通じる大切な視点を与えてくれる．

　ここでは「式の計算により図形の性質を証明する」代数の幾何への利用，および「図形を用いて式の値を調べる」幾何の代数への利用の例を見よう．

POINT 48 　"図形を計算する" —— 代数の幾何への利用

　図形の諸量を求めるときや，図形の持つ性質を証明するときに，図形を座標平面上に置いて，座標を用いた計算をして目的を達成するという手法がある．たとえば，「3直線が1点で交わる」ことを示すには，3直線の方程式を作り，それが共通の解をもつことを計算で確かめればよい．また，「円と直線が接する」ことを示すには，円の中心と直線との距離を計算し，それが円の半径と等しいことを確かめればよい．

POINT 49 　"式を図示する" —— 幾何の代数への利用

　文字（x, y など）で表される式の値やその大小について考察するのに，その式と関係する図形を座標平面上にかいて，その観察によって目的を達成するという手法がある．たとえば，「不等式 P をみたす (x, y) は不等式 Q をもみたす」ことを示すには，不等式 P, Q が表す領域（それぞれ D, E とする）を図示し，$D \subset E$ が成り立つことを確かめればよい．また，x, y によって定まる量 z があるとして，「(x, y) が条件 C をみたしながら動くときの，z の最大値を求めよ」という問題には，条件 C が表す図形・領域を図示して，それと "z を標高と見なしたときの等高線"（POINT 50 参照）との共有点を調べるという考え方がある．

POINT 50 　"等高線"

　たとえば，x, y から値が定まる数量 $z = 2x + y$ について，

　　　$\vdots$

　$z = -1$ となるのは

　　　点 (x, y) が直線 $-1 = 2x + y$ 上にあるとき，

　$z = 0$ となるのは

　　　点 (x, y) が直線 $0 = 2x + y$ 上にあるとき，

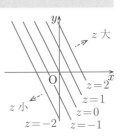

$z=1$ となるのは点 (x, y) が直線 $1=2x+y$ 上にあるとき，

    $\vdots$

である．このように，z の値が一定であるような点 (x, y) の集まりは，傾き -2 の直線をなす．これらの直線は，z を"標高"と見なしたとき，"地図"にかかれた"等高線"にたとえられる．"等高線"の様子を観察すると，"地図"（座標平面）上のどのあたりが"標高"（z の値）が"高い"（大きい）かがわかる．

「x，y が $x^2+y^2 \leqq 5$ をみたして変動するとき，$z=2x+y$ の最大値を求めよ」という問題には，先ほどの"等高線"と領域 $D : x^2+y^2 \leqq 5$ を重ね合わせて考えて，対応できる．

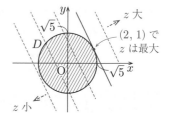

EXERCISE 16 ●座標幾何を利用して

問1　△ABC の辺 BC，CA，AB の中点をそれぞれ L，M，N とするとき，3 直線 AL，BM，CN は 1 点で交わることを示せ（三角形の重心の存在の証明）．

問2　y 軸正の部分上に相異なる 2 点 A$(0, a)$，B$(0, b)$ をとり，a と b の相乗平均を x 座標とする x 軸上の点 P$(\sqrt{ab}, 0)$ をとる．このとき，△ABP の外接円 C は，P を接点として x 軸に接することを示せ．

問3　実数 x，y が $x^2+y^2 \leqq 6x+8y$ をみたすならば，$x^2+y^2 \leqq 100$ が成立することを示せ．

問4　実数 x，y が $x \geqq 0$，$y \geqq 0$，$x+2y \geqq 2$，$x^2+y^2 \leqq 10$ をすべてみたしながら値を変動させるとき，$z=x+3y$ の最大値 M，最小値 m を求めよ．

解答　**問1**　A が原点 O と重なり，B が x 軸上にあるように，△ABC を座標平面上に置く．B の座標を $(2p, 0)$，C の座標を $(2q, 2r)$ とおける（A の座標は $(0, 0)$）．このとき，L，M，N の座標はそれぞれ $(p+q, r)$，(q, r)，$(p, 0)$ である．

直線 BM の方程式は $(0-r)(x-2p)-(2p-q)(y-0)=0$，すなわち　　　$rx+(2p-q)y=2pr$　…①，

直線 CN の方程式は $(2r-0)(x-p)-(2q-p)(y-0)=0$，すなわち　　　$2rx+(p-2q)y=2pr$　…②

であり，①と②を連立して解くと $(x,\ y)=\left(\dfrac{2}{3}(p+q),\ \dfrac{2}{3}r\right)$ を得るので，これが BM と CN の交点の座標である．これは AL の方程式 $rx-(p+q)y=0$ をみたす．よって，BM と CN の交点は AL 上にある．つまり，3 直線 AL，BM，CN は 1 点で交わる．

問2 円 C の中心を K とする．K は 2 点 A，B から等距離にあるので AB の垂直二等分線 $y=\dfrac{a+b}{2}$ 上にある．

したがって，K の座標を $\left(k,\ \dfrac{a+b}{2}\right)$ とおける．さらに AK＝PK，すなわち $AK^2=PK^2$ なので

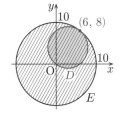

$$(k-0)^2+\left(\dfrac{a+b}{2}-a\right)^2=(k-\sqrt{ab})^2+\left(\dfrac{a+b}{2}-0\right)^2$$

が成り立つ．これを整理して $2\sqrt{ab}\,k=2ab$，つまり $k=\sqrt{ab}$ を得る．よって，P，K は x 座標が一致し，x 軸は円 C の半径 KP に垂直である．ゆえに，円 C は点 P を接点として x 軸に接している．

問3 $x^2+y^2\leqq 6x+8y$ …① が表す領域は図の D（境界を含む），$x^2+y^2\leqq 100$ …② が表す領域は図の E（境界を含む）である．原点 O と点 $(6,\ 8)$ を結ぶ線分は，D の境界の円の直径であり，E の境界の円の半径であるから，この 2 つの円は点 $(6,\ 8)$ で接している．これを見て，x，y が①をみたす，すなわち点 $(x,\ y)\in D$ であれば，点 $(x,\ y)\in E$，すなわち x，y が②をみたすことがわかる．

問4 $z=x+3y$ の値が一定である点全体の集合は右図の左のような傾き $-\dfrac{1}{3}$ の直線になる．一方，与えられた不等式を全てみたす x，y を座標とする点全体の集合は右図の右の斜線部（境界を含む）である．

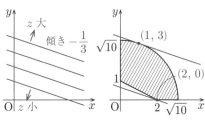

これを見比べて，$M=1+3\cdot 3=\mathbf{10}$，$m=2+3\cdot 0=\mathbf{2}$ がわかる．

✚PLUS　式の計算がもたらす厳密性，図示により得られる直観，どちらも数学にはとても大切なことです．この双方が互いに助け合って，数学は進みます．

コラム 座標平面上の三角形の面積の公式

次の公式は便利であり，記憶にとどめる価値がある．

<u>定理</u> 座標平面上に3点 O(0, 0)，A(p, q)，B(r, s) を3頂点とする △OAB があるとき，その面積Sは $S=\dfrac{1}{2}|ps-rq|$ で与えられる．

この公式は3頂点のうち1つが原点である三角形に対してのみ述べられているが，そうでない三角形についても，図のように三角形を平行移動して頂点の1つを原点に重ねれば，この公式を用いて面積を求められる．

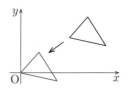

さてこの公式の証明は，三角形の配置による場合分けのことをあまり考えなくてよいならば，次のように，小学生や中学生にも理解できるものになる．

<証明1> 図のように，△OAB のまわりに3点 C, D, E を補うと，△OAB の面積は

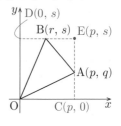

$S=(長方形 OCED)-△OCA-△ODB-△ABE$

$\quad =ps-\dfrac{1}{2}pq-\dfrac{1}{2}rs-\dfrac{1}{2}(p-r)(s-q)$

$\quad =ps-\dfrac{1}{2}pq-\dfrac{1}{2}rs-\dfrac{1}{2}ps+\dfrac{1}{2}pq+\dfrac{1}{2}rs-\dfrac{1}{2}rq$

$\quad =\dfrac{1}{2}(ps-rq)$

である．もちろん $S>0$ なので，$\dfrac{1}{2}(ps-rq)>0$，つまり

$\dfrac{1}{2}(ps-rq)=\dfrac{1}{2}|ps-rq|$ なので，$S=\dfrac{1}{2}|ps-rq|$ である．

しかし，この証明は $0<r<p$ かつ $0<q<s$ のときには通用するが，右の図のように，3頂点の位置関係が変わると，通用しなくなってしまう．

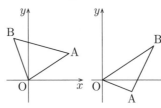
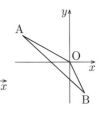

もちろんどのような位置関係でも等式は成立するのだが，その証明をいちいち変えなければならないのでは大変で，実用的ではない．

そこで，『図形と方程式』で学んだ知識を用いる，頂点の位置関係にかかわらず通用する次の証明も学んでおくのがよいだろう．座標幾何の威力を感じ

られるはずだ.

＜証明2＞　直線 OA の方程式は $qx-py=0$ である.

よって，点Bと直線 OA との距離 h は

$$h=\frac{|qr-ps|}{\sqrt{q^2+(-p)^2}}=\frac{|ps-qr|}{\sqrt{p^2+q^2}}$$

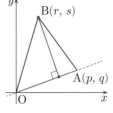

である．これは △OAB の辺 OA を底辺と見たとき
の高さであるから，

$$S=\frac{1}{2}\cdot\text{OA}\cdot h=\frac{1}{2}\cdot\sqrt{p^2+q^2}\cdot\frac{|ps-qr|}{\sqrt{p^2+q^2}}=\frac{1}{2}|ps-qr|$$

である.

THEME

17　三角関数の定義から

🏛 **GUIDANCE**　三角関数の学習というとすぐ「公式がたくさんある，覚えなければ…」と心配する高校生が多いが，実際にはその前に，sin，cos，tan の定義を正しく知る必要がある．定義さえきちんとわかっていれば容易に対応できる問題も多く，特に，意味の理解を重視する共通テストではその傾向は強まるだろう．

POINT 51　弧度法と一般角

　角の大きさを測るのに，半径 r の円周上でその角のぶんだけ回ったときの弧長 l と半径 r との比 $\dfrac{l}{r}$ を用いる方法を**弧度法**という．弧度法で測った角の大きさには**ラジアン**という単位をつけることもあるが，本来長さと長さの比であるので，単位はつけないことの方が多い．

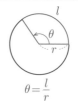

　半径 r の円周上で角 θ（弧度法で測る）だけ回ったときの弧長を l とすると，$\theta=\dfrac{l}{r}$，$l=r\theta$ が成り立つ．特に $r=1$ であれば，l と θ は一致する．

　$360°$ が 2π（ラジアン）に，$180°$ が π（ラジアン）に相当する．

　また，半径 r，中心角 θ（ラジアン）の扇形の面積は $\pi r^2\times\dfrac{\theta}{2\pi}$，すなわち $\dfrac{1}{2}r^2\theta$ に等しい．

　角を回転の大きさとして測るとすると，その大きさを 0 から 2π（$0°$ から $360°$）までに限定する必要はなくなる．2π を超える回転角を考えたり，逆向きの回転角を負数で表すことを考えたりしてもよい．このような角を**一般角**という．

POINT 52　sin，cos，tan の定義

　座標平面上では，x 軸正の部分を原点中心に角 $\dfrac{\pi}{2}$ だけ回転して y 軸正の部分に重なるような回転の向きを，（角の）**正の向き**という．

　中心が原点で半径が 1 の円を**単位円**という．単位円周上の点 A$(1,\ 0)$ を，原点を中心に角 θ だけ正の向きに回転させた点を P とする．

このとき，P の x 座標を $\cos\theta$，P の y 座標を $\sin\theta$ と書く．また，P が y 軸上にないときには，直線 OP の傾きを $\tan\theta$ と書く（θ が $\pm\dfrac{\pi}{2}$，$\pm\dfrac{3\pi}{2}$，$\pm\dfrac{5\pi}{2}$，… のときには $\tan\theta$ は定めない）．

回転角が 2π の整数倍増えても P の位置は変わらないので，
$$\cos(\theta+2\pi n)=\cos\theta, \quad \sin(\theta+2\pi n)=\sin\theta \quad (n \text{ は整数})$$
が成り立つ．また，回転角が π の整数倍増えても直線 OP は変わらないので，
$$\tan(\theta+\pi k)=\tan\theta \quad (k \text{ は整数})$$
が成り立つ．

$\cos\theta$，$\sin\theta$ は -1 以上 1 以下のすべての値をとる．$\tan\theta$ はすべての実数値をとる．

POINT 53 三角関数の定義からすぐわかる公式

● P$(\cos\theta, \sin\theta)$ は単位円 $x^2+y^2=1$ 上にあり，$\tan\theta$ は直線 OP の傾きだから，
$$\cos^2\theta+\sin^2\theta=1 \quad \cdots\textcircled{1}, \quad \tan\theta=\frac{\sin\theta}{\cos\theta} \quad \cdots\textcircled{2}$$
が成り立つ．また，①の両辺を $\cos^2\theta$ で割って②を用いると次の公式を得る：
$$1+\tan^2\theta=\frac{1}{\cos^2\theta}.$$

● 単位円周上で角 θ に対する $-\theta$，$\theta+\dfrac{\pi}{2}$，$\theta+\pi$，… などを書きこんで，次の公式を得る：

〔1〕 $\cos(-\theta)=\cos\theta$，$\sin(-\theta)=-\sin\theta$，$\tan(-\theta)=-\tan\theta$．

〔2〕 $\cos\left(\theta+\dfrac{\pi}{2}\right)=-\sin\theta$，$\sin\left(\theta+\dfrac{\pi}{2}\right)=\cos\theta$，$\tan\left(\theta+\dfrac{\pi}{2}\right)=-\dfrac{1}{\tan\theta}$．

〔3〕 $\cos(\theta+\pi)=-\cos\theta$，$\sin(\theta+\pi)=-\sin\theta$，$\tan(\theta+\pi)=\tan\theta$．

〔4〕 $\cos\left(\dfrac{\pi}{2}-\theta\right)=\sin\theta$，$\sin\left(\dfrac{\pi}{2}-\theta\right)=\cos\theta$，$\tan\left(\dfrac{\pi}{2}-\theta\right)=\dfrac{1}{\tan\theta}$．

〔5〕 $\cos(\pi-\theta)=-\cos\theta$，$\sin(\pi-\theta)=\sin\theta$，$\tan(\pi-\theta)=-\tan\theta$．

EXERCISE 17 ●三角関数の定義から

問 1 $\sin\dfrac{25}{4}\pi$，$\cos\left(-\dfrac{97}{6}\pi\right)$，$\tan\dfrac{40}{3}\pi$ の値を求めよ．

問 2 θ が第 4 象限の角で $\cos\theta=\dfrac{3}{5}$ である．$\sin\theta$，$\tan\theta$ の値を求めよ．

問3 $\sin\theta+\cos\theta=\dfrac{4}{3}$ のとき，$\sin\theta\cos\theta$ および $\sin^3\theta+\cos^3\theta$ の値を求めよ．

問4 $\sin\dfrac{\pi}{10}=k$ とおく．このとき，$\sin\dfrac{9\pi}{10}$，$\cos\dfrac{11\pi}{10}$，$\tan\left(-\dfrac{2\pi}{5}\right)$ の値を k の式で表せ．

解答 **問1** $\dfrac{25}{4}\pi=3\cdot2\pi+\dfrac{1}{4}\pi$ なので，$\sin\dfrac{25}{4}\pi=\sin\dfrac{1}{4}\pi=\dfrac{\sqrt{2}}{2}$.

$-\dfrac{97}{6}\pi=-8\cdot2\pi-\dfrac{1}{6}\pi$ なので，$\cos\left(-\dfrac{97}{6}\pi\right)=\cos\left(-\dfrac{1}{6}\pi\right)=\cos\dfrac{1}{6}\pi=\dfrac{\sqrt{3}}{2}$.

$\dfrac{40}{3}\pi=13\cdot\pi+\dfrac{1}{3}\pi$ なので，$\tan\dfrac{40}{3}\pi=\tan\dfrac{1}{3}\pi=\sqrt{3}$.

問2 θ が第4象限の角なので，単位円周上の点の x 座標である $\cos\theta$ は正，y 座標である $\sin\theta$ は負であることに注意する．

$\sin^2\theta+\cos^2\theta=1$ より $\sin^2\theta=1-\cos^2\theta=1-\left(\dfrac{3}{5}\right)^2=\dfrac{16}{25}$ で，

$\sin\theta<0$ だから，$\sin\theta=-\dfrac{4}{5}$．よって，$\tan\theta=\dfrac{\sin\theta}{\cos\theta}=\dfrac{-4/5}{3/5}=-\dfrac{4}{3}$.

問3 $(\sin\theta+\cos\theta)^2=\left(\dfrac{4}{3}\right)^2$ より $\sin^2\theta+\cos^2\theta+2\sin\theta\cos\theta=\dfrac{16}{9}$，これに

$\sin^2\theta+\cos^2\theta=1$ を適用して $1+2\sin\theta\cos\theta=\dfrac{16}{9}$．よって，

$\sin\theta\cos\theta=\left(\dfrac{16}{9}-1\right)\cdot\dfrac{1}{2}=\dfrac{7}{18}$．したがって，

$\sin^3\theta+\cos^3\theta=(\sin\theta+\cos\theta)(\sin^2\theta-\sin\theta\cos\theta+\cos^2\theta)=\dfrac{4}{3}\left(1-\dfrac{7}{18}\right)=\dfrac{22}{27}$.

問4

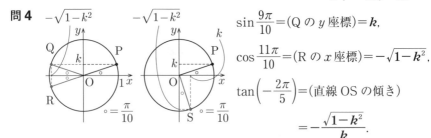

$\sin\dfrac{9\pi}{10}=(Q\text{ の }y\text{ 座標})=k$,

$\cos\dfrac{11\pi}{10}=(R\text{ の }x\text{ 座標})=-\sqrt{1-k^2}$,

$\tan\left(-\dfrac{2\pi}{5}\right)=(\text{直線 OS の傾き})$

$\qquad\qquad=-\dfrac{\sqrt{1-k^2}}{k}$.

➕PLUS　POINT 53 の公式〔1〕～〔5〕は，使うたびに単位円をかいて考えるのがよいでしょう．いつも心に単位円．経験を積めば，そのうち正確に記憶できます．

THEME
18 三角関数のグラフ

GUIDANCE　sin, cos, tan を部品とする関数のグラフをかけるようになることは，このような関数の値の変化を理解するために非常に重要である．グラフの特徴を知って見分ける問題は共通テストの試行問題にもあり，今後重視される可能性もある．

　グラフの観察と同等の成果が，単位円の観察により得られることも多い．

POINT 54　sin, cos, tan のグラフ

$y=\sin\theta$ のグラフ

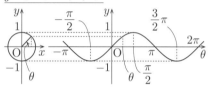

グラフは原点対称

$x=\cos\theta$ のグラフ

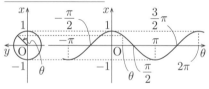

グラフは x 軸対称

$z=\tan\theta$ のグラフ

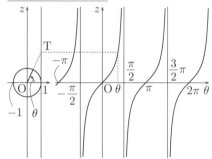

直線 $\theta=\dfrac{\pi}{2}+k\pi$（$k$ は整数の定数）は $z=\tan\theta$ のグラフの漸近線である．

※cos のグラフを θ 軸方向に $\dfrac{\pi}{2}$ だけ平行移動すると，sin のグラフと重なる．

　この曲線の形を正弦曲線（サインカーブ）という．

POINT 55　特別な性質を持つ関数

● 　関数 f と，0 でない定数 T について，f の定義域に属する任意の実数 x に対して $f(x+T)=f(x)$ が成り立つとき，f は T を周期とする周期関数であるという．関数の周期は1つあれば（その整数倍も周期なので）無限個あるが，そのうち正で最小のものをふつう周期という．sin, cos は 2π を周期とする周期関数であり，tan は π を周期とする周期関数である．

● 　関数 g について，任意の x（定義域に属する実数）に対して $g(-x)=g(x)$

が成り立つとき，g は偶関数であるという．このとき $y=g(x)$ のグラフは y 軸について線対称である．cos は偶関数である．ほかに $y=x^2-3$ なども偶関数である．また，関数 h について，任意の x（定義域に属する実数）に対して $h(-x)=-h(x)$ が成り立つとき，h は奇関数であるという．このとき $y=h(x)$ のグラフは原点について点対称である．sin, tan は奇関数である．ほかに $y=4x$ なども奇関数である．

POINT 56 関数 $y=Af(k\theta+l)$ のグラフのかきかた

$y=3\sin\left(2\theta-\dfrac{\pi}{3}\right)$ …① のグラフは，次のようにしてかける．

(1) ①は $y=3\sin\left(2\left(\theta-\dfrac{\pi}{6}\right)\right)$ なので，このグラフは，$y=3\sin2\theta$ …② のグラフを θ 軸方向に $+\dfrac{\pi}{6}$ だけ平行移動したものである．そこで以下，②のグラフのかきかたを考える．

(2) ②と $y=\sin\theta$ …③ を見比べると，$(\theta,\ y)=(\triangle,\ \square)$ が③をみたしていることと $(\theta,\ y)=\left(\dfrac{\triangle}{2},\ 3\cdot\square\right)$ が②をみたしていることは同値である．よって，②のグラフは，③のグラフを y 軸を基準として θ 軸方向に $\dfrac{1}{2}$ 倍にし，θ 軸を基準として y 軸方向に 3 倍にしたものである．

(3) ③のグラフはかけるので，これをもとに②，①と順に考えてグラフをかく．

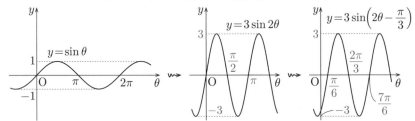

POINT 57 単位円・グラフから読み取る

$0\leqq\theta<2\pi$ の範囲で $\cos\theta\geqq\dfrac{1}{2}$ をみたす θ の値の範囲を求めるには，単位円上の点の x 座標（回転角の cos）をみるか，または，$\cos\theta$ のグラフを観察するとよい．答えは「$0\leqq\theta\leqq\dfrac{\pi}{3}$ と $\dfrac{5\pi}{3}\leqq\theta<2\pi$」である．

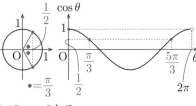

EXERCISE 18 ●三角関数のグラフ

問 1　次の関数について，$-\pi \leqq \theta \leqq \pi$ の範囲でグラフをかけ．また，周期を求めよ．さらに偶関数や奇関数があれば指摘せよ．

(1) $y = -2\tan\dfrac{\theta}{2}$　　(2) $y = \cos\left(2\theta + \dfrac{\pi}{2}\right)$　　(3) $y = \sin\theta - 1$

問 2　$0 \leqq \theta < 2\pi$ として，$\tan\theta \leqq -\sqrt{3}$ をみたす θ の値の範囲を求めよ．

問 3　$-\dfrac{\pi}{2} \leqq \theta \leqq \dfrac{\pi}{2}$ として，$\cos\left(3\theta - \dfrac{\pi}{3}\right) = \dfrac{\sqrt{3}}{2}$ をみたす θ の値をすべて求めよ．

解答　**問 1**

(1)

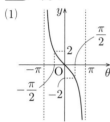

周期は 2π，奇関数．

(2) $y = \cos 2\left(\theta + \dfrac{\pi}{4}\right)$ と変形する．または，$y = -\sin 2\theta$ と変形する．

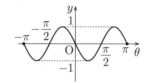

周期は π，奇関数．

(3) $y = \sin\theta$ のグラフを y 軸方向へ -1 だけ平行移動する．

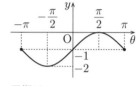

周期は 2π．

問 2　単位円周上で直線の傾きを考えてもよいし，$\tan\theta$ のグラフを見て考えてもよい．答えは

$$\dfrac{\pi}{2} < \theta \leqq \dfrac{2\pi}{3}　と　\dfrac{3\pi}{2} < \theta \leqq \dfrac{5\pi}{3}.$$

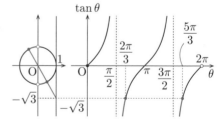

問 3　$3\theta - \dfrac{\pi}{3}$ の値の動く範囲は

$3 \cdot \left(-\dfrac{\pi}{2}\right) - \dfrac{\pi}{3}$ 以上 $3 \cdot \dfrac{\pi}{2} - \dfrac{\pi}{3}$ 以下，すなわち $-\dfrac{11}{6}\pi$ 以上 $\dfrac{7}{6}\pi$ 以下である．この範囲で $\cos$ の値が $\dfrac{\sqrt{3}}{2}$ になる角は $-\dfrac{11}{6}\pi$，$-\dfrac{1}{6}\pi$，$\dfrac{1}{6}\pi$ の 3 つ．これを $3\theta - \dfrac{\pi}{3}$ に等しいとおいて θ について解く．答えは $-\dfrac{\pi}{2}$，$\dfrac{\pi}{18}$，$\dfrac{\pi}{6}$．

✚PLUS　POINT 55，POINT 56 の内容は，三角関数についてだけ考えることではなく，いろいろな関数で用いられる大切なことです．

THEME

19 三角関数の加法定理

🏛 **GUIDANCE**　三角関数の加法定理とそこから導き出される公式は，三角関数が登場する場面にはなくてはならぬ重要な役者である．加法定理によってはじめて判明する数学的構造も多い．センター試験では，これらを用いた式変形により，複雑そうな状況を解明する問題が多く出されていた．

POINT 58　三角関数の加法定理

〔1〕　$\sin(\alpha+\beta)=\sin\alpha\cos\beta+\cos\alpha\sin\beta,$
　　　　$\sin(\alpha-\beta)=\sin\alpha\cos\beta-\cos\alpha\sin\beta.$

〔2〕　$\cos(\alpha+\beta)=\cos\alpha\cos\beta-\sin\alpha\sin\beta,$
　　　　$\cos(\alpha-\beta)=\cos\alpha\cos\beta+\sin\alpha\sin\beta.$

〔3〕　$\tan(\alpha+\beta)=\dfrac{\tan\alpha+\tan\beta}{1-\tan\alpha\tan\beta},\ \ \tan(\alpha-\beta)=\dfrac{\tan\alpha-\tan\beta}{1+\tan\alpha\tan\beta}.$

POINT 59　2倍角の公式・半角の公式

〔4〕　$\sin2\alpha=2\sin\alpha\cos\alpha,$
　　　　$\cos2\alpha=\cos^2\alpha-\sin^2\alpha=2\cos^2\alpha-1=1-2\sin^2\alpha,$

　　　　$\tan2\alpha=\dfrac{2\tan\alpha}{1-\tan^2\alpha}.$

〔5〕　$\sin^2\alpha=\dfrac{1-\cos2\alpha}{2},\ \ \cos^2\alpha=\dfrac{1+\cos2\alpha}{2}.$　ここで $2\alpha=\theta$ として，

　　　　$\sin^2\dfrac{\theta}{2}=\dfrac{1-\cos\theta}{2},\ \ \cos^2\dfrac{\theta}{2}=\dfrac{1+\cos\theta}{2}.$

※　〔4〕（2倍角の公式）は〔1〕，〔2〕，〔3〕で $\beta=\alpha$ として得られる．そして〔5〕（半角の公式）は〔4〕の $\cos2\alpha$ についての公式からただちに得られる．

POINT 60　単振動の合成（三角関数の合成）

　$a,\ b$ を少なくとも一方は 0 でない実数とし，$f(\theta)=a\sin\theta+b\cos\theta$ を考える．

　このとき，図のように長さ r と角 α をとると，$a=r\cos\alpha,\ b=r\sin\alpha$ であるので，$f(\theta)$ を次のように変形できる：

　　　$f(\theta)=r\cos\alpha\cdot\sin\theta+r\sin\alpha\cdot\cos\theta$

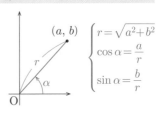

$$= r(\sin\theta\cos\alpha + \cos\theta\sin\alpha)$$
$$= r\sin(\theta+\alpha)$$
$$= \sqrt{a^2+b^2}\,\sin(\theta+\alpha).$$

このように，$\sin\theta$，$\cos\theta$ の 1 次式を 1 つしか sin または cos を含まない形の式に書き換えることを，**単振動の合成 (三角関数の合成)** という．POINT 64 も参照．

EXERCISE 19 ●三角関数の加法定理

問 1　$\sin 15°$ の値を (1) $15°=45°-30°$ を用いて，(2) 半角の公式を用いて，求めよ．

問 2　座標平面上の 2 直線 $l_1 : y=4x$，$l_2 : y=-3x$ がなす角を θ とする（ただし θ は鋭角とする）．$\tan\theta$ の値を求めよ．また，$\theta > \dfrac{\pi}{6}$ を示せ．

問 3　$y=4\sin\theta+5\cos\theta$ のとき，角 θ の大きさにかかわらず常に $|y|\leqq\sqrt{41}$ が成り立つことを示せ．

問 4　(1)　一般に，$\cos 3\theta = 4\cos^3\theta - 3\cos\theta$　…① が成り立つことを示せ．

(2)　(1)の等式で θ を $\theta+\dfrac{\pi}{2}$ におきかえることによって，一般に，

$\sin 3\theta = 3\sin\theta - 4\sin^3\theta$　…② が成り立つことを示せ．

解答　**問 1**　(1)　$\sin 15° = \sin(45°-30°) = \sin 45°\cos 30° - \cos 45°\sin 30°$

$$= \frac{\sqrt{2}}{2}\cdot\frac{\sqrt{3}}{2} - \frac{\sqrt{2}}{2}\cdot\frac{1}{2} = \frac{\sqrt{6}-\sqrt{2}}{4}.$$

(2)　$\sin^2 15° = \dfrac{1-\cos 30°}{2} = \dfrac{1}{2}\left(1-\dfrac{\sqrt{3}}{2}\right) = \dfrac{2-\sqrt{3}}{4} = \dfrac{4-2\sqrt{3}}{8} = \dfrac{3-2\sqrt{3}+1}{8}$

$$= \frac{(\sqrt{3})^2 - 2\sqrt{3}\cdot 1 + 1^2}{8} = \frac{(\sqrt{3}-1)^2}{8} = \frac{(\sqrt{3}-1)^2}{(2\sqrt{2})^2},$$

ここで $\sin 15°>0$ と $\sqrt{3}-1>0$ に注意して，

$\sin 15° = \dfrac{\sqrt{3}-1}{2\sqrt{2}} = \dfrac{\sqrt{6}-\sqrt{2}}{4}$ を得る．

問 2　図のように角 α，β を定めると，$\theta = \beta-\alpha$ である．また，tan の定義より $\tan\alpha=4$，$\tan\beta=-3$ である．よって，

$\tan\theta = \tan(\beta-\alpha) = \dfrac{\tan\beta-\tan\alpha}{1+\tan\beta\tan\alpha} = \dfrac{-3-4}{1+(-3)\cdot 4} = \dfrac{7}{11}$.

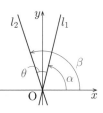

ここで，$\tan\theta$ と $\tan\dfrac{\pi}{6}=\dfrac{1}{\sqrt{3}}$ の大小を比較する．

$$\tan\theta-\tan\frac{\pi}{6}=\frac{7}{11}-\frac{1}{\sqrt{3}}=\frac{7\sqrt{3}-11}{11\sqrt{3}}=\frac{\sqrt{147}-\sqrt{121}}{11\sqrt{3}}>0$$

であるから，$\tan\theta>\tan\dfrac{\pi}{6}$ である．$\theta,\ \dfrac{\pi}{6}$ は第1象限の角であるから，これは

$\theta>\dfrac{\pi}{6}$ であることを示している．

問3 図の角を α とすると，

$y=\sqrt{4^2+5^2}\sin(\theta+\alpha)=\sqrt{41}\sin(\theta+\alpha)$ である．

θ の値にかかわらず $|\sin(\theta+\alpha)|\leqq1$ であるから，

$|y|=\sqrt{41}\,|\sin(\theta+\alpha)|\leqq\sqrt{41}\cdot1=\sqrt{41}$ が成り立つ．

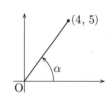

問4 (1) $\begin{aligned}\cos3\theta&=\cos(2\theta+\theta)=\cos2\theta\cos\theta-\sin2\theta\sin\theta\\&=(2\cos^2\theta-1)\cos\theta-2\sin\theta\cos\theta\cdot\sin\theta\\&=2\cos^3\theta-\cos\theta-2\cos\theta\sin^2\theta\\&=2\cos^3\theta-\cos\theta-2\cos\theta(1-\cos^2\theta)\\&=4\cos^3\theta-3\cos\theta.\end{aligned}$

(2) 指示に従うと $\cos3\left(\theta+\dfrac{\pi}{2}\right)=4\cos^3\left(\theta+\dfrac{\pi}{2}\right)-3\cos\left(\theta+\dfrac{\pi}{2}\right)$ …③ を得る．

ここで

$$\begin{cases}\cos3\left(\theta+\dfrac{\pi}{2}\right)=\cos\left(3\theta+\dfrac{\pi}{2}+\pi\right)=-\cos\left(3\theta+\dfrac{\pi}{2}\right)=\sin3\theta,\\[2mm]\cos\left(\theta+\dfrac{\pi}{2}\right)=-\sin\theta\end{cases}$$

なので，③は $\sin3\theta=4(-\sin\theta)^3-3(-\sin\theta)$，すなわち②と同値である．

③は成り立つので②も成り立つ．

✚PLUS **問4**の①，②を **3倍角**の公式といいます．4倍角，5倍角，… の公式も作れます．

THEME

20 三角関数を含む式の計算

🏛 **GUIDANCE**　共通テストやセンター試験では，sin, cos などを含む式の計算を行う必要がある．誘導や指示に従えばよいが，ある程度は事前にそのような計算に慣れておくのがよい．典型的な計算手法をここで見ておこう．

POINT 61　座標を cos, sin で表す

座標平面上の点 $P(x, y)$ が，x 軸正の部分にある点 $A(r, 0)$ を原点 O を中心に正の向きに角 θ だけ回転させた点であるとき，P の座標は

$$(x, y) = (r\cos\theta, \ r\sin\theta)$$

と表される．

POINT 62　加法定理を逆から使う

2倍角の公式と半角の公式 (POINT 59) は同じ公式を双方向から見たものである．これと同じように，たとえば加法定理

$$\sin(\alpha+\beta) = \sin\alpha\cos\beta + \cos\alpha\sin\beta$$

を「$\sin(\alpha+\beta)$ を $\sin\alpha\cos\beta + \cos\alpha\sin\beta$ に変形する」公式としてだけではなく，「$\sin\alpha\cos\beta + \cos\alpha\sin\beta$ を $\sin(\alpha+\beta)$ に変形する」公式と見て用いることもできる．

POINT 63　$\sin\theta$, $\cos\theta$ の和と積

$\sin\theta$ と $\cos\theta$ には，常に「2乗の和が1」，$\sin^2\theta + \cos^2\theta = 1$ の関係がある．だからいつも

$$(\sin\theta+\cos\theta)^2 = \sin^2\theta + \cos^2\theta + 2\sin\theta\cos\theta = 1 + 2\sin\theta\cos\theta$$

の関係がある．

したがって，和 $\sin\theta+\cos\theta$ と積 $\sin\theta\cos\theta$ は，うち一方の情報が与えられれば他方の情報が得られるしくみになっている．

POINT 64　単振動の合成について

以下，a, b は少なくとも一方は 0 でない定数とし，$f(\theta) = a\sin\theta + b\cos\theta$ とする．

- $f(\theta)=\sqrt{a^2+b^2}\sin(\theta+\alpha)$ と，単振動の合成を行っ
たとき，α は右図のような，a と b によって定まる（つ
まり，θ に無関係な）角である．θ の変域が $p \leqq \theta \leqq q$
であるとき，$\theta+\alpha$ の変域は $p+\alpha \leqq \theta+\alpha \leqq q+\alpha$ で
あるので，これを考慮して $\sin(\theta+\alpha)$ の，そして
$f(\theta)$ の変域を考えることになる．

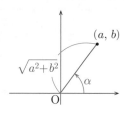

- 単振動の合成は sin ではなく cos を用いてもできる．
右図のように，b と a によって定まる角 β をとると，
$$
\begin{aligned}
f(\theta) &= b\cos\theta + a\sin\theta \\
&= \sqrt{a^2+b^2}\cos\beta\cdot\cos\theta + \sqrt{a^2+b^2}\sin\beta\cdot\sin\theta \\
&= \sqrt{a^2+b^2}(\cos\theta\cos\beta + \sin\theta\sin\beta) \\
&= \sqrt{a^2+b^2}\cos(\theta-\beta)
\end{aligned}
$$
と変形できる．場合によって，こちらを用いることもある．

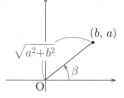

EXERCISE 20 ●三角関数を含む式の計算

問 1 $\cos\theta + \cos\left(\theta+\dfrac{2\pi}{3}\right) + \cos\left(\theta+\dfrac{4\pi}{3}\right)$ の値を，(1) 加法定理を用いて，

(2) 単位円周上に 3 点をとり図形的に考えて，求めよ．

問 2 2 点 P$(3\cos 2\theta,\ 3\sin 2\theta)$，Q$(2\cos 3\theta,\ 2\sin 3\theta)$ の距離を d とする．
d^2 を 2 点間の距離の公式と加法定理を用いて，θ で表せ．

問 3 α が第 2 象限の角で $\sin\alpha\cos\alpha = -\dfrac{1}{4}$ をみたすとする．

(1) $\sin\alpha + \cos\alpha$ の値を求めよ．（2 通りある）．

(2) 解が「$t=\sin\alpha$ と $t=\cos\alpha$」となる t の 2 次方程式を作り，それを解
 くことにより，$\sin\alpha$，$\cos\alpha$ の値を求めよ（2 通りある）．

解答 **問 1** (1) $\cos\theta + \cos\left(\theta+\dfrac{2\pi}{3}\right) + \cos\left(\theta+\dfrac{4\pi}{3}\right)$

$= \cos\theta + \cos\theta\cos\dfrac{2\pi}{3} - \sin\theta\sin\dfrac{2\pi}{3} + \cos\theta\cos\dfrac{4\pi}{3} - \sin\theta\sin\dfrac{4\pi}{3}$

$= \cos\theta - \dfrac{1}{2}\cos\theta - \dfrac{\sqrt{3}}{2}\sin\theta - \dfrac{1}{2}\cos\theta + \dfrac{\sqrt{3}}{2}\sin\theta$

$= 0.$

(2) 3 点 $(\cos\theta,\ \sin\theta)$，$\left(\cos\left(\theta+\dfrac{2\pi}{3}\right),\ \sin\left(\theta+\dfrac{2\pi}{3}\right)\right)$，

$\left(\cos\left(\theta+\dfrac{4\pi}{3}\right),\ \sin\left(\theta+\dfrac{4\pi}{3}\right)\right)$ は単位円周上にあり, 正三

角形の3頂点をなす. この正三角形の重心はOであるから,

その x 座標である $\dfrac{1}{3}\left(\cos\theta+\cos\left(\theta+\dfrac{2\pi}{3}\right)+\cos\left(\theta+\dfrac{4\pi}{3}\right)\right)$

は0に等しく, したがって,

$$\cos\theta+\cos\left(\theta+\dfrac{2\pi}{3}\right)+\cos\left(\theta+\dfrac{4\pi}{3}\right)=\mathbf{0}\ \text{である.}$$

問2
$$\begin{aligned}
d^2&=(3\cos2\theta-2\cos3\theta)^2+(3\sin2\theta-2\sin3\theta)^2\\
&=9(\cos^2 2\theta+\sin^2 2\theta)-12(\cos2\theta\cos3\theta+\sin2\theta\sin3\theta)\\
&\qquad+4(\cos^2 3\theta+\sin^2 3\theta)\\
&=9-12\cos(3\theta-2\theta)+4\\
&=\mathbf{13-12\cos\theta}.
\end{aligned}$$

問3 (1) $(\sin\alpha+\cos\alpha)^2=\sin^2\alpha+\cos^2\alpha+2\sin\alpha\cos\alpha=1-\dfrac{1}{2}=\dfrac{1}{2}$ なので

$$\sin\alpha+\cos\alpha=\pm\dfrac{\sqrt{2}}{2}.$$

(2) $\sin\alpha+\cos\alpha=\dfrac{\sqrt{2}}{2}$ だとすると, 2次方程式の解と係数の関係より,

$t^2-\dfrac{\sqrt{2}}{2}t-\dfrac{1}{4}=0$ の解 $\dfrac{\sqrt{2}\pm\sqrt{6}}{4}$ が $\sin\alpha,\ \cos\alpha$ である. α は第2象限の

角なので $\sin\alpha>0,\ \cos\alpha<0$ だから, $\mathbf{\sin\alpha=\dfrac{\sqrt{2}+\sqrt{6}}{4}},\ \mathbf{\cos\alpha=\dfrac{\sqrt{2}-\sqrt{6}}{4}}$

である.

　　同様に, $\sin\alpha+\cos\alpha=-\dfrac{\sqrt{2}}{2}$ だとすると, $\mathbf{\sin\alpha=\dfrac{-\sqrt{2}+\sqrt{6}}{4}}$,

$\mathbf{\cos\alpha=\dfrac{-\sqrt{2}-\sqrt{6}}{4}}$ を得る.

✚PLUS　**問2** は△POQ が形成されるときには, ∠POQ$=|3\theta-2\theta|=|\theta|$ に注意し

て, △POQ に余弦定理を適用しても解決できます. また**問3**は, (1)の結果

$\sin\alpha+\cos\alpha=\pm\dfrac{\sqrt{2}}{2}$ を, 単振動の合成により $\sqrt{2}\sin\left(\alpha+\dfrac{\pi}{4}\right)=\pm\dfrac{\sqrt{2}}{2}$, つまり

$\sin\left(\alpha+\dfrac{\pi}{4}\right)=\pm\dfrac{1}{2}$ と変形して, ここから α を具体的に求めることもできますが, こ

の問題を解くには回り道ですね.

THEME
21 三角関数を含む方程式・不等式・関数

> **GUIDANCE** いままで学んだ定義・公式・計算技術を組み合わせて，sin，cos，tan を含む方程式や不等式，関数を考察できる．高校生が知らなければならない手法はそれほど多くはない．

POINT 65 sin，cos を含む式の計算技術

式に sin，cos のいろいろな式が混在するとき，計算により，より取り扱いやすい式に変形できることがある．

- $\sin\theta+\cos^2\theta=\sin\theta+(1-\sin^2\theta)=-\sin^2\theta+\sin\theta+1$
  ：全体を $\sin\theta$ だけからなる式にできた．

- $\cos 2\theta+2\sin\left(\theta+\dfrac{\pi}{3}\right)-\sin\theta$

  $=(2\cos^2\theta-1)+2\left(\sin\theta\cos\dfrac{\pi}{3}+\cos\theta\sin\dfrac{\pi}{3}\right)-\sin\theta$

  $=2\cos^2\theta-1+2\left(\sin\theta\cdot\dfrac{1}{2}+\cos\theta\cdot\dfrac{\sqrt{3}}{2}\right)-\sin\theta=2\cos^2\theta+\sqrt{3}\cos\theta-1$

  ：全体を $\cos\theta$ だけからなる式にできた．

- $\sqrt{3}\sin\theta+\cos\theta=2\sin\left(\theta+\dfrac{\pi}{6}\right)$

  ：2か所にあった θ を1か所にまとめられた（合成）．
  どのような式変形が正しい道筋になるかは，場合による．

POINT 66 文字へのおきかえ

sin，cos からなる式を1つの文字におきかえることによって，式全体が簡潔になり，見通しがよくなることがある．たとえば，$t=\sin\theta+\cos\theta$ とおくと $t^2=(\sin^2\theta+\cos^2\theta)+2\sin\theta\cos\theta=1+2\sin\theta\cos\theta$，すなわち

$\sin\theta\cos\theta=\dfrac{1}{2}(t^2-1)$ なので，$f(\theta)=\sin\theta\cos\theta-3\sin\theta-3\cos\theta$ であれば

$$f(\theta)=\sin\theta\cos\theta-3(\sin\theta+\cos\theta)=\dfrac{1}{2}(t^2-1)-3t=\dfrac{1}{2}t^2-3t-\dfrac{1}{2}$$

と，t だけの式で $f(\theta)$ を表せる．

文字のおきかえを行うときは，新しい文字の値のとり得る範囲（変域）を確認することが重要である．たとえば，$t=\sin\theta+\cos\theta$ とおくとき，

$$t=1\sin\theta+1\cos\theta=\sqrt{2}\,\sin\left(\theta+\frac{\pi}{4}\right)$$

であるから，θ がまったく自由に動けるとしても t は $-\sqrt{2}\leqq t\leqq\sqrt{2}$ の範囲しか動けない．また，もし θ の変域が $0\leqq\theta\leqq\dfrac{\pi}{2}$ だとすると，$\theta+\dfrac{\pi}{4}$ の変域は

$\dfrac{\pi}{4}\leqq\theta+\dfrac{\pi}{4}\leqq\dfrac{3\pi}{4}$，$\sin\left(\theta+\dfrac{\pi}{4}\right)$ の変域は $\dfrac{1}{\sqrt{2}}\leqq\sin\left(\theta+\dfrac{\pi}{4}\right)\leqq1$ となるので，t の変域は $1\leqq t\leqq\sqrt{2}$ である．

CHAPTER 3

三角関数

EXERCISE 21 ●三角関数を含む方程式・不等式・関数

問1 θ の変域が $0\leqq\theta<2\pi$ であり，$y=\cos^2\theta-\sin\theta$ であるとする．

(1) y の変域を求めよ．

(2) $y=\dfrac{1}{4}$ となる θ の値をすべて求めよ．

(3) $y>\dfrac{1}{4}$ となる θ の値の範囲を求めよ．

問2 $0\leqq\theta\leqq\dfrac{\pi}{2}$ を定義域とする関数 $f(\theta)=3\cos^2\theta+4\sin\theta\cos\theta-5\sin^2\theta$ の最大値 M と最小値 m を求めよ．

問3 $0\leqq\theta\leqq\pi$ を定義域とする関数
$$y=\sin^2\theta-2\sqrt{3}\,\sin\theta\cos\theta+3\cos^2\theta-2\sqrt{3}\,\sin\theta+6\cos\theta$$
を考える．

(1) $p=\sin\theta-\sqrt{3}\cos\theta$ とおく．y を p で表せ．また，p の変域を求めよ．

(2) y の最大値・最小値とそれを与える θ の値を求めよ．

解答 **問1** (1) $y=(1-\sin^2\theta)-\sin\theta=-\sin^2\theta-\sin\theta+1$ である．そこで $t=\sin\theta$ とおく．t の変域は $-1\leqq t\leqq1$ であり，$y=-t^2-t+1$，すなわち $y=-\left(t+\dfrac{1}{2}\right)^2+\dfrac{5}{4}$ であるから，t と y の関係を表すグラフは図の通り．よって，y の変域は $\boldsymbol{-1\leqq y\leqq\dfrac{5}{4}}$ である．

(2) $y=\dfrac{1}{4}\iff-t^2-t+1=\dfrac{1}{4}\iff t^2+t-\dfrac{3}{4}=0$

$$\Longleftrightarrow \left(t-\frac{1}{2}\right)\left(t+\frac{3}{2}\right)=0 \Longleftrightarrow t=\frac{1}{2}$$

である（$-1\leqq t\leqq 1$ に注意）．そして $t=\frac{1}{2}$，すなわち $\sin\theta=\frac{1}{2}$ は，

$0\leqq\theta<2\pi$ では $\theta=\frac{\pi}{6}$ または $\theta=\frac{5\pi}{6}$ のときにだけ成り立つ．

(3) (2)とグラフの観察より，$y>\frac{1}{4}$ は $(-1\leqq)t<\frac{1}{2}$，す

なわち，$\sin\theta<\frac{1}{2}$ と同値である．これは，$0\leqq\theta<2\pi$

のもとでは $0\leqq\theta<\frac{\pi}{6}$ または $\frac{5\pi}{6}<\theta<2\pi$ と同値である．

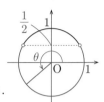

問2 $f(\theta)=3\cdot\dfrac{1}{2}(1+\cos 2\theta)+4\cdot\dfrac{1}{2}\sin 2\theta$

$\qquad\qquad -5\cdot\dfrac{1}{2}(1-\cos 2\theta)$

$\qquad =2\sin 2\theta+4\cos 2\theta-1$

$\qquad =2\sqrt{5}\sin(2\theta+\alpha)-1$

である（α は右上図のような角）．$2\theta+\alpha$ は右下図の青い

半円弧が表す範囲を動く角だから，$\sin(2\theta+\alpha)$ の最大値

は1，最小値は $\sin(\pi+\alpha)=-\sin\alpha=-\dfrac{4}{2\sqrt{5}}=-\dfrac{2}{\sqrt{5}}$

である．よって，

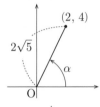

$$M=2\sqrt{5}\cdot 1-1=2\sqrt{5}-1,$$
$$m=2\sqrt{5}\cdot\left(-\frac{2}{\sqrt{5}}\right)-1=-5.$$

問3 (1) $y=(\sin\theta-\sqrt{3}\cos\theta)^2-2\sqrt{3}(\sin\theta-\sqrt{3}\cos\theta)=p^2-2\sqrt{3}\,p$．

また，$p=1\sin\theta-\sqrt{3}\cos\theta=2\sin\left(\theta-\dfrac{\pi}{3}\right)$ であるから，

θ が $0\leqq\theta\leqq\pi$ を動くとき，p は $-\sqrt{3}\leqq p\leqq 2$ を動く．

(2) $y=p^2-2\sqrt{3}\,p=(p-\sqrt{3})^2-3$

なので，$-\sqrt{3}\leqq p\leqq 2$ での y の値

の変化は右のグラフの通り．よって，

y は $p=-\sqrt{3}$，すなわち $\theta=0$ の

とき最大値9を，$p=\sqrt{3}$，すなわち

$\theta=\dfrac{2\pi}{3}$ と $\theta=\pi$ のときに最小値

-3 をとる．

EXERCISE 19 の問**4**では「**3 倍角の公式**」と呼ばれる

$$\cos 3\theta = 4\cos^3\theta - 3\cos\theta, \quad \sin 3\theta = 3\sin\theta - 4\sin^3\theta$$

を証明した．これは数学Ⅱの教科書には「公式」としては載っていないかもしれないが，「$3\theta = 2\theta + \theta$ なので，$\cos 3\theta$ に加法定理を適用すると…」のようにして，この内容が出題されることはあるだろう．

　一般に，基本的な公式（加法定理など）から導かれることを公式として記憶するかどうかとは別に，その導出に使われるアイディア（3 倍角の公式の場合は「$3\theta = 2\theta + \theta$ と考える」）を見て知っておくのはよいことだろう．以下では例として，三角関数の「積を和になおす公式」と「和を積になおす公式」を紹介し，その証明のアイディアを見てもらおう．なおこれらの公式も，3 倍角の公式と同様，数学Ⅲの学習ではよく用いられる．

積を和になおす公式 (積和公式)

(1)　$\sin\alpha\cos\beta = \dfrac{1}{2}\big(\sin(\alpha+\beta)+\sin(\alpha-\beta)\big)$

(2)　$\cos\alpha\sin\beta = \dfrac{1}{2}\big(\sin(\alpha+\beta)-\sin(\alpha-\beta)\big)$

(3)　$\cos\alpha\cos\beta = \dfrac{1}{2}\big(\cos(\alpha+\beta)+\cos(\alpha-\beta)\big)$

(4)　$\sin\alpha\sin\beta = -\dfrac{1}{2}\big(\cos(\alpha+\beta)-\cos(\alpha-\beta)\big)$

〈**証明のアイディア**〉　$\sin(\alpha+\beta)$, $\sin(\alpha-\beta)$ に対する加法定理から

$$\begin{cases} \sin\alpha\cos\beta + \cos\alpha\sin\beta = \sin(\alpha+\beta) \\ \sin\alpha\cos\beta - \cos\alpha\sin\beta = \sin(\alpha-\beta) \end{cases}$$

である．この 2 式を辺々加えて 2 で割ると(1)を，辺々引いて 2 で割ると(2)を得る．同様に，$\cos(\alpha+\beta)$, $\cos(\alpha-\beta)$ に対する加法定理から(3)，(4)を得る．

和を積になおす公式（和積公式）

(5)　$\sin\theta + \sin\varphi = 2\sin\dfrac{\theta+\varphi}{2}\cos\dfrac{\theta-\varphi}{2}$

(6)　$\sin\theta - \sin\varphi = 2\cos\dfrac{\theta+\varphi}{2}\sin\dfrac{\theta-\varphi}{2}$

(7)　$\cos\theta + \cos\varphi = 2\cos\dfrac{\theta+\varphi}{2}\cos\dfrac{\theta-\varphi}{2}$

(8)　$\cos\theta - \cos\varphi = -2\sin\dfrac{\theta+\varphi}{2}\sin\dfrac{\theta-\varphi}{2}$

〈**証明のアイディア**〉　$\alpha+\beta=\theta$, $\alpha-\beta=\varphi$ とおくと，$\alpha=\dfrac{\theta+\varphi}{2}$,

$\beta=\dfrac{\theta-\varphi}{2}$ である．これを(1)〜(4)に代入すると，(5)〜(8)を得る．

　応用例として，$\sin 3\theta-\sin\theta=0$ …① となる θ を求めてみる．①の左辺は，

　　3倍角の公式より：$(3\sin\theta-4\sin^3\theta)-\sin\theta=2\sin\theta(1-2\sin^2\theta)$

　　公式(6)より　　　　：$2\cos\dfrac{3\theta+\theta}{2}\sin\dfrac{3\theta-\theta}{2}=2\cos 2\theta\sin\theta$

と計算できる．一見異なるようだが，2倍角の公式 $\cos 2\theta=1-2\sin^2\theta$ を用いると，両者が等しいことがわかる．

　この計算により，①は

$$2\sin\theta(1-2\sin^2\theta)=0,$$

および

$$2\cos 2\theta\sin\theta=0$$

と同値である．このどちらを用いても，①をみたす角 θ は 0, $\dfrac{\pi}{4}$, $\dfrac{3\pi}{4}$, π, $\dfrac{5\pi}{4}$,

$\dfrac{7\pi}{4}$ に 2π の整数倍を加えたものに限るとわかる．

THEME
22 指数関数の定義と基本的性質

🏛 **GUIDANCE**　$a^3=aaa$ などの累乗の記号は，a の右上にある数（指数という）が自然数でないと解釈が難しいものであった．しかしここから考えをひろげ，正数 a に対して a^0, a^{-3}, $a^{\frac{2}{5}}$, $a^{\sqrt{3}}$ などにも意味を与えることができる．こうしてすべての実数 x を定義域とする関数 a^x ができる（ただし a は正の定数）が，その理解には，もともとの累乗の感覚が十分生かせる．

POINT 67 累乗根

　n は自然数とする．数 a に対して，$x^n=a$ をみたす数 x を，a の n 乗根という．CHAPTER 4 では，a も x も実数である場合のみを考える．

　n が奇数のとき，a の n 乗根は必ず 1 つだけ存在する．これを $\sqrt[n]{a}$ と書く．

　n が偶数のときは

　　$a>0$ ならば　a の n 乗根は 2 つ（正のものと負のものと 1 つずつ）存在する．そのうち正のほうを $\sqrt[n]{a}$ と書く．負のほうはこれの -1 倍で，$-\sqrt[n]{a}$ と書ける．

　　$a=0$ ならば　a の n 乗根は 1 つだけ存在し，それは 0 である．

　　$a<0$ ならば　a の n 乗根は存在しない．

　1 乗根，2 乗根（平方根），3 乗根（立方根），4 乗根，… をまとめて累乗根という．

POINT 68 指数関数

　以下では a は正数だとする．

〔1〕　x が自然数のときは，a^x は累乗として理解する．

〔2〕　$x=0$ のとき，a^x，すなわち a^0 は 1 に等しいとする．

〔3〕　x が負の整数のときは，a^x は a^{-x} の逆数，すなわち $\dfrac{1}{a^{-x}}$ に等しいとする（a^{-x} は〔1〕のように理解する）．

〔4〕　x が有理数のときは，$x=\dfrac{l}{k}$（k は自然数，l は整数）と表せるので，

　$a^x=(\sqrt[k]{a})^l$，あるいは $a^x=\sqrt[k]{a^l}$ として定める．この両者は値が一致する．また，k, l のとり方はいろいろあるが，どうとっても a^x としては同じ値が定

められる.

〔5〕 x が無理数のときは，x にどんどん近づく有理数の列 x_1, x_2, x_3, … を考え，a^{x_1}, a^{x_2}, a^{x_3}, … という列がどんどん近づく実数を a^x と定める. 有理数の列のとり方はいろいろあるが，どうとっても a^x としては同じ値が定められる.

このように，任意の実数 x に対して実数 a^x が定められる. a が 1 でない正の定数であるとき，関数 $f(x)=a^x$ を，a を底とする指数関数という. 以上の定義から，つねに $a^x>0$ であること，つまり，指数関数では正数しか出力されないことに注意しよう.

POINT **69** 指数関数の基本的な公式

以下，a, b は正数，x, y は実数とする.

(1) $a^{x+y}=a^x \cdot a^y$, $a^{x-y}=\dfrac{a^x}{a^y}$. （指数法則）

(2) $a^{xy}=(a^x)^y=(a^y)^x$.

(3) $a^x b^x=(ab)^x$, $\dfrac{a^x}{b^x}=\left(\dfrac{a}{b}\right)^x$.

POINT **70** 指数関数のグラフ

指数関数 $y=a^x$ のグラフは，底 a と 1 の大小により，大きく異なる.

$a>1$ のとき　　　　増加関数

$$x_1<x_2 \iff a^{x_1}<a^{x_2}$$

$0<a<1$ のとき　　　減少関数

$$x_1<x_2 \iff a^{x_1}>a^{x_2}$$

グラフが $y>0$ の領域だけにあり，x 軸を漸近線とすることは共通している.

一般に，$y=a^x$ のグラフと，$y=\left(\dfrac{1}{a}\right)^x$ すなわち $y=a^{-x}$ のグラフは，y 軸対称である.

EXERCISE 22 ●指数関数の定義と基本的性質

問 1 次の式を計算せよ.

(1) $\sqrt[5]{243}$　(2) 0.5^{-3}　(3) $7^{\frac{3}{2}}$　(4) $(5^2)^3 \times \left(\dfrac{1}{25}\right)^2 \div \sqrt[3]{625}$　(5) $6^3 \times 2^{-3}$

問 2 正数 a, b が $a>b$ をみたせば,任意の正数 x に対して $a^x > b^x$ である.これを $\dfrac{a^x}{b^x}$ を計算することによって説明せよ.

問 3 $\sqrt[3]{4}$,$\sqrt[5]{16}$,$\sqrt[7]{32}$ を小さい順に並べよ.

問 4 次の文の空欄を適切に補え.

● 関数 $y=2^{x-3}$ のグラフ C は,$y=2^x$ のグラフを $\boxed{(1)}$ 軸方向に $\boxed{(2)}$ だけ平行移動したものである.一方,$y=2^{x-3}$ は $y=2^x \cdot 2^{-3}$,つまり $y=\boxed{(3)} \cdot 2^x$ とも書けるので,C は $y=2^x$ のグラフを $\boxed{(4)}$ 軸を基準として $\boxed{(5)}$ 軸方向に $\boxed{(6)}$ 倍に拡大したものである.

● 関数 $y=3^{2x}$ のグラフ D は,$y=3^x$ のグラフを $\boxed{(7)}$ 軸を基準として $\boxed{(8)}$ 軸方向に $\boxed{(9)}$ 倍に拡大したものである.一方,D は $y=\boxed{(10)}^x$ のグラフと一致する.

解説 いろいろな表記の数を,a^x の形にそろえると,計算や考察がしやすい.

解答 **問 1** (1) $243=3^5$ なので,$\sqrt[5]{243}=\mathbf{3}$.　(2) $0.5^{-3}=\left(\dfrac{1}{2}\right)^{-3}=2^3=\mathbf{8}$.

(3) $7^{\frac{3}{2}}=\sqrt{7^3}=\mathbf{7\sqrt{7}}$.　(4) $(5^2)^3 \times \left(\dfrac{1}{25}\right)^2 \div \sqrt[3]{625}=5^6 \times 5^{-4} \div 5^{\frac{4}{3}}=5^{6-4-\frac{4}{3}}=\mathbf{5^{\frac{2}{3}}}$.

(5) $6^3 \times 2^{-3}=6^3 \times \left(\dfrac{1}{2}\right)^3=\left(6 \times \dfrac{1}{2}\right)^3=3^3=\mathbf{27}$.

問 2 $\dfrac{a^x}{b^x}=\left(\dfrac{a}{b}\right)^x$ で,$\dfrac{a}{b}>1$ かつ $x>0$ だから,$\left(\dfrac{a}{b}\right)^x>1$ である.よって,

$\dfrac{a^x}{b^x}>1$ である.ここで b^x が正数であることに注意して,$a^x>b^x$ を得る.

問 3 $\sqrt[3]{4}=(2^2)^{\frac{1}{3}}=2^{\frac{2}{3}}$,$\sqrt[5]{16}=(2^4)^{\frac{1}{5}}=2^{\frac{4}{5}}$,$\sqrt[7]{32}=(2^5)^{\frac{1}{7}}=2^{\frac{5}{7}}$ であり,

$\dfrac{2}{3}<\dfrac{5}{7}<\dfrac{4}{5}$ であるから $2^{\frac{2}{3}}<2^{\frac{5}{7}}<2^{\frac{4}{5}}$,つまり $\mathbf{\sqrt[3]{4}<\sqrt[7]{32}<\sqrt[5]{16}}$ である.

問 4 (1) $\boldsymbol{x}$　(2) $\mathbf{3}$　(3) $\dfrac{\mathbf{1}}{\mathbf{8}}$　(4) $\boldsymbol{x}$　(5) $\boldsymbol{y}$　(6) $\dfrac{\mathbf{1}}{\mathbf{8}}$　(7) $\boldsymbol{y}$　(8) $\boldsymbol{x}$　(9) $\dfrac{\mathbf{1}}{\mathbf{2}}$　(10) $\mathbf{9}$

✛PLUS $\bigcirc^{\triangle}$ の形に表された 2 数を比較するには,2 数を「a^{x_1} と a^{x_2}」の形,または「$a_1{}^x$ と $a_2{}^x$」の形に変形すると,大小が見てとれるようになります.

THEME

23 対数関数の定義と基本的性質

GUIDANCE 対数関数は，指数関数の入力と出力を逆にしたものである．だから対数関数の学習は指数関数のときと本質的にはまったく同じであり，新しく難しいことが増えるわけではない．ただし，新しい記号を用いるので，目と手が慣れるために計算練習が必要であろう．

POINT **71** 対数と対数関数

以下，a は1でない正数とする．

実数 t と正数 x の間に $x=a^t$ の関係があるとき，t は a を底とする x の対数であるといい，記号で $t=\log_a x$ と書く．

x に対し $t=\log_a x$ を対応させる関数を，a を底とする対数関数という．対数関数は，指数関数と逆の働きを持つ関数である．すなわち，"関数"を"入力に対して出力を与えるしくみ"と見なすとき，指数関数の入力と出力を逆にした関数が対数関数である．

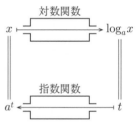

指数関数が正数しか出力しないことの反映として，対数関数には正数しか入力できない．$\log_a x$ と書いたときの x をこの対数の真数ということがあり，$x>0$ でなければならないことを「真数の条件」などと言い表すこともある．

POINT **72** 対数関数の基本的な公式

以下，a は1でない正数，x，y は正数，t，r は実数とする．

(0) $\log_a(a^t)=t$．また，$a^{\log_a x}=x$．

(1) $\log_a 1=0$，$\log_a a=1$．

(2) $\log_a xy=\log_a x+\log_a y$（なお $\log_a xy$ は $\log_a(xy)$ のこと），

$\log_a \dfrac{x}{y}=\log_a x-\log_a y$．

(3) $\log_a x^r=r\log_a x$（なお $\log_a x^r$ は $\log_a(x^r)$ のこと）．

POINT **73** 対数関数のグラフ

対数関数 $y=\log_a x$ のグラフは，底 a と1の大小により，大きく異なる．

$a>1$ のとき　　　　　　増加関数

$$x_1 < x_2 \iff \log_a x_1 < \log_a x_2$$

$0<a<1$ のとき　　　　　減少関数

$$x_1 < x_2 \iff \log_a x_1 > \log_a x_2$$

　グラフが $x>0$ の領域だけにあり，y 軸を漸近線とすることは共通している．$y=\log_a x$ のグラフは，$y=a^x$ のグラフと，直線 $y=x$ に関して線対称の位置にある．これは $y=\log_a x \iff x=a^y$ であることの直接の反映である．

　一般に，$y=\log_a x$ のグラフと，$y=\log_{\frac{1}{a}} x$（これは実は $y=-\log_a x$ と同じことである）のグラフは，x 軸対称である．

EXERCISE 23 ●対数関数の定義と基本的性質

問 1　次の式を計算せよ．

(1)　$\log_7 343$　　(2)　$\log_{\frac{1}{2}} 16$　　(3)　$\log_3 \dfrac{\sqrt{3}}{9}$

(4)　$6\log_5 \sqrt[3]{10} - \log_5 0.8$　　(5)　$8^{\log_2 3}$

問 2　$\log_{10} 2 = p$，$\log_{10} 3 = q$ とするとき，次の式の値を p，q で表せ．

(1)　$\log_{10} 36$　　(2)　$\log_{10} 5$　　(3)　$\log_{10} \sqrt{150}$

問 3　$K = \dfrac{3}{2}\log_{26} 3$，$L = \log_{26} 2 + \dfrac{1}{2}\log_{26} 6$，$M = \dfrac{1}{2}$ を小さい順に並べよ．

問 4　次の文の空欄を適切に補え．

●　関数 $y=\log_2 4x$ のグラフ C は，$y=\log_2 x$ のグラフを ① 軸方向に ② 倍に拡大したものである．一方，$y=\log_2 4x$ は $y=\log_2 4 + \log_2 x$，つまり $y=\log_2 x + $ ③ とも書けるので，C は $y=\log_2 x$ のグラフを ④ 軸方向に ⑤ だけ平行移動したものである．

●　4つのグラフ $E_1 : y=3^x$，$E_2 : y=\left(\dfrac{1}{3}\right)^x$，$L_1 : y=\log_3 x$，

$L_2 : y=\log_{\frac{1}{3}} x$ を考える．E_1 と L_1，および E_2 と L_2 は，同じ直線

$m : y=$ ⑥ に関して線対称の位置にある．このことと，E_1 と E_2 が ⑦

軸対称であることから，L_1 と L_2 が $\boxed{(8)}$ 軸対称であることがわかる．

解答 **問1** (1) $343=7^3$ より，$\log_7 343 = \mathbf{3}$.

(2) $16=2^4=\left(\dfrac{1}{2}\right)^{-4}$ より，$\log_{\frac{1}{2}} 16 = \mathbf{-4}$.

(3) $\log_3 \dfrac{\sqrt{3}}{9} = \log_3 \dfrac{3^{\frac{1}{2}}}{3^2} = \log_3 3^{\frac{1}{2}-2} = \dfrac{1}{2}-2 = \mathbf{-\dfrac{3}{2}}$.

(4) $6\log_5 \sqrt[3]{10} - \log_5 0.8 = \log_5 (10^{\frac{1}{3}})^6 - \log_5 \dfrac{4}{5} = \log_5 \left(10^2 \cdot \dfrac{5}{4}\right) = \log_5 125 = \mathbf{3}$.

(5) $8^{\log_2 3} = (2^3)^{\log_2 3} = 2^{3\log_2 3} = 2^{\log_2 3^3} = 2^{\log_2 27} = \mathbf{27}$.

問2 (1) $\log_{10} 36 = \log_{10}(2^2 \cdot 3^2) = 2\log_{10} 2 + 2\log_{10} 3 = \mathbf{2p+2q}$.

(2) $\log_{10} 5 = \log_{10} \dfrac{10}{2} = \log_{10} 10 - \log_{10} 2 = \mathbf{1-p}$.

(3) $\log_{10} \sqrt{150} = \dfrac{1}{2}\log_{10} 150 = \dfrac{1}{2}\log_{10} \dfrac{300}{2} = \dfrac{1}{2}\log_{10} \dfrac{3\times 10^2}{2}$

$= \dfrac{1}{2}(\log_{10} 3 + \log_{10} 10^2 - \log_{10} 2) = \mathbf{\dfrac{1}{2}(q+2-p)}$.

問3 $K = \log_{26} 3^{\frac{3}{2}} = \log_{26} \sqrt{3^3} = \log_{26} \sqrt{27}$,

$\qquad L = \log_{26} 2 + \log_{26} \sqrt{6} = \log_{26} 2\sqrt{6} = \log_{26} \sqrt{24}$,

$\qquad M = \log_{26} 26^{\frac{1}{2}} = \log_{26} \sqrt{26}$

である．$\sqrt{24} < \sqrt{26} < \sqrt{27}$ と底 $26>1$ より，$\boldsymbol{L<M<K}$ である．

問4 (1) $\boldsymbol{x}$ (2) $\boldsymbol{\dfrac{1}{4}}$ (3) $\boldsymbol{2}$ (4) $\boldsymbol{y}$ (5) $\boldsymbol{2}$

(6)〜(8)については右の図を参照せよ．

(6) $\boldsymbol{x}$ (7) $\boldsymbol{y}$ (8) $\boldsymbol{x}$

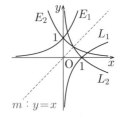

✚PLUS 対数を含む式の計算は，現れる対数の底がそろっている場合は，対数の定義と POINT 72 の公式を使い慣れていればできます．では底がそろっていなかったら？そこで役立つのが，次の THEME 24, 底の変換公式です．

THEME
24 指数関数・対数関数の底の変換公式

GUIDANCE　2^x と 3^x はどのくらい違うものなのか？ 2 つの関数 $\log_2$ と $\log_3$ に本質的な差異はあるのか？指数関数・対数関数の底の変換公式はこの疑問に対して，「底の違いはいつでも解消できることなので，本質的な差異は生まない」と答えるものである．実際の計算をうまく進めるためにも必携の道具である．

POINT 74 指数関数・対数関数の底の変換公式

以下，a, b は 1 でない正数，t は実数，x は正数とする．

〔1〕　$b^t = a^{(\log_a b)t}$．（$b^t = a^{t\log_a b}$ と書いても同じこと）

〔2〕　$\log_b x = \dfrac{\log_a x}{\log_a b}$．

〔2〕は $(\log_a b)(\log_b x) = \log_a x$ とも書ける．

POINT 75 簡単な場合の底の変換

たとえば，9^t の底を 3 にしたければ，底の変換公式を持ち出すまでもなく $9^t = (3^2)^t = 3^{2t}$ とすればよい．これを $(3^t)^2$ とすることもすぐできる．

一般に，1 でない正数 a, b の間に $b = a^k$（k は実数）の関係がすぐ見てとれるならば，$b^t = (a^k)^t = a^{kt}$，したがって $b^t = (a^t)^k$ などとできるし，

$$\log_b x = \frac{\log_a x}{\log_a b} = \frac{\log_a x}{\log_a a^k} = \frac{\log_a x}{k}, \quad \text{したがって} \quad \log_b x = \log_a x^{\frac{1}{k}}$$

などとできる．（POINT 74 の公式で $k = \log_a b$ である，と考えてもよい．）

POINT 76 底の変換により進む計算

● t の方程式 $25^t - 7\cdot5^t + 10 = 0$ …① は，$25^t = 5^{2t} = (5^t)^2$ に注目し，$x = 5^t$ とおくと $x^2 - 7x + 10 = 0$ …①′ と書き換えられる．①′ の解は $x = 5$ と $x = 2$ なので，①の解は $5^t = 5$ と $5^t = 2$ から得られる $t = 1$ と $t = \log_5 2$ である．

● $(\log_2 25)\cdot(\log_9 32)\cdot(\log_5 27) = p$ の値は，底を a（ 1 以外の正数であればなんでもよい）にそろえることによって

$$p = \frac{\log_a 25}{\log_a 2} \cdot \frac{\log_a 32}{\log_a 9} \cdot \frac{\log_a 27}{\log_a 5} = \frac{2\log_a 5}{\log_a 2} \cdot \frac{5\log_a 2}{2\log_a 3} \cdot \frac{3\log_a 3}{\log_a 5} = 15$$

と計算できる．

● 底が1より小さい対数関数では，入力値の大小と出力値の大小が逆になるため，何かと考えにくい．そこでたとえば

$$\log_{\frac{1}{3}} x = \frac{\log_3 x}{\log_3 \frac{1}{3}} = \frac{\log_3 x}{-1} = -\log_3 x$$

のように，底を逆数に変換して，底が1より大きい対数関数の話に焼き直すとよいことがある（なお，一般に $\log_{\frac{1}{a}} x = -\log_a x$ である）．

EXERCISE 24 ●指数関数・対数関数の底の変換公式

問1 $\log_2 3$ の値を小数第3位以下を切り捨てて小数第2位まで求めよ．ただし，$0.3010 < \log_{10} 2 < 0.3011$，$0.4771 < \log_{10} 3 < 0.4772$ を用いてよい．

問2 不等式 $8^t + 3 \cdot 4^t - 10 \cdot 2^t - 24 \leqq 0$ …① をみたす t の値の範囲を求めよ．

問3 次の式を計算せよ．

(1) $\log_9 15 - \dfrac{1}{2} \log_3 5$　(2) $(\log_3 21) \cdot (\log_7 21) - (\log_3 7 + \log_7 3)$

問4 (1) p, q, r が正数で $q > r$ のとき，$\dfrac{q}{r} > \dfrac{p+q}{p+r}$ であることを示せ．

(2) $\log_3 5$ と $\log_6 10$ の大小を判定せよ．

問5 s, t, u はどれも0でない実数で $2^s = 3^t = 6^u$ であるとき，等式 $\dfrac{1}{s} + \dfrac{1}{t} = \dfrac{1}{u}$ が成り立つことを示せ．

解答 **問1** $\log_2 3 = \dfrac{\log_{10} 3}{\log_{10} 2}$ であり，この値を大きく見積もると

$\dfrac{0.4772}{0.3010} = 1.5853\cdots$，小さく見積もると $\dfrac{0.4771}{0.3011} = 1.5845\cdots$ である．よって，求める値は **1.58** である．

問2 ①は $(2^t)^3 + 3 \cdot (2^t)^2 - 10 \cdot 2^t - 24 \leqq 0$ と書き換えられる．この左辺は，$2^t = X$ とおくと $X^3 + 3X^2 - 10X - 24$，すなわち（因数分解して）$(X-3)(X+2)(X+4)$ に等しい．よって，① $\Longleftrightarrow$ $(2^t - 3)(2^t + 2)(2^t + 4) \leqq 0$ …② である．ここで，つねに $2^t > 0$ だから $2^t + 2 > 0$，$2^t + 4 > 0$ であることに注意すると，② $\Longleftrightarrow$ $2^t - 3 \leqq 0$ $\Longleftrightarrow$ $2^t \leqq 3$ $\Longleftrightarrow$ $\log_2 2^t \leqq \log_2 3$ $\Longleftrightarrow$ $t \leqq \log_2 3$ であり，これが求める範囲である．

問 3 (1) $\log_9 15 - \dfrac{1}{2}\log_3 5 = \dfrac{\log_3 15}{\log_3 9} - \dfrac{\log_3 5}{2} = \dfrac{\log_3 15}{2} - \dfrac{\log_3 5}{2}$

$$= \dfrac{1}{2}\log_3 \dfrac{15}{5} = \dfrac{1}{2}\log_3 3 = \dfrac{1}{2}\cdot 1 = \dfrac{1}{2}.$$

(2) $(\log_3 21)\cdot(\log_7 21) - (\log_3 7 + \log_7 3)$

$= (\log_3 3 + \log_3 7)(\log_7 3 + \log_7 7) - (\log_3 7 + \log_7 3)$

$= (1 + \log_3 7)(\log_7 3 + 1) - \log_3 7 - \log_7 3 = 1 + (\log_3 7)(\log_7 3)$

$= 1 + \dfrac{\log_{10} 7}{\log_{10} 3}\cdot\dfrac{\log_{10} 3}{\log_{10} 7} = 1 + 1 = \mathbf{2}.$

問 4 (1) $\dfrac{q}{r} - \dfrac{p+q}{p+r} = \dfrac{q(p+r) - (p+q)r}{r(p+r)} = \dfrac{p(q-r)}{r(p+r)}$ は仮定より正,

よって, $\dfrac{q}{r} > \dfrac{p+q}{p+r}.$

(2) $\log_3 5 = \dfrac{\log_{10} 5}{\log_{10} 3}$, $\log_6 10 = \dfrac{\log_{10} 10}{\log_{10} 6} = \dfrac{\log_{10} 2 + \log_{10} 5}{\log_{10} 2 + \log_{10} 3}$ なので, $p = \log_{10} 2,$

$q = \log_{10} 5$, $r = \log_{10} 3$ として(1)を用いれば, $\mathbf{\log_3 5 > \log_6 10}$ がわかる.

問 5 $2^s = 3^t = 6^u = k$ とおく. $s = \log_2 k = \dfrac{\log_{10} k}{\log_{10} 2}$, $t = \log_3 k = \dfrac{\log_{10} k}{\log_{10} 3},$

$u = \log_6 k = \dfrac{\log_{10} k}{\log_{10} 6}$ なので, $\dfrac{1}{s} + \dfrac{1}{t} = \dfrac{\log_{10} 2}{\log_{10} k} + \dfrac{\log_{10} 3}{\log_{10} k} = \dfrac{\log_{10} 6}{\log_{10} k} = \dfrac{1}{u}$ である.

(なお, s, t, u が 0 でないので $k \neq 1$, よって, $\log_{10} k \neq 0$ である.)

✚ PLUS　**問 3**(2), **問 4**, **問 5** では底を 10 に変換しましたが, ほかの 1 でない正数に
変換してもかまいません. ほかの問題でも一般的に, 底はどう設定してもよいのです.
　なお, 底の変換が持つ数学的意味については, 後のコラムで少し述べました.

25 対数と桁数

GUIDANCE $\log_{10}1=0$, $\log_{10}10=1$, $\log_{10}100=2$, $\log_{10}1000=3$, … である. ここでは x の桁数が 1 上がると $\log_{10}x$ の値が 1 増える. このことから, $\log_{10}x$ の値は, x の桁数を測っていると考えられる. 10進法表記を用いるからこうなるが, もし数を n 進法で表記すれば, x の桁数は $\log_n x$ によって測られる.

POINT **77** 常用対数と桁数 (10進法表記での)

10 を底とする対数を常用対数という.

正数 x に対して, $\log_{10}x$ は実数だから, 整数 k で $k-1\le\log_{10}x<k$ をみたすものがただ 1 つ存在する. この k について, $10^{k-1}\le10^{\log_{10}x}<10^k$, すなわち $10^{k-1}\le x<10^k$ が成り立つので,

● $k\ge1$ のときは: x の整数部分の桁数が k である.

● $k\le0$ のときは: x の整数部分は 0 で, 小数部分にはじめて 0 でない数 が現れるのは小数第 $|k-1|$ 位である.

このように, 正数 x の常用対数 $\log_{10}x$ を調べることによって, x を 10 進法で表記したときの桁数・位取りの情報を得ることができる.

POINT **78** 常用対数と最上位の数 (10進法表記での)

1 より大きい正数 x に対して, $\log_{10}x$ を, POINT 77 よりさらに詳しく調べて, x の上位の桁の数を知ることができる.

1 より大きい正数 x が, 整数部分が k 桁で, その最上位の数が a だとする. このとき $a\cdot10^{k-1}\le x<(a+1)\cdot10^{k-1}$ であるから,
$$\log_{10}(a\cdot10^{k-1})\le\log_{10}x<\log_{10}((a+1)\cdot10^{k-1}),$$
すなわち $\log_{10}a+(k-1)\le\log_{10}x<\log_{10}(a+1)+(k-1)$
であるから, $\log_{10}x$ の小数部分は $\log_{10}a$ 以上 $\log_{10}(a+1)$ 未満である.

逆に, 1 以上 9 以下の整数 a に対して, $\log_{10}x$ の小数部分が $\log_{10}a$ 以上 $\log_{10}(a+1)$ 未満であれば, x の最上位の数は a である.

このことを用いて, 与えられた 1 より大きい正数 x に対して, $\log_{10}x$ の小数部分の値を $\log_{10}1(=0)$, $\log_{10}2$, $\log_{10}3$, …, $\log_{10}9$, $\log_{10}10(=1)$ の値と比較することによって, x の最上位の数 a を求めることができる.

正数 x が 1 より小さいときも同様に考えて, x の小数展開ではじめて現れる

0 でない数を求められる.

POINT 79 n 進法表記での桁数

以下，n は 2 以上の整数とする．n 進法により正数 x を表記したときの桁数や位取りは，POINT 77 での $\log_{10} x$ を $\log_n x$ に改めるだけで，あとは同様に考えて，調べられる．

POINT 80 常用対数表

正数 x とその常用対数 $\log_{10} x$ の概数値の対応を調べられるようにした数表を**常用対数表**という．これを用いて，正数どうしのかけ算やわり算を（近似的に）行える．

たとえば，2 つの正数 x，y の積（の近似値）は次の手順で求められる．

① 常用対数表で $\log_{10} x$，$\log_{10} y$ の値を調べ，その和を計算する．

② ①の結果を常用対数とする正数 z を，常用対数表から求める．

③ このとき $\log_{10} z = \log_{10} x + \log_{10} y$，すなわち $\log_{10} z = \log_{10} xy$ だから，$z = xy$ である．

EXERCISE 25 ●対数と桁数

必要に応じて，右の常用対数表を用いよ.

問 1 $M = 3^{100}$ とする．M の桁数を求めよ．また，M の最高位の数を求めよ．

問 2 $m = 0.7^{100}$ とする．m の小数部分ではじめて 0 でない数が現れるのは小数第何位か．また，その数は何か．

問 3 $K = 10^{50}$ を 7 進法で表記すると，その桁数はいくらか．

問 4 （ここに載せたものより詳しい）常用対数表より，概数値 $\log_{10} 6.41 = 0.8069$，$\log_{10} 1.56 = 0.1931$ がわかる．このことから，(1)まず $\log_{10} 641$ の概数値を求め，それをもとに(2) $\dfrac{1}{641}$ の概数値を求めよ．

x	$\log_{10} x$
2	0.3010
3	0.4771
4	0.6021
5	0.6990
6	0.7782
7	0.8451
8	0.9031
9	0.9542

解答 **問 1** $\log_{10} M = 100 \log_{10} 3 = 100 \times 0.4771 = 47.71$ より，$M = 10^{47.71} = 10^{0.71} \times 10^{47}$ である．ここで $10^{0.6990} < 10^{0.71} < 10^{0.7782}$，すなわち $5 < 10^{0.71} < 6$ であるから，$5 \times 10^{47} < M < 6 \times 10^{47}$ である．よって，M は **48 桁**で，

最高位の数は **5** である.

問 2 $\log_{10} m = 100 \log_{10} 0.7 = 100 \log_{10} \dfrac{7}{10} = 100(\log_{10} 7 - \log_{10} 10)$

$\qquad\qquad = 100(0.8451 - 1) = 84.51 - 100 = 0.51 - 16$

より, $m = 10^{0.51-16} = 10^{0.51} \times 10^{-16}$ である.ここで $10^{0.4771} < 10^{0.51} < 10^{0.6021}$,すなわち $3 < 10^{0.51} < 4$ であるから, $3 \times 10^{-16} < m < 4 \times 10^{-16}$ である.よって, m の小数部分ではじめて 0 でない数が現れるのは**小数第 16 位**で,その数は **3** である.

問 3 $\log_7 K = 50 \log_7 10 = 50 \cdot \dfrac{1}{\log_{10} 7} = 50 \cdot \dfrac{1}{0.8451} = 59.16\cdots$ なので,

$59 < \log_7 K < 60$,したがって, $7^{59} < K < 7^{60}$ で, K は 7 進法で **60 桁**の数である.

問 4 (1) $\log_{10} 641 = \log_{10}(6.41 \times 100) = \log_{10} 6.41 + \log_{10} 100 = 0.8069 + 2$

$\qquad\qquad\qquad = \mathbf{2.8069}.$

(2) $\log_{10} \dfrac{1}{641} = -\log_{10} 641 = -2.8069 = -3 + 0.1931$

$\qquad\qquad = \log_{10} 0.001 + \log_{10} 1.56 = \log_{10}(0.001 \times 1.56) = \log_{10} 0.00156$

より, $\dfrac{1}{641}$ は約 **0.00156** である.

✚PLUS POINT 80 のように,対数を利用して乗除を計算する道具 (計算尺) があります.2018 年度の試行問題ではこれが題材になりました.

100×1000 を計算するのに,私たちは普通は筆算などしません.「0 が 2 個の数」と「0 が 3 個の数」のかけ算だから,結果は「0 が (2+3) 個の数」,つまり 100000 だ,とするでしょう.つまり,かけ算 100×1000 をたし算 2+3 で処理してしまうのですが,これが対数を用いた計算のアイディアの源泉です. $10^2 \times 10^3 = 10^{2+3}$ であり,

$$\log_{10}(100 \times 1000) = \log_{10} 100 + \log_{10} 1000$$

でもあります.

26 指数関数・対数関数を含む式の計算

GUIDANCE　センター試験では，指数関数や対数関数を含む方程式・不等式や関数について考える問題が多く出題された．共通テストではどうなるかはわからないが，このような式の処理手法は習得する必要はあるだろう．

POINT 81　指数関数・対数関数を含む方程式

以下では a は1でない正数とする.

● 指数関数を含む数式の処理では「$a^t=x$ とおくと $(a^k)^t=a^{kt}=(a^t)^k=x^k$」がよく使われる．たとえば，$2^t=x$ とおくと $4^t=x^2$，$8^t=x^3$，$\left(\dfrac{1}{16}\right)^t=x^{-4}=\dfrac{1}{x^4}$ などである．特に $2^{-t}=x^{-1}=\dfrac{1}{x}$ はよく登場する（2^t と 2^{-t} は互いに逆数）．

また，a^t は常に正であることに注意する．

● 対数関数を含む数式の処理では，まず「$\log_a x$ という式が意味を持つには $x>0$ が必要である」ことを確認する．次に，底の変換公式を用いて式全体に現れる底をそろえる．その上で，$\log_a x+\log_a y=\log_a xy$ や $r\log_a x=\log_a x^r$ などを用いて，計算を進める．

● 方程式を解くには「$a^t=a^s \iff t=s$」と「$\log_a x=\log_a y \iff x=y$」が基本になる．

POINT 82　指数関数・対数関数を含む不等式

● 指数関数・対数関数を含む不等式を解くには，まずは POINT 81 で説明したこと，特に「$a>0$ であれば常に $a^t>0$」と「$\log_a$ に入力される数は正でなければならない」に注意する．その上で，

$$\begin{cases} a>1 & \text{のときは：} \quad a^t<a^s \iff t<s, \ \log_a x<\log_a y \iff x<y \\ 0<a<1 & \text{のときは：} \quad a^t<a^s \iff t>s, \ \log_a x<\log_a y \iff x>y \end{cases}$$

が基本になる．

POINT 83　指数関数・対数関数を含む関数

● 指数関数・対数関数を含む関数を考えるとき，「$\log_2 x=t$ とおく」，「$2^t+2^{-t}=x$ とおく」など，指数関数や対数関数を含む部分を新たな文字（変数）でおいて，関数全体をその文字で表してしまうのがよいことがある．

● このとき，新しい文字 (変数) の変域を正確に求めておくことが非常に重要である．

たとえば，「$2^t+2^{-t}=x$ とおく」ときは，$x>0$ は見てとれるが，さらに
$$x^2=(2^t+2^{-t})^2=(2^t)^2+2\cdot2^t\cdot2^{-t}+(2^{-t})^2=(2^t)^2+2+(2^{-t})^2$$
$$=((2^t)^2-2\cdot2^t\cdot2^{-t}+(2^{-t})^2)+4\cdot2^t\cdot2^{-t}=(2^t-2^{-t})^2+4$$
であるので，t が任意の実数値をとり得るとき (このとき 2^t-2^{-t} も任意の実数値をとり得る)，x^2 の変域は $x^2\geqq4$，よって，x の変域は $x\geqq2$ である．

参考 2^t+2^{-t} と 2^t-2^{-t} の値の変化は，$y=2^t+2^{-t}$ のグラフと $y=2^t-2^{-t}$ のグラフを見るとわかりやすい．このグラフは，$y=2^t$ のグラフと $y=2^{-t}$ のグラフをもとにして，だいたいの形をかくことができる．

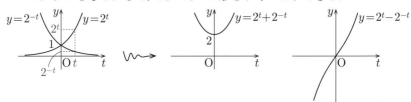

EXERCISE 26 ●指数関数・対数関数を含む式の計算

問 1 方程式 $3(\log_3 x)^2+5\log_3 x-2=0$ …① を解け．

問 2 不等式 $2\log_{\frac{1}{4}}(x-2)\geqq-\dfrac{1}{2}+\log_{\frac{1}{4}}(x+10)$ …② を解け．

問 3 t の変域が $-1\leqq t\leqq2$ であるとき，$y=-4^t+2^{t+2}$ の最大値と最小値，およびそれを与える t の値をそれぞれ求めよ．

問 4 正の実数 t に対して $5^t-5^{-t}=k$ …③ とする．

(1) 5^t+5^{-t}，25^t-25^{-t} をそれぞれ k で表せ．

(2) t を k で表せ．

解答 **問 1** $t=\log_3 x$ とおく．

① $\Longleftrightarrow 3t^2+5t-2=0 \Longleftrightarrow (3t-1)(t+2)=0$

$\Longleftrightarrow t=\dfrac{1}{3}$ または $t=-2 \Longleftrightarrow \log_3 x=\dfrac{1}{3}$ または $\log_3 x=-2$

$\Longleftrightarrow x=3^{\frac{1}{3}}$ または $x=3^{-2} \Longleftrightarrow \boldsymbol{x=\sqrt[3]{3}}$ **または** $\boldsymbol{x=\dfrac{1}{9}}$

とわかる．

問 2 まず，$x-2>0$ かつ $x+10>0$，すなわち $x>2$ …※ が必要である．

このもとで

$$② \iff \log_{\frac{1}{4}}(x-2)^2 \geqq \log_{\frac{1}{4}}2 + \log_{\frac{1}{4}}(x+10)$$

$$\iff \log_{\frac{1}{4}}(x-2)^2 \geqq \log_{\frac{1}{4}}2(x+10)$$

$$\iff (x-2)^2 \leqq 2(x+10) \iff -2 \leqq x \leqq 8$$

である．解は※かつ $-2 \leqq x \leqq 8$，すなわち **$2 < x \leqq 8$** である．

問3 $x=2^t$ とおく．t の変域が $-1 \leqq t \leqq 2$ なので，x の変域は $2^{-1} \leqq x \leqq 2^2$，すなわち $\dfrac{1}{2} \leqq x \leqq 4$ である．

そして $y=-(2^t)^2+2^t \cdot 2^2 = -x^2+4x = -(x-2)^2+4$ である．

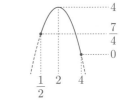

$y=-(x-2)^2+4$ のグラフを見て，

　y の最大値は $x=2$，つまり $2^t=2$，

　すなわち **$t=1$ のときの4**，

　y の最小値は $x=4$，つまり $2^t=4$，

　すなわち **$t=2$ のときの0**

である．

問4 (1) ③の両辺を2乗して $(5^t)^2-2+(5^{-t})^2=k^2$，よって，

$$(5^t+5^{-t})^2=(5^t)^2+2+(5^{-t})^2=k^2+4$$

である．5^t+5^{-t} は正なので，**$5^t+5^{-t}=\sqrt{k^2+4}$** …④ である．次に，③と④を辺々かけて，**$25^t-25^{-t}=k\sqrt{k^2+4}$** を得る．

(2) ③と④を辺々加えると $2 \cdot 5^t = k+\sqrt{k^2+4}$，すなわち $5^t = \dfrac{k+\sqrt{k^2+4}}{2}$ を得る．よって，**$t=\log_5 \dfrac{k+\sqrt{k^2+4}}{2}$** である．

✚PLUS　指数関数・対数関数とは何かを知るためには，この THEME 26 で説明したような文字の置き換えなどは，やや副次的なものかもしれません．しかし，このような計算の練習を通じて，指数関数や対数関数に親しむことも，必要でしょう．

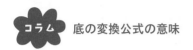

POINT 74 で説明した指数関数・対数関数の底の変換公式

$$〔1〕\quad b^t=a^{(\log_a b)t}\qquad\qquad 〔2〕\quad \log_b x=\frac{\log_a x}{\log_a b}$$

は，式の形だけ暗記していても十分に役に立つ．しかしできれば，この公式が指数関数・対数関数そのものやそのグラフに対して持つ意味を理解しておきたい．理論の理解は，今後の共通テストでも問われる可能性がある．

a，b は 1 でない正の定数とし，$\log_a b=k$ とおく．

まず，2 つの関数 $x=a^t$ と $x=b^t$（実数 t が定まると正数 x が定まる関数）では何が似ていて何が異なるのかを考えよう．底の変換公式〔1〕より $b^t=a^{(\log_a b)t}$，すなわち $b^t=a^{kt}$ だから，2 つの関数は $x=a^t$ と $x=a^{kt}$ である．この 2 つの関数の共通点と相異点は，関数を「入力に対して出力をする機械」として絵にかいてみると，明確になる．

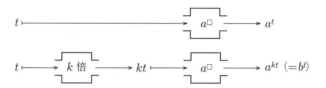

つまり，どちらも「$a^\square$ の $\square$ 部分に数を入力して得られる数を出力する」ところは同じで，$x=a^{kt}$ の方ではこの前に「k 倍する」機械を通すのが違いである．

ここで，2 つの関数 $x=a^t$ と $x=a^{kt}$ から同一の出力を得るにはどうすればよいか考えよう．それには，次のように，それぞれに t と $\dfrac{1}{k}t$ を入力すればよい．

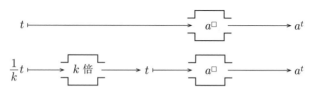

このことが，2 つの関数のグラフが右の図のように，「$x=a^t$ のグラフを t 軸方向に $\dfrac{1}{k}$ 倍すると $x=a^{kt}$ のグラフになる」ことを示している．

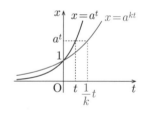

次に，2つの関数 $t = \log_a x$ と $t = \log_b x$（正数 x が定まると実数 t が定まる関数）を考えよう．底の変換公式〔2〕より $\log_b x = \dfrac{\log_a x}{\log_a b}$，つまり $\log_b x = \dfrac{1}{k} \log_a x$ だから … と考えてもよいが，実は，x と t の関係はさきほど指数関数で考えたときとまったく同じ！ なので，矢印の向き，座標軸の位置をとりかえるだけで，直ちに次のような図示ができるのである．

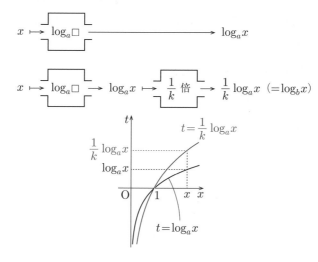

指数関数や対数関数は，底がかわっても，それほど本質的にはかわらない．このことをわかっておくと，将来の応用は広い．

THEME

27　微分係数と導関数

🏛 **GUIDANCE**　微分の学習のはじめに理解すべきことは 2 つ．関数の平均変化率の極限として微分係数が作られることと，その微分係数をもとにして導関数が作られることである．この 2 つをつなぐと「関数 f から導関数 f' を作る」ということになるが，その間に微分係数があり，それが接線の傾きを与えることははっきりわきまえておくとよい．

POINT 84　平均変化率と微分係数

関数 $f(x)$ とその定義域に属する相異なる 2 数 p, q に対して，$\dfrac{f(q)-f(p)}{q-p}$ のことを，$x=p$ から $x=q$ までの $f(x)$ の**平均変化率**という．これは x の**増分** $q-p$ に対する $f(x)$ の**増分** $f(q)-f(p)$

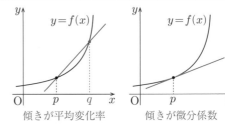

傾きが平均変化率　　傾きが微分係数

の割合である．x の増加量 $q-p$ を h と書けば（$q\neq p$ より）$h\neq 0$ で，この平均変化率は $\dfrac{f(p+h)-f(p)}{h}$ と書き表される．

p を止めて q を際限なくどんどん p に近づけていくときに，$x=p$ から $x=q$ までの $f(x)$ の平均変化率 $\dfrac{f(q)-f(p)}{q-p}$ が際限なくどんどん近づいていく値があれば，その値を $x=p$ での $f(x)$ の**微分係数**といい，記号で $f'(p)$ と書く．$f'(p)$ はまた，「p を止めて h を際限なくどんどん 0 に近づけていくときに，$\dfrac{f(p+h)-f(p)}{h}$ が際限なくどんどん近づいていく値」とも言い表される．

具体的な関数 $f(x)$ に対して微分係数を計算するには，（数学Ⅱの範囲では，）平均変化率の式を具体的に計算して約分をしてから，q を p に（あるいは h を 0 に）際限なくどんどん近づけるとどうなるかを考えればよい．

POINT 85　導関数

関数 f について，その定義域に属する任意の実数 p に対して，微分係数 $f'(p)$ が存在するとする．このとき，p に $f'(p)$ を対応させる関数（入力 p に対して $f'(p)$ を出力する関数）が，f をもとにしてでき上がっている．この関数

を f の導関数といい，記号で f' と書く．$y=f(x)$ であるときは，導関数を $f'(x)$，y'，$\dfrac{d}{dx}f(x)$，$\dfrac{dy}{dx}$ などと書くこともある．

POINT 86 微分係数・導関数と接線の傾き

関数 $y=f(x)$ のグラフを C とする．

C 上の点 T $(a,\ f(a))$ を通り，傾きが $f'(a)$ である直線を，C の T での**接線**という．この T を**接点**という．曲線の接線は，接点のごく近くでの曲線の様子をもっともよく近似する直線である．

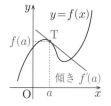

EXERCISE 27 ●微分係数と導関数

問1 関数 $f(x)=x^3+x^2+x+1$ について，次の問いに答えよ．

(1) $x=p$ から $x=p+h$ までの $f(x)$ の平均変化率を，p と h で表せ．

(2) $x=p$ での微分係数 $f'(p)$ を求めよ．

(3) f の導関数 f' はどのような関数か，記述せよ．

(4) $x=1$ での微分係数の値を求めよ．

(5) 曲線 $y=f(x)$ 上に点 T $(1,\ 4)$ がある．この曲線の T での接線の方程式を求めよ．

問2 放物線 $C : y=x^2$ を考える．

(1) $y=x^2$ のときの y' を x で表せ．

(2) C 上の点 $(t,\ t^2)$ での接線の方程式を求めよ．

(3) (2)の接線が点 A $(1,\ -3)$ を通るように，実数 t の値を定めよ．また，そのときの(2)の接線の方程式を求めよ．

(4) 点 A $(1,\ -3)$ を通るような C の接線の方程式を求めよ．

解答 **問1** (1) $f(p+h)-f(p)$

$=\left((p+h)^3+(p+h)^2+(p+h)+1\right)-(p^3+p^2+p+1)$

$=p^3+3p^2h+3ph^2+h^3+p^2+2ph+h^2+p+h+1-p^3-p^2-p-1$

$=(3p^2+2p+1)h+(3p+1)h^2+h^3$

なので，平均変化率はこれを h で割って $\boldsymbol{(3p^2+2p+1)+(3p+1)h+h^2}$．

(2) (1)の結果は，h が 0 に近づくと，$\boldsymbol{3p^2+2p+1}$ に近づく．これが $f'(p)$ である．

(3) $\boldsymbol{p}$ **に** $\boldsymbol{3p^2+2p+1}$ **を対応させる関数**．これを「x に $3x^2+2x+1$ を対応さ

せる関数」などといってもよい．$f'(x)=3x^2+2x+1$ ともいえる．

(4) $f'(1)=3\cdot1^2+2\cdot1+1=6.$

(5) 傾きが $f'(1)=6$ で点 T$(1, 4)$ を通る直線の方程式 $y=6(x-1)+4,$
すなわち $\boldsymbol{y=6x-2}.$

問 2 (1) $\dfrac{(x+h)^2-x^2}{h}=\dfrac{2xh+h^2}{h}=2x+h$ で h を 0 に近づける．$\boldsymbol{y'=2x}.$

(2) $x=t$ のとき $y'=2t,$ に注意．求めるものは傾きが $2t$ で点 (t, t^2) を通る
直線の方程式，つまり $y=2t(x-t)+t^2,$ すなわち $\boldsymbol{y=2tx-t^2}.$

(3) $y=2tx-t^2$ が $(x, y)=(1, -3)$ のとき成立するようにすればよい．よっ
て，$-3=2t\cdot1-t^2$ とすればよい．これを解いて，求める t の値は $t=3$ と
$t=-1.$ そして，それぞれのとき，接線の方程式は $\boldsymbol{y=6x-9},\ \boldsymbol{y=-2x-1}.$

(4) (3)の後半と同じ問題である．答えは $\boldsymbol{y=6x-9}$ と $\boldsymbol{y=-2x-1}.$

✚PLUS 微分係数，導関数は平均変化率から計算されますが，その作業をいちいち
していては大変です．そこで THEME 28 で述べる微分の公式が大切になります．

THEME
28　微分の計算

🏠 **GUIDANCE**　微分・積分は「分析と統合」の理念のあらわれであるとともに，計算術ともいえる存在である．与えられた関数を微分するのに便利な公式がいくつかあり，高校数学で扱う関数の多くはその組み合わせによって大きな手間をかけることなく計算を進められる．数学Ⅱで学ぶ微分公式をここでまとめる．さらにその理解に必要な極限に関する公式も確認する．

POINT 87　極限値

　関数 $F(x)$ について，x の値を（$x \neq p$ である状態を保ちながら）際限なくどんどん p に近づけるときに $F(x)$ の値が際限なくどんどん近づく数値があるならば，その数を「$x \to p$ のときの $F(x)$ の極限値」といい，記号で $\lim_{x \to p} F(x)$ と書く．この極限値は，

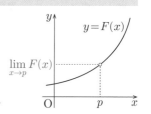

p が $F(x)$ の定義域に属していなくても定まることがあるし，属していたとしても $F(p)$（$x = p$ のときの $F(x)$ の値）と一致するとは限らない．

POINT 88　極限値に関する公式

　$F(x)$，$G(x)$ は定義域を共有する関数で，$\lim_{x \to p} F(x) = \alpha$，$\lim_{x \to p} G(x) = \beta$ であるとする．このとき，次のことが成り立つことが証明できる（証明は高校範囲を超える）．

1)　$\lim_{x \to p}(F(x) \pm G(x)) = \alpha \pm \beta$　（複号同順）．

2)　k を定数として，$\lim_{x \to p} kF(x) = k\alpha$．

POINT 89　微分演算の線型性

　関数 $f(x)$ の $x = p$ での微分係数 $f'(p)$ は，平均変化率の極限値 $\lim_{h \to 0} \dfrac{f(p+h) - f(p)}{h}$ である．このことから，$f(x)$ の導関数 $f'(x)$ は

$$f'(x) = \lim_{h \to 0} \frac{f(x+h) - f(x)}{h}$$

と表される．この表示と POINT 88 から，次の公式が得られる．

　(i)　$(f(x) \pm g(x))' = f'(x) \pm g'(x)$　（複号同順）．

(ii) k を定数として，$(kf(x))'=kf'(x)$.

POINT 90 多項式関数の微分

与えられた関数の導関数を求めることを，その関数を**微分する**という．多項式で表される関数は，POINT 89 の公式と以下の公式を組み合わせて，微分できる．

● n を正の整数の定数とするとき，$(x^n)'=nx^{n-1}$.

● 定数関数(何を入力しても出力値が一定である関数)の導関数は，常に 0 を出力する定数関数である：c が定数のとき，$(c)'=0$.

EXERCISE 28 ●微分の計算

問 1 (1) 関数 $F(x)=\dfrac{x^2-3x+2}{x-1}$ のグラフをかけ ($x=1$ が定義域に属さないことに注意).

(2) $\displaystyle\lim_{x \to 1} F(x)$ を求めよ．

問 2 次の関数を微分せよ．

(1) $y=4x^3-2x^2+x-5$ (2) $y=(3x+1)^3$ (3) $y=x(4x-1)-(2x-3)^2$

問 3 関数 $f(x)=x^3$ の導関数が $f'(x)=3x^2$ であることを，次の2通りの方法で示せ．

(1) $\displaystyle\lim_{h \to 0} \dfrac{f(x+h)-f(x)}{h}$ を計算する．$f(x+h)=(x+h)^3$ は展開する．

(2) $\displaystyle\lim_{q \to x} \dfrac{f(q)-f(x)}{q-x}$ を計算する．$f(q)-f(x)=q^3-x^3$ は因数分解する．

問 4 極限値 $\displaystyle\lim_{h \to 0} \dfrac{f(4+2h)-f(4-h)}{h}$ を $f'(4)$ で表せ．

解答 **問 1** (1) $F(x)=\dfrac{(x-1)(x-2)}{x-1}$ だから，(1でない)すべての x の値に対して $F(x)=x-2$ である．よって，$F(x)$ のグラフは，直線 $y=x-2$ から1点 $(1, -1)$ を除いたものである．

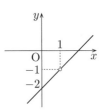

(2) グラフを見ると，x が1に近づけば $F(x)$ が -1 に近づくとわかる．よって，$\displaystyle\lim_{x \to 1} F(x)=-1$ である．

問2 (1) $y'=(4x^3)'-(2x^2)'+(x)'-(5)'=4(x^3)'-2(x^2)'+(x)'-(5)'$

$\qquad\qquad =4\cdot 3x^2-2\cdot 2x+1-0=\boldsymbol{12x^2-4x+1}.$

(2) $y=27x^3+27x^2+9x+1$ より,

$\qquad y'=27\cdot 3x^2+27\cdot 2x+9\cdot 1+0=\boldsymbol{81x^2+54x+9}.$

(3) $y=11x-9$ より, $y'=\boldsymbol{11}.$

問3 (1) $f(x+h)-f(x)=(x+h)^3-x^3$

$\qquad\qquad\qquad\qquad =x^3+3x^2h+3xh^2+h^3-x^3$

$\qquad\qquad\qquad\qquad =3x^2h+3xh^2+h^3$

であるので,

$$f'(x)=\lim_{h\to 0}\frac{f(x+h)-f(x)}{h}=\lim_{h\to 0}(3x^2+3xh+h^2)=3x^2.$$

(2) $f(q)-f(x)=q^3-x^3=(q-x)(q^2+qx+x^2)$ より,

$$f'(x)=\lim_{q\to x}\frac{f(q)-f(x)}{q-x}=\lim_{q\to x}(q^2+qx+x^2)=x^2+x\cdot x+x^2=3x^2.$$

問4 $f(4+2h)$ や $f(4-h)$ が, $f(4)$ に対してどれほど増減しているかを考え, 式変形する.

$$\frac{f(4+2h)-f(4-h)}{h}=\frac{f(4+2h)-f(4)}{h}-\frac{f(4-h)-f(4)}{h}$$

$$=2\cdot\frac{f(4+2h)-f(4)}{2h}-(-1)\frac{f(4-h)-f(4)}{-h}$$

の最左辺と最右辺で $h\to 0$ として,

$$\lim_{h\to 0}\frac{f(4+2h)-f(4-h)}{h}=2f'(4)-(-1)f'(4)=\boldsymbol{3f'(4)}.$$

✚PLUS **問3** の(1), (2)の方針はどちらも, 一般の正の整数 n での公式 $(x^n)'=nx^{n-1}$ に対して通用します. (1)では二項定理を, (2)では因数分解を用います.

問4 は, ここでの解答よりもっと直観的な理解もできるでしょうが, ここでは「平均変化率の式をまず作り, それから極限値を考える」という, オーソドックスな考え方をまず理解しましょう.

THEME
29 増減表，極小・極大

🏛 **GUIDANCE** 関数 $f(x)$ の導関数 $f'(x)$ は，x の変化に応じて $f(x)$ の値がどのように増減するかを語ってくれる．これを表にまとめたのが増減表で，微分を学ぶ高校生にはこれが書けるようになることが大きな目標となる．増減表から $y=f(x)$ のグラフの様子を読み取り，極小値や極大値を求められる．

POINT 91 微分係数の正負と関数の増減

微分係数 $f'(a)$ は，関数 $y=f(x)$ のグラフの $x=a$ での接線の傾きである．よって，$f'(a)$ の正負を見ると，x が a に近いときの $f(x)$ の値の変化の様子がわかる．なお，$f'(a)=0$ の場合については POINT 92 で述べる．

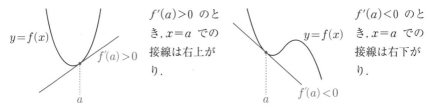

$f'(a)>0$ のとき，$x=a$ での接線は右上がり．

$f'(a)<0$ のとき，$x=a$ での接線は右下がり．

接線は，接点の周りでの曲線の様子を最もよく近似する直線である．

もし，ある区間（$1<x<2$，$3\leqq x\leqq 4$ など，ひとつながりになった実数の範囲）で常に $f'(x)>0$ であれば，その区間全体で $f(x)$ は増加関数である．同様に，ある区間で常に $f'(x)<0$ であれば，その区間全体で $f(x)$ は減少関数である．

POINT 92 微分係数の値が 0 のとき，極小・極大

$f'(a)=0$ のときは，$y=f(x)$ のグラフの $x=a$ での接線が x 軸に平行である．しかしこれだけの情報では，$x=a$ のまわりでの $f(x)$ の値の変化は，一概には言えず，下の図のような状況など，いろいろな場合があり得る．

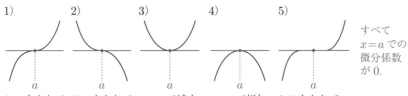

1) このあたりでずっと増加．

2) このあたりでずっと減少．

3) $x<a$ で減少，$a<x$ で増加．

4) $x<a$ で増加，$a<x$ で減少．

5) このあたりでずっと一定値．

すべて $x=a$ での微分係数が 0．

3) のとき，$f(x)$ は $x=a$ で極小になるといい，$f(a)$ を極小値という．

4) のとき，$f(x)$ は $x=a$ で極大になるといい，$f(a)$ を極大値という．

また，3), 4) での $f(a)$ を極値という．

5) のときは，a を含むある区間でずっと $f'(x)=0$ である．逆に，ある区間でずっと $f'(x)=0$ であれば，そこでは $f(x)$ の値がずっと一定であることが証明できる．

以上からわかるように，「$f'(a)=0$ だ」といっても，$f(a)$ が極値であるかどうかは，$x=a$ のまわりの $f(x)$ や $f'(x)$ の値の変化の様子を調べないと，わからない．

POINT **93** 増減表

関数 $f(x)$ の増減を調べるには，導関数 $f'(x)$ がどのような x に対して正・0・負になるかを調べて，表にまとめるのがよい．この表を増減表という．

たとえば $f(x)=x^3-6x^2+9x$ のとき，$f'(x)=3x^2-12x+9=3(x-1)(x-3)$ なので，

$$\begin{cases} x<1 \text{ のとき } f'(x)>0 \\ x=1 \text{ のとき } f'(x)=0 \\ 1<x<3 \text{ のとき } f'(x)<0 \\ x=3 \text{ のとき } f'(x)=0 \\ 3<x \text{ のとき } f'(x)>0 \end{cases}$$

x		1		3	
$f'(x)$	$+$	0	$-$	0	$+$
$f(x)$	$\nearrow$		$\searrow$		$\nearrow$

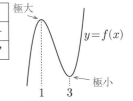

であり，これを増減表にまとめると，$y=f(x)$ のグラフの概形がつかめる．

増減表を作れば，極小値や極大値も容易に見つけられる．この例では $f(1)=4$ が極大値，$f(3)=0$ が極小値である．

$f'(a)$ は存在するものとするとき，$f(x)$ が $x=a$ で極値をとるならば $f'(a)=0$ である．しかしその逆は真ではない．増減表を見て判断すること．

EXERCISE 29 ●増減表，極小・極大

問 1 関数 $f(x)=3x^4-4x^3$ の増減を調べ，極値を求め，グラフをかけ．

問 2 関数 $y=-2x^3+ax^2+bx$ が $x=-2$ と $x=1$ で極値をもつように，定数 a, b の値を定めよ．また，そのときの極小値・極大値を求めよ．

問 3 定数 k が $|k| \leqq 3$ をみたすならば，関数 $y=x^3+kx^2+3x$ は，（実数全体を定義域として）増加関数であることを示せ．

解答 **問 1** $f'(x)=12x^3-12x^2=12x^2(x-1)$
より，$f(x)$ の増減表は右の通り．極値は
$f(1)=-1$ **が極小値で，ほかにはない**（$x=0$
のとき $f'(x)=0$ だが，$f(0)$ は極小値でも極大
値でもないことが増減表からわかる）．グラフは
図のようになる．

x		0		1	
$f'(x)$	$-$	0	$-$	0	$+$
$f(x)$	↘		↘		↗

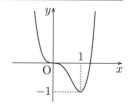

問 2 $x=-2$ および $x=1$ のときに，$y'=0$，すなわち $-6x^2+2ax+b=0$
となることが必要である．よって，$-24-4a+b=0$ かつ $-6+2a+b=0$，こ
れを解いて得られる $a=-3$，$b=12$ が必要である．

そしてこのとき $y=-2x^3-3x^2+12x$，したが
って，

$$y'=-6x^2-6x+12=-6(x+2)(x-1)$$

だから，増減表は右の通りとなり，y は $x=-2$
と $x=1$ で極値をもつ．

x		-2		1	
y'	$-$	0	$+$	0	$-$
y	↘		↗		↘

よって，$a=-3$，$b=12$ と定めればよく，そのとき
  極小値が $x=-2$ のときの y の値，-20 であり，
  極大値が $x=1$ のときの y の値，7 である．

問 3 $y'=3x^2+2kx+3=3\left(x+\dfrac{1}{3}k\right)^2+\dfrac{9-k^2}{3}$ なので，

● $|k|<3$ ならばすべての実数 x に対して $y'\geqq\dfrac{9-k^2}{3}>0$ なので，この関数
は増加関数．

● $|k|=3$ ならば $y'=3\left(x+\dfrac{1}{3}k\right)^2$ で，増減表より，
この関数は増加関数だとわかる．

x		$-\dfrac{1}{3}k$	
y'	$+$	0	$+$
y	↗		↗

✚PLUS POINT 92，POINT 93 で述べた通り，増減表なしに「導関数の値が 0 に
なるところを考える」だけで関数の極小・極大を論じることには無理があります．数
学 Ⅱ の範囲でそれを論理的に確実に実行するには増減表が必要です．微分を用いた
問題を解き慣れてくると，横着して増減表を作らずあれこれ言ってしまう人がいるの
ですが，よいことではありません．

30　増減表からわかること

🏠 **GUIDANCE**　関数の増減表は，関数のグラフの簡易版，"増減"だけに的をしぼって関数を調べたものだと言える．当然，増減表を見てわかることは多い．

POINT 94　関数の最大・最小と増減表

区間 $a \leqq x \leqq b$ での関数 $f(x)$ の増減表が書ければ，この区間での $f(x)$ の最大値・最小値は調べられる．

たとえば，増減表が右のようであるとき，$f(x)$ の $a \leqq x \leqq b$ での最大値は，$f(p)$（極大値）と $f(b)$（定義域の端点での関数の出力値）のうち，小さくない方である．

x	a		p		q		b
$f'(x)$		$+$	0	$-$	0	$+$	
$f(x)$		↗		↘		↗	

POINT 95　方程式と増減表

関数 $y = f(x)$ のグラフがかければ，

● x の方程式 $f(x) = 0$ の実数解は，$y = f(x)$ のグラフと x 軸（直線 $y = 0$）との交点の x 座標である

● k を実数定数として，x の方程式 $f(x) = k$ の実数解は，$y = f(x)$ のグラフと直線 $y = k$ との交点の x 座標である

ことから，方程式の解の様子を（具体的に解の値を明示できないとしても）知ることができる．グラフではなく増減表からも判断できる．

POINT 96　不等式と増減表

関数 $f(x)$ の最小値が m であるとき，k を実数定数として，「x の不等式 $f(x) \geqq k$ が x の値にかかわらず成り立つ」とは，「$m \geqq k$ である」ということである．だから，グラフや増減表をかいて最小値を調べれば，不等式 $f(x) \geqq k$ を考察できる．

POINT 97　3次関数のグラフの形の分類

3次関数 $f(x) = ax^3 + bx^2 + cx + d$ について，$f'(x) = 3ax^2 + 2bx + c$ は2次関数だから，$f'(x) = 0$ をみたす実数 x の値の個数は 2, 1, 0 のどれかである．それぞれに応じて，増減表とグラフは次のようになる．

$f'(x)=0$ をみたす実数 x の値が α, β $(\alpha<\beta)$ の 2 個であるとき

$f'(x)=3a(x-\alpha)(x-\beta)$ であるから，次の通り．

$a>0$ のとき

x		α		β	
$f'(x)$	$+$	0	$-$	0	$+$
$f(x)$	↗		↘		↗

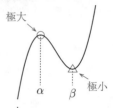

$a<0$ のとき

x		α		β	
$f'(x)$	$-$	0	$+$	0	$-$
$f(x)$	↘		↗		↘

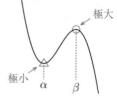

$f'(x)=0$ をみたす実数 x の値が α だけのとき

$f'(x)=3a(x-\alpha)^2$ であるから，次の通り．

$a>0$ のとき

x		α	
$f'(x)$	$+$	0	$+$
$f(x)$	↗		↗

$a<0$ のとき

x		α	
$f'(x)$	$-$	0	$-$
$f(x)$	↘		↘

$f'(x)=0$ をみたす実数 x の値がないとき

$a>0$ のとき，

　　任意の実数 x に対して $f'(x)>0$，グラフは①．

$a<0$ のとき，

　　任意の実数 x に対して $f'(x)<0$，グラフは②．

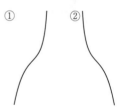

EXERCISE 30 ●増減表からわかること

問 1 関数 $f(x)=2x^3-15x^2+24x-4$ の，$0\leqq x\leqq 8$ での最小値と最大値を求めよ．

問 2 x の方程式 $x^3-6x^2=k$ が 3 個の相異なる実数解をもつのは，実数定数 k の値がどのような範囲にあるときか．

問 3 $x\geqq 0$ のとき，不等式 $3x^4+4x^3+6>12x^2$ が成り立つことを示せ．

解答 **問 1** $f'(x)=6x^2-30x+24=6(x-1)(x-4)$ より，$0\leqq x\leqq 8$ での $f(x)$ の増減表は右の通り．最小値は $f(0)=-4$ と $f(4)=-20$ のうち大きくない方，すなわち $f(4)=-20$ であり，最大値は $f(1)=7$ と $f(8)=252$ のうち小さくない方，すなわち $f(8)=252$ である．

x	0		1		4		8
$f'(x)$		+	0	−	0	+	
$f(x)$		↗		↘		↗	

問 2 $f(x)=x^3-6x^2$ とする．$f'(x)=3x^2-12x=3x(x-4)$ より，$f(x)$ の増減表と $y=f(x)$ のグラフの概形は右の通り．

x		0		4	
$f'(x)$	+	0	−	0	+
$f(x)$	↗		↘		↗

x の方程式 $f(x)=k$ が 3 個の相異なる実数解をもつのは，$y=f(x)$ のグラフと直線 $y=k$ が相異なる 3 点で交わるときで，それはグラフを見て $f(4)<k<f(0)$，すなわち $-32<k<0$ のときである．

問 3 $x\geqq 0$ のとき，$(3x^4+4x^3+6)-12x^2>0$ であることを示せばよい．そこで $(3x^4+4x^3+6)-12x^2=f(x)$ とする．

$$f'(x)=12x^3+12x^2-24x=12x(x+2)(x-1)$$

より，$f(x)$ の増減表は右の通り．したがって，$x\geqq 0$ での $f(x)$ の最小値は $f(1)=1$ である．これは 0 より大きいから，$x\geqq 0$ でつねに $f(x)>0$ が成り立つ．

x		-2		0		1	
$f'(x)$	−	0	+	0	−	0	+
$f(x)$	↘		↗		↘		↗

➕PLUS この THEME 30 で説明した 4 つの POINT は，どれも問題を解くときに，非常な実効力を発揮します．難しくないことなのですが，ぜひ，よく味わって利用してください．

CHAPTER 5　微分と積分

31 不定積分と定積分

🏛 **GUIDANCE** 関数を「微分する」ことの逆の操作が「積分する」ことである. 積分の理論は基礎としても応用としても数学には極めて大切で, その意味するところはぜひ深く理解したいところだが, ひとまず共通テストに標的をしぼるならば, まずは積分の計算に習熟することが必要である. それには, まず不定積分を理解し, それをもとに定積分を理解するのが, 効率はよい.

POINT98 原始関数と不定積分

関数 $f(x)$ が関数 $F(x)$ の導関数である (すなわち $f(x)=F'(x)$ である) とき, $F(x)$ は $f(x)$ の原始関数であるという. たとえば, $F(x)=x^3-2x$ のとき $F'(x)=3x^2-2$ なので, $F(x)$ は $f(x)=3x^2-2$ の原始関数である.

$F(x)$ が $f(x)$ の原始関数であるとき, $F(x)+2$, $F(x)-25$, $F(x)+\sqrt{\pi}$, $\cdots$ などもすべて $f(x)$ の原始関数である. これらをまとめて $F(x)+C$ (C は定数) などと書き, C を積分定数という. そして $\int f(x)dx=F(x)+C$ と書き, これを $f(x)$ の不定積分という.

POINT99 不定積分の公式

(1) $\int f(x)dx=F(x)+$(積分定数), $\int g(x)dx=G(x)+$(積分定数) のとき,

(ⅰ) $\int(f(x)\pm g(x))dx=F(x)\pm G(x)+$(積分定数) (複号同順).

(ⅱ) k を定数として, $\int kf(x)dx=kF(x)+$(積分定数).

(2) $\int 1dx=x+$(積分定数), 自然数 n に対して $\int x^n dx=\dfrac{1}{n+1}x^{n+1}+$(積分定数).

証明はいずれも, 微分の公式 (POINT 89, POINT 90) から得られる.

POINT100 原始関数による定積分の定義

$f(x)$ に対してその原始関数が存在するとき, その 1 つをとり $F(x)$ として, 値 $F(b)-F(a)$ (これを記号で $\Big[F(x)\Big]_a^b$ とも書く) を $f(x)$ の $x=a$ から $x=b$ までの定積分といい, $\displaystyle\int_a^b f(x)dx$ と書き表す. a をこの定積分の下端といい, b

を上端という. $f(x)$ の原始関数のとり方は無限にある ($F(x)$ が $f(x)$ の原始関数であれば $F(x)+2,\ F(x)-25,\ F(x)+\sqrt{\pi},\ \cdots$ などもすべて $f(x)$ の原始関数であるから) が, そのどれを選んでも, $\int_a^b f(x)\,dx$ の値としては同じものが定められる.

POINT 101 定積分の公式

(1) (ⅰ) $\displaystyle\int_a^b (f(x)\pm g(x))\,dx = \int_a^b f(x)\,dx \pm \int_a^b g(x)\,dx$ (複号同順).

(ⅱ) k を定数として, $\displaystyle\int_a^b k f(x)\,dx = k\int_a^b f(x)\,dx$.

(2) (ⅰ) $\displaystyle\int_a^a f(x)\,dx = 0$.

(ⅱ) $\displaystyle\int_b^a f(x)\,dx = -\int_a^b f(x)\,dx$.

(ⅲ) $\displaystyle\int_a^b f(x)\,dx + \int_b^c f(x)\,dx = \int_a^c f(x)\,dx$.

POINT 102 微分積分学の基本定理

微分積分学の基本定理 a を定数とするとき, $\dfrac{d}{dx}\displaystyle\int_a^x f(t)\,dt = f(x)$.

f の原始関数 (の1つ) を F とすると, $\displaystyle\int_a^x f(t)\,dt$ とは $F(x)-F(a)$ のことである. a が定数であれば $F(a)$ も定数で, $F(x)-F(a)$ は x の関数である. これを x で微分すると, $\dfrac{d}{dx}\displaystyle\int_a^x f(t)\,dt = \dfrac{d}{dx}(F(x)-F(a)) = \dfrac{d}{dx}F(x) - \dfrac{d}{dx}F(a)$ $= f(x) - 0 = f(x)$ となる.

EXERCISE 31 ●不定積分と定積分

問 1 不定積分 $\displaystyle\int (3x^2-4x+1)\,dx$ を求めよ. また, 定積分 $\displaystyle\int_0^2 (3x^2-4x+1)\,dx$ を求めよ.

問 2 関数 $F(x)$ は $F'(x)=x^3-x+2$ と $F(1)=-1$ をみたす. $F(x)$ を求めよ.

問 3 (1) $\dfrac{d}{dx}\displaystyle\int_3^x (5t^2-t+4)\,dt$ を計算せよ.

(2) $\dfrac{d}{dx}\displaystyle\int_x^3 (5t^2-t+4)\,dt$ を計算せよ.

問 4 $\displaystyle\int_a^x f(t)\,dt = x^2-2x-3$ $\cdots$① をみたす関数 $f(x)$ と定数 a を求めよ.

解答 問1 $\displaystyle\int(3x^2-4x+1)dx=3\cdot\dfrac{1}{3}x^3-4\cdot\dfrac{1}{2}x^2+1\cdot x+C=\boldsymbol{x^3-2x^2+x+C}$

（ただし C は積分定数）．よって，関数 $f(x)=3x^2-4x+1$ の原始関数の1つ
として $F(x)=x^3-2x^2+x$ がとれる（$C=0$ とした）から，

$$\int_0^2(3x^2-4x+1)dx=F(2)-F(0)=2-0=\boldsymbol{2}.$$

問2 $F(x)$ は $f(x)=x^3-x+2$ の原始関数である．

$\displaystyle\int f(x)dx=\dfrac{1}{4}x^4-\dfrac{1}{2}x^2+2x+C$（$C$ は積分定数）より，ある定数 C によって

$F(x)=\dfrac{1}{4}x^4-\dfrac{1}{2}x^2+2x+C$ とおける．ここで $F(1)=-1$ より，

$\dfrac{1}{4}-\dfrac{1}{2}+2+C=-1$，つまり $C=-\dfrac{11}{4}$ がわかる．よって，

$$F(x)=\dfrac{1}{4}\boldsymbol{x^4}-\dfrac{1}{2}\boldsymbol{x^2}+2\boldsymbol{x}-\dfrac{11}{4}.$$

問3 (1) $\boldsymbol{5x^2-x+4}$. (2) $\dfrac{d}{dx}\displaystyle\int_x^3(5t^2-t+4)dt=\dfrac{d}{dx}\left(-\int_3^x(5t^2-t+4)dt\right)$

$=-(5x^2-x+4)=\boldsymbol{-5x^2+x-4}.$

問4 ①の両辺を x で微分して，$f(x)=2x-2$ …② を得る．また，①の両辺
に $x=a$ を代入して $0=a^2-2a-3$，すなわち，$a=-1$ または $a=3$ …③ を
得る．②，③のように $f(x)$ と a を定めると①が成り立つことは直接計算で確
かめられる．よって，$\boldsymbol{f(x)=2x-2}$，$\boldsymbol{a=-1}$ または $\boldsymbol{a=3}$.

＋PLUS 不定積分 $\displaystyle\int f(x)dx$ は「微分すると $f(x)$ になる関数の総称」で，ごく自然
な概念だと受け取れるでしょう（記号がかなり不思議ですが）．しかし定積分
$\displaystyle\int_a^b f(x)dx$ は「$f(x)$ の原始関数（の1つ）$F(x)$ に対して $F(b)-F(a)$ のこと」だと
いうのですから，このままではなぜこんなものを考えるのか，わからないですね．こ
の謎は，THEME 32 のように面積のことを考えて，はじめて明らかになります．

THEME

32　定積分と面積

🏛 **GUIDANCE**　図形の境界線を少し動かすと，図形の面積が少し変化する．この変化の割合の極限を考えると，そこに「面積を表す関数の導関数」が現れる．ここに，面積を求めるのに微分・積分が使えるしくみがある．共通テストでは今後，このしくみについて問われる可能性もある．"分析と統合"のもっとも顕著な事例として，よく学んでもらいたい．

POINT **103**　面積を表す関数の変化率

$x \geqq a$ で常に $f(x) \geqq 0$ である関数 $f(x)$ を考える．このグラフと x 軸がはさむ領域のうち，x 座標が a 以上 x 以下である部分の面積を $S(x)$ とする．

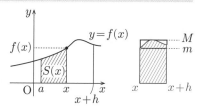

h を小さい正の数とする．

$S(x+h)-S(x)$ は図（右のほう）の青線で囲まれた斜線部の面積である．そこで，x 以上 $x+h$ 以下の範囲での f の出力値の最小値を m，最大値を M とすると，不等式
$mh \leqq S(x+h)-S(x) \leqq Mh$ が成り立ち，ゆえに不等式

$$m \leqq \frac{S(x+h)-S(x)}{h} \leqq M$$

が成り立つ．ここで $h \to 0$ とすると，m も M も $f(x)$ に近づくから，$\dfrac{S(x+h)-S(x)}{h}$ も $f(x)$ に近づくと考えてよい．

h が負の数であるとして考えても，同じことが成り立つことがわかる．

したがって，等式 $S'(x)=f(x)$ が成立する．つまり，$S(x)$ は $f(x)$ の原始関数である．

POINT **104**　定積分を用いた面積の計算

POINT 103 と同じ状況で，$S(b)$，すなわち，$y=f(x)$ のグラフと x 軸がはさむ領域のうち x 座標が a 以上 b 以下である部分の面積を，積分の計算により求める．

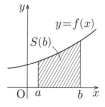

$f(x)$ の原始関数の１つを求め，それを $F(x)$ とする．POINT 103 で確かめた通り，$S(x)$ も $f(x)$ の原始関数で

ある．よって，$F(x)$ と $S(x)$ には「$+$(定数)」の違いしかない（※このことについては POINT 111 で詳述する）．したがって，$F(x)=S(x)+C$ がどの x に対しても成立するような定数 C が存在する．

この等式に $x=a$ を代入する．そして $S(a)=0$ である（x 座標が「a 以上 a 以下」の部分の面積は 0 だから）ことに注意する．ここから $F(a)=C$ を得る．よって，$S(x)=F(x)-C=F(x)-F(a)$ であり，特に

$S(b)=F(b)-F(a)=\left[F(x)\right]_a^b$ である．ここで，$F(x)$ は $f(x)$ の原始関数であったから $\left[F(x)\right]_a^b=\int_a^b f(x)\,dx$ と表せる．したがって，$S(b)=\int_a^b f(x)\,dx$

である．これが，グラフと x 軸ではさまれた領域の面積を，定積分を用いて表す式である．

POINT 105 定積分を面積から解釈するときの注意

「$a\leqq x\leqq b$ で常に $f(x)\geqq 0$」であるときは，POINT 104 のように，定積分 $\int_a^b f(x)\,dx$ をそのまま図形の面積として解釈できるが，そうでないときには注意を要する．

● $a\leqq x\leqq b$ で常に $f(x)\leqq 0$ のとき，関数 $-f(x)$ は $a\leqq x\leqq b$ で常に 0 以上で，$\int_a^b(-f(x))\,dx$ すなわち $-\int_a^b f(x)\,dx$ は図の青色の部分の面積を表す．したがって，$\int_a^b f(x)\,dx$ は，この面積の (-1) 倍を表す．これを「x 軸より下の部分の面積は負とみなす」と考えてもよい．

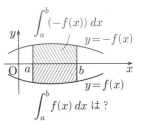

● 一般に，$\int_b^a f(x)\,dx=-\int_a^b f(x)\,dx$ である（POINT 101）から，同じ部分の定積分でも「a から b へ積分する」のと「b から a へ積分する」では「面積の符号が逆になる」と考えるのがよい．

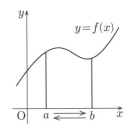

EXERCISE 32 ●定積分と面積

問 1 放物線 $y=-3x^2+14$ と x 軸がはさむ領域のうち，$-1\leqq x\leqq 2$ である部分の面積を求めよ．

問 2 (1) 放物線 $P_1 : y = -x^2 + 4x - 3$ と x 軸が囲む領域の面積を求めよ.

(2) 放物線 $P_2 : y = x^2 - 4x + 3$ と x 軸が囲む領域の面積を求めよ.

問 3 k を 0 以上で 1 ではない定数とする. 曲線 $y = x^3$, x 軸, 直線 $x = 1$, 直線 $x = k$ で囲まれた領域の面積 $T(k)$ を, k の式で表せ.

解答 **問 1** 状況は右の図の通り. 求める面積は

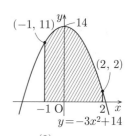

$$\int_{-1}^{2}(-3x^2 + 14)\,dx = \left[-x^3 + 14x\right]_{-1}^{2}$$
$$= (-8 + 28) - (1 - 14)$$
$$= 33.$$

$y = -3x^2 + 14$

問 2 P_1, P_2 と x 軸の位置関係は右の図の通り. 面積を求める範囲 $1 \leqq x \leqq 3$ では, P_1 は $y \geqq 0$ の部分に, P_2 は $y \leqq 0$ の部分にあることに注意する.

(1)

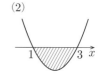
(2)

$P_1 : y = -x^2 + 4x - 3$ $P_2 : y = x^2 - 4x + 3$

(1) 求める面積は

$$\int_{1}^{3}(-x^2 + 4x - 3)\,dx$$
$$= \left[-\frac{1}{3}x^3 + 2x^2 - 3x\right]_{1}^{3} = (-9 + 18 - 9) - \left(-\frac{1}{3} + 2 - 3\right) = \frac{4}{3}.$$

(2) 求める面積は $-\displaystyle\int_{1}^{3}(x^2 - 4x + 3)\,dx = \int_{1}^{3}(-x^2 + 4x - 3)\,dx = \dfrac{4}{3}$ ((1)と同じ).

問 3 k と 1 との大小関係により, 定積分の式が変わる.

$0 \leqq k < 1$ のとき

$$T(k) = \int_{k}^{1} x^3\,dx = \left[\frac{1}{4}x^4\right]_{k}^{1} = \frac{1}{4} - \frac{1}{4}k^4,$$

$1 < k$ のとき

$$T(k) = \int_{1}^{k} x^3\,dx = \left[\frac{1}{4}x^4\right]_{1}^{k} = \frac{1}{4}k^4 - \frac{1}{4}.$$

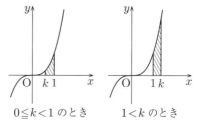

$0 \leqq k < 1$ のとき $1 < k$ のとき

✚ PLUS POINT 103 で示した $S'(x) = f(x)$ が成立する理由の説明にはいくつかの述べかたがあり, ここで述べたのはその一例です. ただし, どう述べるにしても数学的に厳密に議論するには, 高校までの範囲では, まだ知識が不足しています (たとえばこの本での説明には本来「関数 f の連続性」の議論が必要). なので, 高校生としてはそのアイディアを知っていればよいでしょう.

THEME

33　面積の計算

🏛 **GUIDANCE**　いくつかのグラフに囲まれた領域の面積を求める問題は，共通テストではほぼ必ず出題されると言ってよい．計算がやや複雑になり短い時間であわてる人もいるかもしれないが，わかっておくべきことはごくシンプルであり，理解の上で少しの練習を積めば，必ず得点できるところである．

POINT 106　2つのグラフにはさまれた領域の面積

区間 $a \leqq x \leqq b$ でずっと $f(x) \geqq g(x)$ であるとき，2曲線 $y = f(x)$, $y = g(x)$ にはさまれた領域のうち $a \leqq x \leqq b$ である部分の面積 S は

$$S = \int_a^b \big(f(x) - g(x)\big)\,dx$$

で与えられる．

このことは右の図のように，S が $\int_a^b f(x)\,dx$ と $\int_a^b g(x)\,dx$ の差として得られることからわかる．

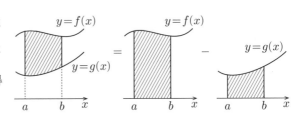

POINT 107　定積分 $\int_a^b |f(x)|\,dx$ の計算

定積分はグラフと x 軸の間の領域の面積を表すと考えてよい．そこで，絶対値記号がありそのままでは原始関数を求めにくい関数の定積分を考えるときは，まずその関数のグラフをかき，定積分が面積を表す部分をまず把握し，その上でその部分を改めて定積分を用いて計算するとよい．

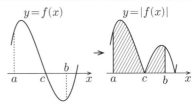

たとえば，$f(x)$ のグラフが図のようである場合，$\int_a^b |f(x)|\,dx$ は図の斜線部分の面積であり，$\int_a^c |f(x)|\,dx + \int_c^b |f(x)|\,dx$ に等しい．そして，$a \leqq x \leqq c$ では $|f(x)| = f(x)$，$c \leqq x \leqq b$ では $|f(x)| = -f(x)$ だから，結局

$$\int_a^b |f(x)|\,dx = \int_a^c f(x)\,dx + \int_c^b (-f(x))\,dx = \int_a^c f(x)\,dx - \int_c^b f(x)\,dx$$

である.

POINT 108 公式 $\int_\alpha^\beta (x-\alpha)(x-\beta)\,dx = -\dfrac{1}{6}(\beta-\alpha)^3$

α, β を定数とするとき, 定積分の公式

$$\int_\alpha^\beta (x-\alpha)(x-\beta)\,dx = -\frac{1}{6}(\beta-\alpha)^3$$

が成り立つ. この公式が, 2次関数の定積分の計算に役立つことがある.

EXERCISE 33 ●面積の計算

問1 2曲線 $y=x^2$, $y=-(x-1)^2+5$ にはさまれた領域のうち, $-1 \leqq x \leqq 1$ の範囲にある部分の面積を求めよ.

問2 曲線 $C : y=x^3-6x$ と直線 $l : y=x-6$ で囲まれた領域の面積を求めよ.

問3 定積分 $\int_0^2 |x^2-4x+3|\,dx$ の値を求めよ.

問4 曲線 $C : y=2x^2$ と直線 $l : y=-x+1$ で囲まれた領域の面積を求めよ.

解答 **問1** 2曲線の様子は右図のようであり, $-1 \leqq x \leqq 1$ ではつねに $-(x-1)^2+5 \geqq x^2$ であるとわかる. よって, 求める面積は

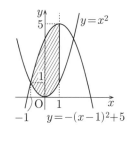

$$\int_{-1}^1 \big((-(x-1)^2+5)-x^2\big)\,dx = \int_{-1}^1 (-2x^2+2x+4)\,dx$$

$$=\left[-\frac{2}{3}x^3+x^2+4x\right]_{-1}^1 = \left(-\frac{2}{3}+1+4\right)-\left(\frac{2}{3}+1-4\right)$$

$$=\frac{20}{3}.$$

問2 C と l の共有点を求めるために方程式 $x^3-6x=x-6$ を解くと, 解は -3, 1, 2 である. 全体の様子は右図の通り (C のグラフを増減を調べてかくとよい) であり, 求める面積は

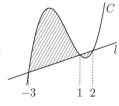

$$\int_{-3}^1 \big((x^3-6x)-(x-6)\big)\,dx + \int_1^2 \big((x-6)-(x^3-6x)\big)\,dx$$

$$=\int_{-3}^1 (x^3-7x+6)\,dx + \int_1^2 (-x^3+7x-6)\,dx$$

$$=\left[\frac{1}{4}x^4-\frac{7}{2}x^2+6x\right]_{-3}^1 + \left[-\frac{1}{4}x^4+\frac{7}{2}x^2-6x\right]_1^2$$

$$=\left(\frac{1}{4}-\frac{7}{2}+6\right)-\left(\frac{81}{4}-\frac{63}{2}-18\right)+(-4+14-12)-\left(-\frac{1}{4}+\frac{7}{2}-6\right)=\frac{131}{4}.$$

問3　$y=x^2-4x+3$ のグラフは右図のようであり，
求める定積分は斜線部の面積である．その値は

$$\int_0^2 |x^2-4x+3|\,dx$$

$$=\int_0^1 (x^2-4x+3)\,dx-\int_1^2 (x^2-4x+3)\,dx$$

$$=\left[\frac{1}{3}x^3-2x^2+3x\right]_0^1-\left[\frac{1}{3}x^3-2x^2+3x\right]_1^2$$

$$=\left(\frac{1}{3}-2+3\right)-(0-0+0)-\left(\frac{8}{3}-8+6\right)+\left(\frac{1}{3}-2+3\right)=\mathbf{2}.$$

問4　C と l の様子は右図の通りで，C と l の交点の座標
は $(-1,\ 2)$ と $\left(\dfrac{1}{2},\ \dfrac{1}{2}\right)$ である．求める面積は POINT 108
の公式を用いて

$$\int_{-1}^{\frac{1}{2}}((-x+1)-2x^2)\,dx=\int_{-1}^{\frac{1}{2}}(-2x^2-x+1)\,dx$$

$$=-2\int_{-1}^{\frac{1}{2}}\Big(x-(-1)\Big)\Big(x-\frac{1}{2}\Big)\,dx=-2\cdot\left(-\frac{1}{6}\right)\left(\frac{1}{2}-(-1)\right)^3=\frac{9}{8}$$

と求まる．もちろん，POINT 108 の公式を用いずに計算することもできる．

✚PLUS　POINT 108 の公式の証明は章末のコラムを参照してください．この公式
など，いくつか定積分の計算に便利な公式がありますが，共通テストを意識する限り
では，無理にいろいろ覚えず基本通りに考えて十分でしょう．

THEME
34 グラフの観察と微分積分

🏛 **GUIDANCE** 　共通テストやその前に行われた試行調査では，関数とそのグラフ，微分と積分のそもそもの意味を理解できているかを問う問題が多く出題された．計算した結果から考えて正答することもできるがもともとの諸概念の定義と意義をわかっていれば即答できるものや，そもそも関数やグラフが式で表されていないため計算ができないものもあった．このような傾向に対策を立てて準備することは，単に共通テストのためというだけではなく，関数やグラフ，微分積分を存分に使いこなせるようになるために，とても有効なことである．

POINT 109 多項式関数の増減に関する基本事項

● $y=x^n$（n は正の整数）のグラフは以下のようである．$n \geqq 2$ のときは，$x=0$ での y' の値は 0 なので，グラフは $x=0$ で直線 $y=0$（x 軸）と接する．

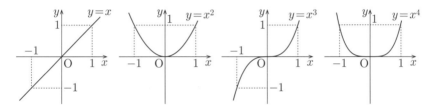

● a が正の定数のとき，$x>0$ において関数 $f(x)=ax^n$（n は正の整数）の値は常に正で，増加関数である．$x<0$ においては，n が奇数ならば増加関数（$f(x)$ の値は常に負），n が偶数ならば減少関数（$f(x)$ の値は常に正）である．

● 多項式関数 $f(x)$ が定数 α に対して $f(\alpha)=0$ をみたすならば，因数定理（POINT 12）により $f(x)$ は $x-\alpha$ で割り切れる．最大 k 回（$k \geqq 1$）割り切れるとすると，$f(x)=(x-\alpha)^k g(x)$ と因数分解できて，$g(\alpha) \neq 0$ である．

　以下，$g(\alpha)>0$ として考える．x の値が $x<\alpha$ から $x=\alpha$ を経て $\alpha<x$ に変わるとき，$g(x)$ は（$x=\alpha$ の近くでは）正のままで，$x-\alpha$ は負→0→正と変化するから，$f(x)$ は

$$\begin{cases} k \text{ が奇数のときは　負} \to 0 \to \text{正} \\ k \text{ が偶数のときは　正} \to 0 \to \text{正} \end{cases}$$

と変わる．よって，k が偶数のときは，$f(x)$ は $x=\alpha$ で極小になっていて，$f'(\alpha)=0$ である．

k が偶数のとき

POINT **110** 導関数のグラフの観察

$y=f(x)$ のグラフを観察して，その導関数 $y'=f'(x)$ のグラフの形を推測できる．$y=f(x)$ のグラフの接線の傾きが $y'=f'(x)$ の値である．特に $y=f(x)$ が x 軸に平行な接線をもつような x では $y'=f'(x)=0$ で，$y'=f'(x)$ のグラフは x 軸と共有点をもつ．

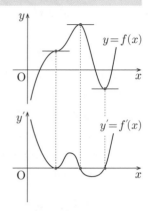

POINT **111** 原始関数・面積を表す関数の観察

1つの関数 $f(x)$ の原始関数を2つとり $F(x), G(x)$ とすると，$F'(x)=f(x)$，$G'(x)=f(x)$ だから，$(G(x)-F(x))'=G'(x)-F'(x)=f(x)-f(x)=0$ である．導関数がずっと 0 である関数は定数関数しかありえない（このことは証明できる）ので，$G(x)-F(x)=C$，すなわち $G(x)=F(x)+C$ となるような定数 C が存在する．だから $f(x)$ の原始関数は $F(x)+C$ の形をしたものに限るとわかるが，一方で，$(F(x)+C)'=F'(x)+0=f(x)$ であるから，この形の関数はすべて $f(x)$ の原始関数である．

こうして，1つの関数の原始関数は（あるならば）いくつも（無限個）あるが，それはそのうちの1つに定数を加えたものばかりだとわかる．

a を定数とするとき，$S(x)=\int_a^x f(t)\,dt$ は $f(x)$ の原始関数のうち，$x=a$ での値が 0 になる（つまり $S(a)=0$ となる）ものである．$f(x)>0$ となる x の範囲では $S(x)$ は増加し，$f(x)<0$

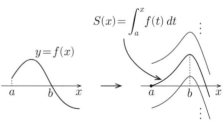

となる x の範囲では $S(x)$ は減少する．$f(x)=0$ となる x の値では $S'(x)=0$ となり，この x の値において $S(x)$ は極値をとる可能性がある（とらないかもしれない）．

$S(x)$ 以外の $f(x)$ の原始関数はすべて「$S(x)+$（定数）」と表される．そのグラフは，$S(x)$ のグラフをタテ軸方向に平行移動したものである．

EXERCISE 34 ●グラフの観察と微分積分

問1 (1) $3x^3-8x^2+9x-2=a(x-1)^3+b(x-1)^2+c(x-1)+d$ が x の恒等式になるように，定数 a, b, c, d の値を定めよ．

(2) $x\geqq1$ では $f(x)=3x^3-8x^2+9x-2$ は正の値をとる増加関数であることを示せ．

問2 曲線 $y=f(x)$ と直線 $y=ax+b$ は，図のように2点P，Qで接しているとする．このグラフからわかることを踏まえ，関数 $g(x)=f(x)-(ax+b)$ のグラフをかけ．

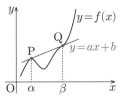

問3 図のようなグラフを持つ関数 $y=f(x)$ に対し，$F(x)=\displaystyle\int_0^x f(t)\,dt$ とおく．$0<x<r$ の範囲に $F(s)=0$ となる s が1つだけあるが，それは図のグラフ上ではどのように定まるか述べよ．また，このグラフからわかることを踏まえ，$F(x)$ のグラフをかけ．

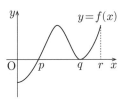

解答 **問1** (1) 右辺を展開・整理して両辺の係数を比較する．**$a=3$, $b=1$, $c=2$, $d=2$**.

(2) $x\geqq1$ すなわち $x-1\geqq0$ のとき，x の増加とともに $f(x)=3(x-1)^3+(x-1)^2+2(x-1)+2$ は増加する．また，$3(x-1)^3$, $(x-1)^2$, $2(x-1)$ はいずれも0以上だから，$f(x)\geqq0+0+0+2=2>0$ で，$f(x)$ は正である．

問2

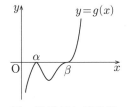

$g'(\alpha)=0$, $g'(\beta)=0$ となっている．

問3 図の横線部と斜線部の面積が等しいように s は定まる．関数 $F(x)$ について，$F(0)=0$，$F(s)=0$ であり，$F'(p)=0$，$F'(q)=0$ である．

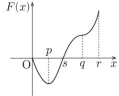

　「関数 $y=(x-2)^3$ の，$x=3$ での微分係数を求めよ」と問われたとする．$y=(x-2)^3$ は $y=x^3-6x^2+12x-8$ のことだから $y'=3x^2-12x+12$，よって，$x=3$ のとき $y'=3\cdot3^2-12\cdot3+12=3$，と求められる．しかしこの結論を，グラフを観察することによって，もっと簡単な計算で得ることもできるのだ．

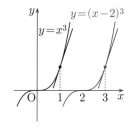

　$y=(x-2)^3$ のグラフは，$y=x^3$ のグラフを x 軸方向に 2 だけ平行移動したものである．だから，「$y=(x-2)^3$ のグラフの $x=3$ での接線」は「$y=x^3$ のグラフの $x=1$（$=3-2$）での接線」を x 軸方向に 2 だけ平行移動したものである．したがって，それぞれの傾きである「$y=(x-2)^3$ の $x=3$ での微分係数」と「$y=x^3$ の $x=1$ での微分係数」とは等しい．だからこの問題の答えは「$y=x^3$ の $x=1$ での微分係数」なのだが，それは「$y=x^3$ のとき $y'=3x^2$，これは $x=1$ のとき $y'=3$ である」と，非常に短い計算で求められる．

　一般に，$g(x)=(x-\alpha)^n$（α は定数，n は正の整数）を微分するには，$f(x)=x^n$ の微分を援用すればよい．$g'(p)$ は $f'(p-\alpha)$ に等しいはずで，$f'(x)=nx^{n-1}$ だから

$$g'(p)=f'(p-\alpha)=n(p-\alpha)^{n-1}$$

となる．つまり，次の公式が成立する．

　<u>公式1</u>　　$\big((x-\alpha)^n\big)'=n(x-\alpha)^{n-1}.$

　また，微分の公式は積分の公式を生む．公式1より

$(x-\alpha)^{n-1}=\dfrac{1}{n}\big((x-\alpha)^n\big)'=\Big(\dfrac{1}{n}(x-\alpha)^n\Big)'$ なので，$n-1$ を m におきかえて（だから m は 0 以上の整数である），不定積分の公式を得る：

　<u>公式2</u>　　$\displaystyle\int(x-\alpha)^m dx=\dfrac{1}{m+1}(x-\alpha)^{m+1}+$（積分定数）.

　この公式2を用いて，POINT 108 の公式を証明してみよう．まず

$$(x-\alpha)(x-\beta)=(x-\alpha)\big((x-\alpha)-(\beta-\alpha)\big)=(x-\alpha)^2-(\beta-\alpha)(x-\alpha)$$

に注意．したがって，

$$\int_\alpha^\beta(x-\alpha)(x-\beta)\,dx=\int_\alpha^\beta(x-\alpha)^2dx-(\beta-\alpha)\int_\alpha^\beta(x-\alpha)\,dx \quad\cdots\bigstar$$

となるが，ここで公式2を用いて

$$\bigstar = \left[\frac{1}{3}(x-\alpha)^3\right]_{\alpha}^{\beta} - (\beta-\alpha)\left[\frac{1}{2}(x-\alpha)^2\right]_{\alpha}^{\beta}$$

$$= \left(\frac{1}{3}(\beta-\alpha)^3 - 0\right) - (\beta-\alpha)\left(\frac{1}{2}(\beta-\alpha)^2 - 0\right)$$

$$= \frac{1}{3}(\beta-\alpha)^3 - \frac{1}{2}(\beta-\alpha)^3$$

$$= -\frac{1}{6}(\beta-\alpha)^3$$

となる．公式 2 なしでも POINT 108 の公式の計算はできるが，手間がかかる．

公式 1, 公式 2 とも，単に結果のみを記憶してすませるのではなく，グラフの観察を通じて意味をわかっておくことが，共通テスト対策として有効である．

35 数列の記述，等差数列と等比数列

🏛 **GUIDANCE** 　数が一列に並んでいるものを数列という．共通テスト対策の範囲では，数の並び方にある一つの法則・規則性があるような数列だけ考えればよい．

　数列の規則性の記述の方法のうち重要なものが「一般項による表示」と「漸化式による表示」である．ここではこの2つの意味を述べ，さらに，最も基本的な2種の数列，等差数列と等比数列について，一般項表示と漸化式表示を確認する．

POINT 112 数列の基本的な用語

　数が一列に並んでいるものを数列といい，並んでいるそれぞれの数を項という．数列 a_1, a_2, $\cdots$, a_n, $\cdots$（これを $\{a_n\}$ とも書く）について，a_1 を初項（第1項），a_2 を第2項，$\cdots$，a_n を第 n 項という（初項を第0項と考え a_0 と書くこともあるがここでは考えない）．

　数列には，項が有限個しかない有限数列と，項が無限にある無限数列がある．有限数列では，項の個数を項数といい，最後の項を末項という．

POINT 113 一般項表示と漸化式表示

　数列 a_1, a_2, $\cdots$ の第 n 項が n の式で表されていれば，第何項であってもその値を知ることができるので，数列全体を理解したといえるだろう．一般の n に対する第 n 項を一般項という．たとえば「一般項は $a_n = 3n + 2^n$ である」などと言う．

　また，数列 a_1, a_2, $\cdots$ に対して，初項の値がわかり，さらに「どの項もそれ以前の項の値から算出できる」しくみが確立していれば，前の方の項から順次値を知ることができる．このしくみとして高校では主に

　　　すべての番号 n について，a_{n+1} が a_n と n の式によって与えられる

ことを考え，このしくみを表す等式を漸化式という．たとえば「任意の番号 n について $a_{n+1} = 2a_n + 5^n$」などが漸化式である．

POINT 114 等差数列

　3, 7, 11, 15, $\cdots$ のように，各項に定数 d を加えるとその次の項が得られる数列（この例では $d = 4$）を等差数列といい，この d を公差という．a_1, a_2, $\cdots$ が初項 a，公差 d の等差数列であるとき，この数列の一般項は

$a_n = a + (n-1)d$ であり，この数列を定める漸化式は $a_{n+1} = a_n + d$ である．

有限数列 a_1, a_2, $\cdots$, a_n が初項 a，公差 d の等差数列であるとき，これらの項をすべて加えたものを S とする（すなわち $S = a_1 + a_2 + \cdots + a_n$）と，$S$ は次のように表される：

$$S = \frac{1}{2}(a_1 + a_n)n = \frac{1}{2}\big(a + (a + (n-1)d)\big)n.$$

POINT 115 等比数列

3, 6, 12, 24, $\cdots$ のように，各項に定数 r をかけるとその次の項が得られる数列（この例では $r=2$）を**等比数列**といい，この r を**公比**という．a_1, a_2, $\cdots$ が初項 a，公比 r の等比数列であるとき，この数列の一般項は $a_n = ar^{n-1}$ であり，この数列を定める漸化式は $a_{n+1} = ra_n$ である．

有限数列 a_1, a_2, $\cdots$, a_n が初項 a，公比 r の等比数列であるとき，これらの項をすべて加えたものを S とすると，S は次のように表される：

$$r \neq 1 \text{ のときは } S = \frac{a(r^n - 1)}{r - 1} = \frac{a(1 - r^n)}{1 - r}, \quad r = 1 \text{ のときは } S = na.$$

EXERCISE 35 ●数列の記述，等差数列と等比数列

問1 (1) 一般項が $a_n = \dfrac{2n-1}{n+1}$ である数列 a_1, a_2, $\cdots$ の，第 1 項から第 4 項までの値を求めよ．

(2) 初項が $b_1 = 1$ で，漸化式 $b_{n+1} = 3n - b_n$ $(n = 1, 2, \cdots)$ で定められる数列 b_1, b_2, $\cdots$ の，第 1 項から第 4 項までの値を求めよ．

問2 数列 a_1, a_2, $\cdots$ は等差数列であり，$a_3 = 7$，$a_6 = 1$ である．

(1) この数列の初項と公差を求め，一般項と漸化式を求めよ．

(2) $T = a_4 + a_5 + \cdots + a_{12}$ の値を求めよ．

問3 数列 b_1, b_2, $\cdots$ は実数からなる等比数列であり，$b_2 = -54$，$b_5 = 2$ である．

(1) この数列の初項と公比を求め，一般項と漸化式を求めよ．

(2) $U = b_3 + b_4 + b_5 + b_6 + b_7$ の値を求めよ．

問4 数列 x_1, x_2, $\cdots$ は初項 4，公差 2 の等差数列であり，数列 y_1, y_2, $\cdots$ は初項 -3，公比 5 の等比数列である．数列 z_1, z_2, $\cdots$ を

$$z_n = x_n - 2y_{n+1} \quad (n = 1, 2, \cdots)$$

で定める．数列 z_1, z_2, $\cdots$ の一般項を求めよ．

解答 **問1** (1) $a_1=\dfrac{2\cdot 1-1}{1+1}=\dfrac{1}{2}$, $a_2=\dfrac{2\cdot 2-1}{2+1}=1$, $a_3=\dfrac{2\cdot 3-1}{3+1}=\dfrac{5}{4}$,

$a_4=\dfrac{2\cdot 4-1}{4+1}=\dfrac{7}{5}$.

(2) $b_1=1$, $b_2=3\cdot 1-b_1=3-1=2$, $b_3=3\cdot 2-b_2=6-2=4$,

$b_4=3\cdot 3-b_3=9-4=5$.

問2 (1) 公差は $\dfrac{a_6-a_3}{6-3}=\dfrac{1-7}{3}=-2$.

よって，初項は $a_1=a_3-2\cdot(-2)=7+4=11$.

よって，一般項は $a_n=11+(n-1)\cdot(-2)=13-2n$. 漸化式は $a_{n+1}=a_n-2$.

(2) a_4, a_5, $\cdots$, a_{12} は初項 $a_4=5$, 末項 $a_{12}=-11$, 項数 $12-4+1=9$ の等差

数列である．だから $T=\dfrac{1}{2}\bigl(5+(-11)\bigr)\cdot 9=-27$ である．

問3 (1) b_2 に公比を 3 個かけると b_5 になる．よって，公比は

$\dfrac{b_5}{b_2}=\dfrac{2}{-54}=-\dfrac{1}{27}$ の 3 乗根 (のうち実数であるもの)，すなわち $-\dfrac{1}{3}$ である．

よって，初項は $b_1=\dfrac{b_2}{-\dfrac{1}{3}}=\dfrac{-54}{-\dfrac{1}{3}}=162$. よって，一般項は

$b_n=162\cdot\left(-\dfrac{1}{3}\right)^{n-1}$. 漸化式は $b_{n+1}=-\dfrac{1}{3}b_n$.

(2) b_3, b_4, b_5, b_6, b_7 は初項 $b_3=18$, 公比 $-\dfrac{1}{3}$, 項数 5 の等比数列である．

だから $U=\dfrac{18\left(1-\left(-\dfrac{1}{3}\right)^5\right)}{1-\left(-\dfrac{1}{3}\right)}=\dfrac{122}{9}$ である．

問4 $x_n=4+(n-1)\cdot 2=2n+2$, $y_n=(-3)\cdot 5^{n-1}$ なので，$n=1$, 2, $\cdots$ に対し

て，$z_n=x_n-2y_{n+1}=(2n+2)-2\cdot(-3)\cdot 5^{(n+1)-1}=2n+2+6\cdot 5^n$.

➕PLUS 教科書などの数列の単元では，まず一般項表示を用いた数列の話がひとと
おりされたあとで，漸化式表示が説明されます．しかし，数列を定める方法としては，
どちらも同じくらい重要な意義を持つものなので，はじめから双方を意識するのがよ
いと私は思っています．

THEME
36 数列の部分和と Σ 記号

🏛 **GUIDANCE** 数列の初項からいくつか続いた項の和を部分和という．等差数列や等比数列，そして自然数の累乗を並べた数列などの基本的な数列に対しては公式がある．これらを組み合わせて，さまざまな数列の部分和を計算できる．このとき，Σ記号（総和記号）を使いこなせると，効率よく計算を進められる．

POINT 116 Σ 記号の意味

数列 a_1, a_2, $\cdots$ の第 p 項から第 q 項まで（ただし $p \leqq q$）をすべてたし合わせたもの，$a_p + a_{p+1} + \cdots + a_{q-1} + a_q$ を $\displaystyle\sum_{k=p}^{q} a_k$ と書く．「$\displaystyle\sum_{k=p}^{q}$」は「$k$ の値を p，$p+1$，$\cdots$，$q-1$，q のすべてとして，その結果できあがったものをすべてたし合わせる」という意味の記号である．ここで使われている文字 k は p，$p+1$，$\cdots$，$q-1$，q を表すためだけに使われたもので，「k」自体に意味はない．だから，$\displaystyle\sum_{k=p}^{q} a_k$ は $\displaystyle\sum_{l=p}^{q} a_l$，$\displaystyle\sum_{i=p}^{q} a_i$ などと書いても同じことである．

数列 a_1, a_2, $\cdots$ の一般項が，たとえば $a_n = 4n+3$ のように与えられているならば，$\displaystyle\sum_{k=p}^{q} a_k$ を $\displaystyle\sum_{k=p}^{q} (4k+3)$ と書いてもよい $\left(\displaystyle\sum_{k=p}^{q} (4n+3)$ ではないことに注意$\right)$．

POINT 117 Σ 記号に関する公式

(1) $\displaystyle\sum_{k=p}^{q} (a_k + b_k) = \sum_{k=p}^{q} a_k + \sum_{k=p}^{q} b_k$.

これは $(a_p + b_p) + \cdots + (a_q + b_q) = (a_p + \cdots + a_q) + (b_p + \cdots + b_q)$ ということ．

(2) c を定数として，$\displaystyle\sum_{k=p}^{q} c a_k = c \sum_{k=p}^{q} a_k$.

これは $c a_p + \cdots + c a_q = c(a_p + \cdots + a_q)$ ということ．

(3) $1 < p \leqq q$ のとき，$\displaystyle\sum_{k=p}^{q} a_k = \sum_{k=1}^{q} a_k - \sum_{k=1}^{p-1} a_k$. だから，「初項から第 n 項までの和」$\displaystyle\sum_{k=1}^{n} a_k$（これを部分和という）がわかっていれば，一般の「第 p 項から第 q 項までの和」はすべて計算できる．

(1) 数列 a_1, a_2, $\cdots$, a_n が初項 a, 公差 d の等差数列であるとき, POINT 114 より

$$\sum_{k=1}^{n} a_k = \frac{1}{2}(a_1+a_n)n = \frac{1}{2}(a+(a+(n-1)d))n.$$

(2) 数列 a_1, a_2, $\cdots$, a_n が初項 a, 公比 r の等比数列であるとき, POINT 115 より $r \neq 1$ のときは $\displaystyle\sum_{k=1}^{n} a_k = \frac{a(r^n-1)}{r-1} = \frac{a(1-r^n)}{1-r}$, $r=1$ のときは $\displaystyle\sum_{k=1}^{n} a_k = na.$

(3) c を定数として, $\displaystyle\sum_{k=1}^{n} c = \overbrace{c+\cdots+c}^{n \text{個}} = cn.$ 特に $\displaystyle\sum_{k=1}^{n} 1 = n.$

(4) 自然数の累乗の和

$$\sum_{k=1}^{n} k = \frac{1}{2}n(n+1), \quad \sum_{k=1}^{n} k^2 = \frac{1}{6}n(n+1)(2n+1), \quad \sum_{k=1}^{n} k^3 = \frac{1}{4}n^2(n+1)^2.$$

EXERCISE 36 ●数列の部分和と Σ 記号

問 1 一般項が $a_n = \dfrac{1}{n}$ で与えられる数列 a_1, a_2, $\cdots$ について, $\displaystyle\sum_{k=2}^{6} a_k$ の値を求めよ.

問 2 (1) $\displaystyle\sum_{k=1}^{n}(2k-5)$ を計算せよ. (2) $\displaystyle\sum_{k=1}^{n} 2 \cdot 3^k$ を計算せよ.

問 3 $S = \displaystyle\sum_{k=1}^{n}(k-1)^3$ を計算せよ.

問 4 数列 a_1, a_2, $\cdots$ の一般項は, n が奇数のとき $a_n=3$, n が偶数のとき $a_n=-1$ である. $\displaystyle\sum_{k=1}^{n} a_k$ を n の式で表せ.

解答 **問 1** $\displaystyle\sum_{k=2}^{6} a_k = a_2+a_3+a_4+a_5+a_6 = \frac{1}{2}+\frac{1}{3}+\frac{1}{4}+\frac{1}{5}+\frac{1}{6} = \frac{29}{20}.$

問 2 (1) $2 \cdot 1 - 5$, $2 \cdot 2 - 5$, $\cdots$, $2n-5$ は初項 -3, 末項 $2n-5$, 項数 n の等差数列だから,

$$\sum_{k=1}^{n}(2k-5) = \frac{1}{2}(-3+(2n-5))n = \boldsymbol{(n-4)n}.$$

または

$$\sum_{k=1}^{n}(2k-5)=2\sum_{k=1}^{n}k-5\sum_{k=1}^{n}1=2\cdot\frac{1}{2}n(n+1)-5n=\boldsymbol{n(n-4)}$$

と計算してもよい.

(2) $2\cdot3^{1}$, $2\cdot3^{2}$, $\cdots$, $2\cdot3^{n}$ は初項 6, 公比 3, 項数 n の等比数列だから,

$$\sum_{k=1}^{n}2\cdot3^{k}=\frac{6(3^{n}-1)}{3-1}=3(3^{n}-1).$$

問3 〈解1〉 $S=\sum_{k=1}^{n}(k^{3}-3k^{2}+3k-1)=\sum_{k=1}^{n}k^{3}-3\sum_{k=1}^{n}k^{2}+3\sum_{k=1}^{n}k-\sum_{k=1}^{n}1$

$=\frac{1}{4}n^{2}(n+1)^{2}-3\cdot\frac{1}{6}n(n+1)(2n+1)+3\cdot\frac{1}{2}n(n+1)-n=\boldsymbol{\frac{1}{4}(n-1)^{2}n^{2}}.$

〈解2〉 $S=(1-1)^{3}+(2-1)^{3}+\cdots+(n-1)^{3}=0^{3}+1^{3}+\cdots+(n-1)^{3}$

$=1^{3}+\cdots+(n-1)^{3}=\sum_{k=1}^{n-1}k^{3}=\frac{1}{4}(n-1)^{2}((n-1)+1)^{2}=\boldsymbol{\frac{1}{4}(n-1)^{2}n^{2}}.$

〈解2〉の方がずっとラク. $\sum$ 記号の表す式自体を考えることも時には大切だ.

問4 ●**n が奇数のとき**, a_{1}, a_{2}, $\cdots$, a_{n} のうち $\dfrac{n+1}{2}$ 個が 3, $\dfrac{n-1}{2}$ 個が -1

である. よって, $\sum_{k=1}^{n}\boldsymbol{a}_{k}=3\cdot\dfrac{n+1}{2}+(-1)\cdot\dfrac{n-1}{2}=\boldsymbol{n+2}$ である.

●**n が偶数のとき**, a_{1}, a_{2}, $\cdots$, a_{n} のうち $\dfrac{n}{2}$ 個が 3, $\dfrac{n}{2}$ 個が -1 である. よっ

て, $\sum_{k=1}^{n}\boldsymbol{a}_{k}=3\cdot\dfrac{n}{2}+(-1)\cdot\dfrac{n}{2}=\boldsymbol{n}$ である.

➕PLUS **問4** の数列 a_{1}, a_{2}, $\cdots$ は, 実は一般項を $a_{n}=1+2\cdot(-1)^{n-1}$ ($n=1$, 2, 3, $\cdots$) と 1 つの式で書くことができます (確かめてください). すると, その部分和も

$$\sum_{k=1}^{n}a_{k}=\sum_{k=1}^{n}\left(1+2\cdot(-1)^{k-1}\right)=n+2\cdot\frac{1-(-1)^{n}}{1-(-1)}=n+1-(-1)^{n}$$

と, 場合分けを用いずに表示できるのですね.

37 階差数列

🏛 **GUIDANCE** 　見た目が複雑ですぐには規則性がわからない数列に対して，その
階差数列を調べて問題を解決できることは多く，センター試験では頻出だった．
与えられた数列の階差数列を求めることは単なるひき算でできるし，階差数列
からもとの数列を復元することもたし算でできることだから簡単である．ただ
し文字や記号が多くでてくることが多いので，練習して慣れる必要はある．

POINT **119** 階差数列

　数列 a_1, a_2, a_3, … に対して，隣接する項の差を並べた数列，

$$a_2-a_1,\ a_3-a_2,\ a_4-a_3,\ \cdots,\ a_{n+1}-a_n,\ \cdots$$

をもとの数列の**階差数列**という．b_1, b_2, b_3, … が a_1, a_2, a_3, … の階差数列
であるならば，その一般項は $b_n=a_{n+1}-a_n$ と表される．

POINT **120** 階差数列からもとの数列を復元する

　数列 a_1, a_2, … について，その初項 $a_1=a$
と階差数列 b_1, b_2, … （一般項は $b_n=a_{n+1}-a_n$）
がわかっているならば，このデータから数列 $\{a_n\}$
の一般項が表示できる．それは

$$
\begin{cases}
a_1=a, \\
a_n=a_1+b_1+b_2+\cdots+b_{n-1}=a+\displaystyle\sum_{k=1}^{n-1}b_k \quad (n\geqq 2 \text{ のとき})
\end{cases}
$$

である．部分和 $\displaystyle\sum_{k=1}^{n-1}b_k$ が計算しやすいものである場合には，これによって $\{a_n\}$
の一般項を n の式として具体的に求められる．

POINT **121** 部分和数列の階差数列

　数列 a_1, a_2, … に対して，その初項から第 n 項までの部分和 $\displaystyle\sum_{k=1}^{n}a_k$ を S_n と
おくと，

$$S_1=a_1,\ S_2=a_1+a_2,\ S_3=a_1+a_2+a_3,\ \cdots$$

は数列 $\{S_n\}$ を形成する．

　この数列 S_1, S_2, S_3, … の階差数列は

$$S_2-S_1=(a_1+a_2)-a_1=a_2,$$

$$S_3 - S_2 = (a_1 + a_2 + a_3) - (a_1 + a_2) = a_3,$$
$$\vdots$$

となる．したがって，数列 $\{a_n\}$ の一般項が次のように復元される：

$$a_1 = S_1, \quad n \geqq 2 \text{ のときは } a_n = S_n - S_{n-1}.$$

なお，こうして求めた「$n = 1$ のときの a_n の値（つまり a_1 の値）」と，「$n \geqq 2$ として求めた $a_n (= S_n - S_{n-1})$ の式に，$n = 1$ を代入した値」とは，一致するときもしないときもあるので，これはその都度確かめなければならない．一致するならば，数列 $\{a_n\}$ の一般項は $n = 1$, $n \geqq 2$ の場合分けなしで，1つの式で書ける．

POINT 122 典型的な階差数列・部分和の計算

● 一般に $\dfrac{1}{k(k+1)} = \dfrac{1}{k} - \dfrac{1}{k+1}$ であるので，

$$\begin{aligned}
\sum_{k=1}^{n} \frac{1}{k(k+1)} &= \sum_{k=1}^{n}\left(\frac{1}{k} - \frac{1}{k+1}\right) \\
&= \left(\frac{1}{1} - \frac{1}{2}\right) + \left(\frac{1}{2} - \frac{1}{3}\right) + \left(\frac{1}{3} - \frac{1}{4}\right) + \cdots + \left(\frac{1}{n} - \frac{1}{n+1}\right) \\
&= \frac{1}{1} - \frac{1}{n+1} = \frac{n}{n+1}
\end{aligned}$$

である．これは，数列 $\dfrac{1}{1 \cdot 2}$, $\dfrac{1}{2 \cdot 3}$, $\dfrac{1}{3 \cdot 4}$, $\cdots$, $\dfrac{1}{n(n+1)}$, $\cdots$ が数列 $\dfrac{1}{1}$, $\dfrac{1}{2}$, $\dfrac{1}{3}$, $\cdots$, $\dfrac{1}{n}$, $\cdots$ の階差数列の -1 倍であることを利用した計算である．

● 一般に $k(k-1) = \dfrac{1}{3}\big((k+1)k(k-1) - k(k-1)(k-2)\big)$ であるので，

$$\begin{aligned}
\sum_{k=1}^{n} k(k-1) &= \sum_{k=1}^{n} \frac{1}{3}\big((k+1)k(k-1) - k(k-1)(k-2)\big) \\
&= \frac{1}{3}\big((n+1)n(n-1) - 1 \cdot 0 \cdot (-1)\big) \\
&= \frac{1}{3}(n+1)n(n-1)
\end{aligned}$$

として，数列 $1 \cdot 0$, $2 \cdot 1$, $3 \cdot 2$, $\cdots$ の部分和を計算できる．これも1つ前と同様，もとの数列を別の数列の階差数列の定数倍だと見ての計算である．

EXERCISE 37 ●階差数列

問 1 (1) 初項 a，公差 d の等差数列の階差数列を $\{b_n\}$ とする．その一般項を求めよ．

(2) 初項 a，公比 r の等比数列の階差数列を $\{c_n\}$ とする．その一般項を求めよ．

問2 数列 a_1, a_2, … について，その初項は $a_1=2$，その階差数列の一般項は $a_{n+1}-a_n=3n+1$ である．$\{a_n\}$ の一般項を求めよ．

問3 数列 a_1, a_2, … について，すべての自然数 n に対して

$\displaystyle\sum_{k=1}^{n} a_k=3^n-n^2-1$ が成り立っている．

(1) a_1 の値を求めよ． (2) $\{a_n\}$ の一般項を求めよ．

問4 (1) 等式 $\dfrac{1}{\sqrt{k}+\sqrt{k+1}}=\sqrt{k+1}-\sqrt{k}$ の成立を示せ（k は自然数）．

(2) $S=\dfrac{1}{\sqrt{1}+\sqrt{2}}+\dfrac{1}{\sqrt{2}+\sqrt{3}}+\cdots+\dfrac{1}{\sqrt{99}+\sqrt{100}}$ の値を求めよ．

解答 **問1** (1) 公差 d の等差数列では，階差数列の各項はすべて d である．つまり，$\boldsymbol{b_n=d}$ である．

(2) $\boldsymbol{c_n}=ar^{(n+1)-1}-ar^{n-1}=\boldsymbol{a(r-1)r^{n-1}}$.

問2 $n\geqq 2$ のときは

$a_n=a_1+\displaystyle\sum_{k=1}^{n-1}(a_{k+1}-a_k)=2+\sum_{k=1}^{n-1}(3k+1)=2+3\cdot\dfrac{1}{2}(n-1)n+(n-1)$

$=\dfrac{3}{2}n^2-\dfrac{1}{2}n+1$

である．この式表示は，$n=1$ でも通用する（$a_1=\dfrac{3}{2}\cdot 1^2-\dfrac{1}{2}\cdot 1+1$ が $a_1=2$ により成立する）．よって，求める一般項は $\boldsymbol{a_n=\dfrac{3}{2}n^2-\dfrac{1}{2}n+1}$ である．

問3 (1) $\boldsymbol{a_1}=\displaystyle\sum_{k=1}^{1}a_k=3^1-1^2-1=\boldsymbol{1}$.

(2) $n\geqq 2$ のとき，

$a_n=\displaystyle\sum_{k=1}^{n}a_k-\sum_{k=1}^{n-1}a_k=(3^n-n^2-1)-(3^{n-1}-(n-1)^2-1)$

$=3\cdot 3^{n-1}-3^{n-1}-2n+1=2\cdot 3^{n-1}-2n+1$.

この式に $n=1$ を代入すると値は $2\cdot 3^{1-1}-2\cdot 1+1=1$ で，これは(1)の結果と一致する．よって，すべての n に対し，$\boldsymbol{a_n=2\cdot 3^{n-1}-2n+1}$.

問4 (1) $(\sqrt{k}+\sqrt{k+1})(\sqrt{k+1}-\sqrt{k})=(\sqrt{k+1})^2-(\sqrt{k})^2=(k+1)-k=1$ よりわかる．

(2) $S=(\sqrt{2}-\sqrt{1})+(\sqrt{3}-\sqrt{2})+\cdots+(\sqrt{100}-\sqrt{99})=\sqrt{100}-\sqrt{1}=\boldsymbol{9}$.

38　基本的な数列の組み合わせ

> **GUIDANCE**　センター試験では，等差数列・等比数列だけではなくて，それら
> を組み合わせて作ったやや複雑な数列も多く話題となっていた．基本事項が理
> 解できていれば，問題文の誘導に従って解き進められるものではあるが，ある
> 程度は事前にこのようなことに慣れておくのがよいだろう．

POINT 123　等差数列と等比数列の積による組み合わせ

$S=1\cdot r+2\cdot r^2+3\cdot r^3+\cdots+n\cdot r^n$ は次のように計算できる（ただし $r\neq1$ と
する）．

$$
\begin{array}{rl}
rS= & 1\cdot r^2+2\cdot r^3+\cdots\cdots+(n-1)\cdot r^n+n\cdot r^{n+1} \\
-)\quad S= & 1\cdot r+2\cdot r^2+3\cdot r^3+\cdots\cdots+n\cdot r^n \\
\hline
(r-1)S= & -1\cdot r-1\cdot r^2-1\cdot r^3-\cdots\cdots-1\cdot r^n\qquad+n\cdot r^{n+1}
\end{array}
$$

つまり $(r-1)S=-1(r+r^2+r^3+\cdots+r^n)+nr^{n+1}=-\dfrac{r(r^n-1)}{r-1}+nr^{n+1}$,

よって，$S=-\dfrac{r(r^n-1)}{(r-1)^2}+\dfrac{nr^{n+1}}{r-1}=\dfrac{nr^{n+2}-(n+1)r^{n+1}+r}{(r-1)^2}$ を得る．

1, 2, 3, $\cdots$, n は等差数列，r, r^2, r^3, $\cdots$, r^n は公比 r の等比数列である．
このように，等差数列の項と等比数列（公比 r）の項との積からなる数列の部
分和 S は，rS と S の差を考えると計算できる．

POINT 124　群数列

数列には，項をある方法でグループ分けすると，各グループごとに項が規則
性を持って並んでいるものがある．このような数列を群数列ということがある．
たとえば，数列 1, 1, 2, 1, 2, 3, 1, 2, 3, 4, 1, 2, 3, 4, 5, $\cdots$ は
$$\mid\ 1,\ \mid 1,\ 2,\mid 1,\ 2,\ 3,\mid 1,\ 2,\ 3,\ 4,\mid 1,\ 2,\ 3,\ 4,\ 5,\mid\cdots$$
　　　第1群　第2群　　第3群　　　　第4群　　　　　第5群　　　　$\cdots$
のようにグループ分けに従った規則性を持つ群数列だと考えられる．

群数列を研究する（たとえば一般項を求める）には，まずグループ分けの方
法を把握した上で，各グループにある項のうち特徴的なもの（最初のものや最
後のものなど）に注目するとよいことが多い．たとえば上記の例の群数列では，
第 m 群の最後の項は m で，それは数列全体では前から $(1+2+\cdots+m)$ 番目，
すなわち前から $\dfrac{m(m+1)}{2}$ 番目にある．だから，第 $(m+1)$ 群の最初の項（1

である）は数列全体では前から $\left(\dfrac{m(m+1)}{2}+1\right)$ 番目にある.

POINT 125 数列の項の番号のつけかえについて

やや複雑な数列の問題を解くときに，a_n について書かれた式をもとに a_{n+1} について書かれた式を作ったり，別の数列を $\{a_n\}$ から作ったりすることがある. このとき，式に現れる n に関する部分を，すべて書きかえなければならない.

● 「数列 $\{a_n\}$ が漸化式 $a_{n+1}=3a_n+n(n+3)$ をみたす」とき，n を $n+1$ に書きかえることにより，$a_{(n+1)+1}=3a_{n+1}+(n+1)((n+1)+3)$，つまり $a_{n+2}=3a_{n+1}+(n+1)(n+4)$ が一般に成り立つとわかる.

● 一般項が $a_n=3n^2-(-2)^n$ である数列 a_1, a_2, … の，偶数番目の項だけを選んで並べてできる数列を b_1, b_2, … とする. このとき，$\{b_n\}$ の一般項は
$$b_n=a_{2n}=3(2n)^2-(-2)^{2n}=3\cdot4n^2-((-2)^2)^n=12n^2-4^n$$
と表される.

EXERCISE 38 ●基本的な数列の組み合わせ

問1 $T=\displaystyle\sum_{k=1}^{n} k\cdot4^k$ の値を，$4T-T$ を計算することによって，n の式で表せ.

問2 数列 1, 1, 3, 1, 3, 5, 1, 3, 5, 7, … は前から第1群，第2群，… に分けられ，第 m 群には正の奇数が小さい順に m 個並んでいる.

(1) この数列に 25 がはじめて現れるのは第何項か.

(2) この数列の第1項から第100項までのすべての項の和を求めよ.

問3 数列 a_1, a_2, … は初項が3，公差が2の等差数列で，数列 b_1, b_2, … は初項が4，公差が3の等差数列である. この両方に現れる数を小さい順に並べた数列を c_1, c_2, … とする. $\{c_n\}$ の一般項を求めよ.

問4 「初項が $a_1=0$ で漸化式 $a_{n+1}=a_n+n$ $(n=1, 2, 3, \cdots)$ をみたす数列 $\{a_n\}$ の一般項を求めよ」という問題に，太郎さんは以下のように答えたが，誤っている. 誤りを指摘し，正しく解答せよ.

> $a_{n+1}=a_n+n$ より，$\{a_n\}$ は公差 n の等差数列である. だから，一般項は $a_n=a_1+(n-1)n=0+(n-1)n=(n-1)n$ である.

解答 **問1**
$$4T=1\cdot4^2+2\cdot4^3+\cdots+(n-1)\cdot4^n+n\cdot4^{n+1}$$
$$-)T=1\cdot4^1+2\cdot4^2+3\cdot4^3+\cdots+n\cdot4^n$$
$$\overline{3T=-1\cdot4^1-1\cdot4^2-1\cdot4^3-\cdots-1\cdot4^n+n\cdot4^{n+1}}$$

と計算して,

$$T = \frac{1}{3}\left(-1(4^1+4^2+4^3+\cdots+4^n)+n\cdot 4^{n+1}\right) = \frac{1}{3}\left(-\frac{4(4^n-1)}{4-1}+n\cdot 4^{n+1}\right)$$

$$= \frac{1}{9}\left((3n-1)4^{n+1}+4\right)$$

を得る.

問2 (1) 25 は 13 番目に小さい正の奇数だから, 第 13 群の最後の項がはじめて現れる 25 である. それは $1+2+\cdots+13=\frac{1}{2}\times 13\times 14=91$ より, **第 91 項**である.

(2) 第 1 群から第 13 群までと, 第 14 群の $(100-91=)$ 9 項で, 100 項になる. 第 m 群の項の総和は $1+\cdots+(2m-1)=\frac{1}{2}\cdot(1+(2m-1))\cdot m=m^2$ なので, 求める和は $1^2+2^2+\cdots+13^2+(1+3+5+7+9+11+13+15+17)$

$$= \frac{1}{6}\cdot 13\cdot 14\cdot 27+81 = \mathbf{900}\ \text{である}.$$

問3 数列 $\{a_n\}$ は 3, 5, <u>7</u>, 9, 11, <u>13</u>, 15, 17, <u>19</u>, … で,
数列 $\{b_n\}$ は 4, <u>7</u>, 10, <u>13</u>, 16, <u>19</u>, … であるから,
$\{c_n\}$ は初項 7, 公差 6 (これは 2 と 3 の最小公倍数) の等差数列だとわかる. よって, $\{c_n\}$ の一般項は $c_n=7+(n-1)\cdot 6=\mathbf{6n+1}$.

問4 漸化式 $a_{n+1}=a_n+n$ において, 右辺の「$+n$」は項の番号 n によって変化する. たとえば $a_2=a_1+1$, $a_3=a_2+2$, $a_4=a_3+3$, … のようになっている. だから, 「$+n$」は一定値ではなく, 数列の公差だとはいえず, $\{a_n\}$ は等差数列ではない. 正しくは, $\{a_n\}$ の階差数列の一般項が $a_{n+1}-a_n=n$ であることを用いて, 以下のように考えればよい.

> $n\geqq 2$ に対して
> $$a_n=a_1+\sum_{k=1}^{n-1}(a_{k+1}-a_k)=0+\sum_{k=1}^{n-1}k=0+\frac{1}{2}(n-1)n=\frac{1}{2}(n-1)n,$$
> この結果の式に $n=1$ を代入すると $\frac{1}{2}(1-1)\cdot 1=0$ となりこれは $a_1=0$ と等しい. よって, すべての自然数 n に対して $a_n=\frac{1}{2}(n-1)n$ である.

➕PLUS **問4** の太郎さんは「n を一定の値を持つもののようにかんちがいした」ために, 「$a_{n+1}=a_n+n$ を等差数列の漸化式だとかんちがいした」のですが, このように式が一定値のものなのか変動するものなのかをとりちがえて, 形の類似だけ見て公式や定理を誤って適用してしまう誤りはよく見られます. 注意しましょう.

39 基本的な漸化式の解法

GUIDANCE 高校生がノーヒントで解けなければならない漸化式は 4 タイプある．うち 3 つはここまでで既述．残りの 1 つ（隣接 2 項間定数係数線型漸化式）の解き方はいくつかあり，複数の解法を考察する問題が，試行調査で出題されたこともある．

まずは基本タイプの漸化式の解法をおさえて，THEME 40 でより複雑な漸化式を考えよう．

POINT **126** 基本的な漸化式

与えられた漸化式をもとに数列の一般項を求めることを，**漸化式を解く**という．どんな漸化式でも解ける（一般項をきれいな式で表せる）わけではない．その中で，次の 4 つのタイプの漸化式の解き方は理解しやすい．

〔1〕 $a_{n+1}=a_n+d$（d は定数）．初項を $a_1=a$ とすると，$\{a_n\}$ は初項 a，公差 d の等差数列だから，一般項は $a_n=a+(n-1)d$．

〔2〕 $a_{n+1}=ra_n$（r は定数）．初項を $a_1=a$ とすると，$\{a_n\}$ は初項 a，公比 r の等比数列だから，一般項は $a_n=ar^{n-1}$．

〔3〕 $a_{n+1}=a_n+f(n)$（f は関数）．$a_{n+1}-a_n=f(n)$ だから，$\{a_n\}$ は数列 $f(1)$, $f(2)$, $\cdots$, $f(n)$, $\cdots$ を階差数列とする．よって，$n\geqq2$ に対して

$$a_n=a_1+\left(f(1)+f(2)+\cdots+f(n-1)\right)=a_1+\sum_{k=1}^{n-1}f(k)$$ である．$\sum_{k=1}^{n-1}f(k)$ が簡単に求まる場合は，$\{a_n\}$ の一般項がこうして求まる．

〔4〕 $a_{n+1}=Ka_n+L$（K, L は定数）．この解法は POINT 127 で．

POINT **127** 隣接 2 項間定数係数線型漸化式

漸化式 $a_{n+1}=Ka_n+L$（K, L は定数）をみたす数列 a_1, a_2, $\cdots$ の一般項は，次のようにして求められる．なお，〈解法 1〉は $K=1$ のときには使えないが，そのときは POINT 126〔1〕と同じタイプなので，困らない．以下 $a_1=a$ とする．

〈解法 1〉 x の方程式 $x=Kx+L$ を立てて解く．この解を $x=\alpha$ とすると，$\alpha=K\alpha+L$ が成り立つ．この等式と漸化式 $a_{n+1}=Ka_n+L$ とで辺々引き算を行うと，等式
$$a_{n+1}-\alpha=K(a_n-\alpha)$$

$$\begin{array}{r}a_{n+1}=Ka_n\quad+L\\-)\quad\alpha=K\alpha\quad+L\\\hline a_{n+1}-\alpha=K(a_n-\alpha)\end{array}$$

を得る．これがすべての番号 n について成り立つので，数列
$$a_1-\alpha,\ a_2-\alpha,\ \cdots,\ a_n-\alpha,\ a_{n+1}-\alpha,\ \cdots,$$
が初項 $a_1-\alpha=a-\alpha$，公比 K の等比数列であり，したがって，その一般項が
$$a_n-\alpha=K^{n-1}(a-\alpha)$$
であることがわかる．よって，$a_n=K^{n-1}(a-\alpha)+\alpha$ である．

〈解法2〉 $a_{n+1}=Ka_n+L$ の番号をつけか
えて，$a_{n+2}=Ka_{n+1}+L$ も常に成り立つと
わかる．この2つの等式を辺々引き算して，
等式

$$
\begin{array}{r}
a_{n+2}=Ka_{n+1}\qquad +L \\
-)\quad a_{n+1}=Ka_n\qquad +L \\
\hline
a_{n+2}-a_{n+1}=K(a_{n+1}-a_n)
\end{array}
$$

$$a_{n+2}-a_{n+1}=K(a_{n+1}-a_n)$$
を得る．これがすべての番号 n について成り立つので，$\{a_n\}$ の階差数列
$$a_2-a_1,\ a_3-a_2,\ \cdots,\ a_{n+1}-a_n,\ a_{n+2}-a_{n+1},\ \cdots$$
が初項 a_2-a_1（この値は $a_1=a$ と $a_2=Ka_1+L$ から求められる），公比 K の
等比数列であるとわかる．よって，$a_{n+1}-a_n=K^{n-1}(a_2-a_1)$ である．こうして $\{a_n\}$ の階差数列がわかったので，部分和を計算して $\{a_n\}$ の一般項が求まる．

〈解法3〉 $a_2=Ka_1+L=Ka+L$,

$a_3=Ka_2+L=K(Ka+L)+L=K^2a+(K+1)L$,

$a_4=Ka_3+L=K\big(K^2a+(K+1)L\big)+L=K^3a+(K^2+K+1)L$,

$a_5=Ka_4+L=K\big(K^3a+(K^2+K+1)L\big)+L$

$\quad=K^4a+(K^3+K^2+K+1)L$,

と具体的な計算をしてみると，$n\geqq2$ に対して
$a_n=K^{n-1}a+(K^{n-2}+K^{n-3}+\cdots+K+1)L$ が見てとれる．数学的帰納法
（THEME 42）などによる証明は必要だが，この観察は正しい．あとは等比数列の和 $K^{n-2}+K^{n-3}+\cdots+K+1$ を計算すればよい．

EXERCISE 39 ●基本的な漸化式の解法

問1 初項が $a_1=1$ で，漸化式 $a_{n+1}=3a_n+8$（$n=1,\ 2,\ 3,\ \cdots$）で定められる数列 $a_1,\ a_2,\ \cdots$ の一般項を，POINT 127 の3通りの解法を用いて解け．
問2 初項を $a_1=-2$ として，漸化式 $a_{n+1}=4a_n+6$（$n=1,\ 2,\ 3,\ \cdots$）を解け．

解答 **問1** 〈解法1〉 $a_{n+1}=3a_n+8$ と $-4=3\cdot(-4)+8$ を辺々引き算して，
すべての番号 n に対して $a_{n+1}+4=3(a_n+4)$ が成り立つとわかる．よって，

数列 a_1+4, a_2+4, $\cdots$ は初項が $a_1+4=1+4=5$ で公比が 3 の等比数列である．したがって，一般に $a_n+4=5\cdot3^{n-1}$．ゆえに，$\boldsymbol{a_n=5\cdot3^{n-1}-4}$．

〈解法 2 〉 $a_{n+2}=3a_{n+1}+8$ と $a_{n+1}=3a_n+8$ を辺々引き算して，すべての番号 n に対して $a_{n+2}-a_{n+1}=3(a_{n+1}-a_n)$ が成り立つとわかる．よって，$\{a_n\}$ の階差数列は初項 $a_2-a_1=(3\cdot1+8)-1=10$，公比 3 の等比数列である．ゆえに，$n\geqq2$ に対して

$$a_n=a_1+\sum_{k=1}^{n-1}(a_{k+1}-a_k)=1+\sum_{k=1}^{n-1}10\cdot3^{k-1}=1+\frac{10(3^{n-1}-1)}{3-1}=5\cdot3^{n-1}-4.$$

この結果は $n=1$ にも通用する式なので，すべての番号 n に対して $\boldsymbol{a_n=5\cdot3^{n-1}-4}$ である．

〈解法 3 〉 $n\geqq2$ に対して

$$\boldsymbol{a_n}=3^{n-1}\cdot1+(3^{n-2}+3^{n-3}+\cdots+3+1)\cdot8=3^{n-1}+\frac{1(3^{n-1}-1)}{3-1}\cdot8$$

$$=\boldsymbol{5\cdot3^{n-1}-4}.$$

この結果は $n=1$ にも通用する．ただし，これでよいことの証明は別に必要になる．

問 2 $a_{n+1}+2=4(a_n+2)$ $(n=1,\ 2,\ 3,\ \cdots)$ なので，数列 a_1+2, a_2+2, $\cdots$ は初項が $a_1+2=-2+2=0$，公比が 4 の等比数列，つまり「すべての項が 0 」という数列である．よって，つねに $a_n+2=0$ で，$\boldsymbol{a_n=-2}$ が一般項である．

✚ PLUS $a_{n+1}=Ka_n+L$ を，POINT 128 の〈解法 1 〉のように式変形する解法もあります．

40　いろいろな漸化式の解法

GUIDANCE　一見，解けそうもないほど複雑な漸化式が，式の変形のテクニック（新しい数列を作ることを含む）により解けることがある．センター試験ではそのような漸化式を，問題文の誘導に従って解く問題が多く出題されていた．式変形の方針はすべてヒントとして教えてもらえるので，複雑な解法を暗記する必要はない．しかし，その発想や式変形に慣れておく必要はある．

POINT 128　数列の変形(1)：n の指数関数で割る

漸化式 $a_{n+1}=Ka_n+L\cdot M^n$ …①（K, L, M は定数で $K\neq0$, $M\neq0$）を解くには，a_n から新しい数列を作って漸化式を書き直すとよい．

方針が2つある．

〈解法1〉　①の両辺を K^{n+1} で割る．$\dfrac{a_{n+1}}{K^{n+1}}=\dfrac{a_n}{K^n}+\dfrac{L}{K}\cdot\left(\dfrac{M}{K}\right)^n$ を得る．そこで

数列 $\{b_n\}$ を $b_n=\dfrac{a_n}{K^n}$ により定めると，①は $b_{n+1}=b_n+\dfrac{L}{K}\cdot\left(\dfrac{M}{K}\right)^n$ と変形できる．これは $\{b_n\}$ の階差数列が等比数列になっていることを示している．よって，$\{b_n\}$ の一般項を部分和の計算により求められる．そして $a_n=K^n b_n$ により，$\{a_n\}$ の一般項を得る．

〈解法2〉　①の両辺を M^{n+1} で割る．$\dfrac{a_{n+1}}{M^{n+1}}=\dfrac{K}{M}\cdot\dfrac{a_n}{M^n}+\dfrac{L}{M}$ を得る．そこで

数列 $\{c_n\}$ を $c_n=\dfrac{a_n}{M^n}$ により定めると，①は $c_{n+1}=\dfrac{K}{M}c_n+\dfrac{L}{M}$ と変形できる．これは POINT 127 のタイプの漸化式で，解いて $\{c_n\}$ の一般項を求められる．そして $a_n=M^n c_n$ により，$\{a_n\}$ の一般項を得る．

POINT 129　数列の変形(2)：n の多項式を引く

漸化式 $a_{n+1}=Ka_n+G(n)$ …②（K は1でない定数，$G(n)$ は n の多項式）については，$G(n)$ をうまく2つの多項式の和に分けその一方を移項し，②を，$a_{n+1}-F(n+1)=K(a_n-F(n))$（ただし $F(n)$ は n の多項式）と変形できる．こうなれば，新しい数列 $\{b_n\}$ を $b_n=a_n-F(n)$ により定めれば，$\{b_n\}$ が公比 K の等比数列となるので一般項が求められ，さらに $a_n=b_n+F(n)$ が求められる．$F(n)$ は，$G(n)$ と同じ次数のものを探せばよい．

漸化式 $a_{n+1} = \dfrac{pa_n + q}{ra_n + s}$ $\cdots$③（p, q, r, s は定数で $ps - qr \neq 0$）については，

ある定数 α, β, γ, δ をうまく用意して，新しい数列 $\{b_n\}$ を

$b_n = \dfrac{\alpha a_n + \beta}{\gamma a_n + \delta}$ $\cdots$★ で定めると，★を用いて③を b_{n+1} と b_n に関する簡明な等

式に変形できることが知られている．これを $\{b_n\}$ についての漸化式と見て $\{b_n\}$

の一般項を得る．それと★を組み合わせて，$\{a_n\}$ の一般項を得る．α, β, γ, δ

の見つけ方は高校生は知らなくてもよい．ヒントとして指示されるはずだ．

このほか，「$b_n = \log_{10} a_n$ とおく」などが有効になることもある．

EXERCISE 40 ●いろいろな漸化式の解法

問1 初項を $a_1 = 6$ として，漸化式 $a_{n+1} = 3a_n - 2^n$ $\cdots$① （$n = 1$, 2, $\cdots$）

を POINT 128 の解法で解け．

問2 初項を $a_1 = 9$ として，漸化式 $a_{n+1} = 2a_n - 3n + 1$ $\cdots$② （$n = 1$, 2,

$\cdots$）が定める数列 $\{a_n\}$ を考える．

(1) n の1次式 $f(n)$ で，② $\Longleftrightarrow a_{n+1} - f(n+1) = 2(a_n - f(n))$ $\cdots$②′

となるものを見つけよ．

(2) (1)で見つけた $f(n)$ を用いて，$\{a_n\}$ の一般項を求めよ．

問3 初項を $a_1 = 3$ として，漸化式 $a_{n+1} = \dfrac{11a_n - 18}{6a_n - 10}$ $\cdots$③ （$n = 1$, 2, 3,

$\cdots$）が定める数列 $\{a_n\}$ を考える．

(1) $b_n = \dfrac{2a_n - 3}{a_n - 2}$ （$n = 1$, 2, 3, $\cdots$）により数列 $\{b_n\}$ を定める．③をもと

にして，b_{n+1} と b_n の関係を表す式を作れ．

(2) $\{a_n\}$ の一般項を求めよ．

解答 **問1** 〈解法1〉 ①は $\dfrac{a_{n+1}}{3^{n+1}} = \dfrac{a_n}{3^n} - \dfrac{1}{3} \cdot \left(\dfrac{2}{3}\right)^n$ と変形できる．

$b_n = \dfrac{a_n}{3^n}$ とおくと，$\{b_n\}$ は初項 $b_1 = \dfrac{a_1}{3^1} = \dfrac{6}{3} = 2$ で階差数列の一般項が

$b_{n+1} - b_n = -\dfrac{1}{3} \cdot \left(\dfrac{2}{3}\right)^n$ で与えられるとわかる．よって，$n \geqq 2$ に対し

$$b_n = 2 - \dfrac{1}{3}\left(\left(\dfrac{2}{3}\right)^1 + \left(\dfrac{2}{3}\right)^2 + \cdots + \left(\dfrac{2}{3}\right)^{n-1}\right) = \dfrac{4}{3} + \left(\dfrac{2}{3}\right)^n$$

であり，この結果の式表示は $n=1$ にも通用する．よって，すべての自然数 n に対し $b_n=\dfrac{4}{3}+\left(\dfrac{2}{3}\right)^n$，ゆえに，$\boldsymbol{a_n}=3^n b_n=3^n\left(\dfrac{4}{3}+\left(\dfrac{2}{3}\right)^n\right)=\boldsymbol{4\cdot 3^{n-1}+2^n}$ である．

〈解法2〉 ①は $\dfrac{a_{n+1}}{2^{n+1}}=\dfrac{3}{2}\cdot\dfrac{a_n}{2^n}-\dfrac{1}{2}$ と変形できる．

　　$c_n=\dfrac{a_n}{2^n}$ とおくと，$\{c_n\}$ は初項 $c_1=\dfrac{a_1}{2^1}=\dfrac{6}{2}=3$ で漸化式 $c_{n+1}=\dfrac{3}{2}c_n-\dfrac{1}{2}$，

すなわち $c_{n+1}-1=\dfrac{3}{2}(c_n-1)$ をみたす．よって，すべての自然数 n に対し

$$c_n=\left(\dfrac{3}{2}\right)^{n-1}(c_1-1)+1=\left(\dfrac{3}{2}\right)^{n-1}\cdot 2+1,$$

　　ゆえに，$\boldsymbol{a_n}=2^n c_n=2^n\left(\left(\dfrac{3}{2}\right)^{n-1}\cdot 2+1\right)=\boldsymbol{4\cdot 3^{n-1}+2^n}$ である．

問2 (1) $f(n)=An+B$ として定数 A,B を探す．

　　この等式と $f(n+1)=A(n+1)+B$ を②′に代入すると
$$a_{n+1}-\bigl(A(n+1)+B\bigr)=2\bigl(a_n-(An+B)\bigr),$$
すなわち $a_{n+1}=2a_n-An+(A-B)$ となる．これと②を見比べ，$-A=-3$ かつ $A-B=1$，つまり $A=3$ かつ $B=2$，すなわち $\boldsymbol{f(n)=3n+2}$，とすればよいとわかる．

(2) ②′より，数列 $a_1-f(1),\ a_2-f(2),\ \cdots$ は初項 $a_1-f(1)=9-5=4$，公比 2 の等比数列とわかる．よって，すべての自然数 n に対し，
$$a_n-f(n)=4\cdot 2^{n-1}=2^{n+1},\quad \text{ゆえに，}\ \boldsymbol{a_n}=2^{n+1}+f(n)=\boldsymbol{2^{n+1}+3n+2}\ \text{である．}$$

問3 (1)
$$b_{n+1}=\dfrac{2a_{n+1}-3}{a_{n+1}-2}=\dfrac{2\cdot\dfrac{11a_n-18}{6a_n-10}-3}{\dfrac{11a_n-18}{6a_n-10}-2}=\dfrac{2(11a_n-18)-3(6a_n-10)}{(11a_n-18)-2(6a_n-10)}$$

$$=\dfrac{4a_n-6}{-a_n+2}=-2\cdot\dfrac{2a_n-3}{a_n-2}=\boldsymbol{-2b_n}.$$

(2) (1)より，$\{b_n\}$ は初項 $b_1=\dfrac{2a_1-3}{a_1-2}=\dfrac{2\cdot 3-3}{3-2}=3$，公比 -2 の等比数列である．よって，すべての自然数 n に対し $b_n=3\cdot(-2)^{n-1}$．一方，$b_n=\dfrac{2a_n-3}{a_n-2}$ を a_n について解くと $a_n=\dfrac{2b_n-3}{b_n-2}$ なので，$\{a_n\}$ の一般項は

$$\boldsymbol{a_n}=\dfrac{2\cdot 3\cdot(-2)^{n-1}-3}{3\cdot(-2)^{n-1}-2}=\boldsymbol{\dfrac{6\cdot(-2)^{n-1}-3}{3\cdot(-2)^{n-1}-2}}.$$

41 漸化式を立てる

🏛 **GUIDANCE** 　場合の数や図形の個数を考える問題で，求める数量が数列の項に
なることがある．このとき，数列のみたす漸化式を立てるとうまく答えが出る
ことがある．この漸化式は解ける（一般項が求まる）とは限らないが，番号の
若い項から順に項の値を計算することはできるので，それで十分なことも多い．
　漸化式を立てる問題はセンター試験でもときどき出題されていたし，2021 年
度共通テスト（第 2 日程）でもあった．立式のコツはつかんでおきたい．

POINT **131** 数列の応用と漸化式

　問題文中に「一般の自然数 n」が含まれている問題で，求める数量を a_n とお
くと，$n=1$ のときの答え a_1，$n=2$ のときの答え a_2，… というように，数列
a_1, a_2, … ができる．この数列の一般項を求められれば，問題が解決したこと
になる．

　また，特定の自然数 N があり「$n=N$ のときの答え a_N」だけを求めるとき
にも，数列 a_1, a_2, … を考えるのが有益であることもある．

　このような応用問題に向かうときに，漸化式を立てる試みはしばしば有効で
ある．それは，ある n の値での状況を，その値がより少ない状況（$n-1$ のとき
など）を基として考えられることが多いからである．漸化式が立てば（たとえ
それが解けないとしても初項から順に項の値を求めていけば）求める数量を求め
られる．

POINT **132** 図形の個数と漸化式

　n 本の直線（ただしどの 2 本も平行でなく，3 本以
上が 1 点で交わることはないとする）が平面上にある
とき，直線の交点の個数を a_n とすると，$a_1=0$, $a_2=1$,
$a_3=3$, $a_4=6$, … という数列ができる．ここで，直線
が n 本あるところに新たに直線を 1 本追加して計
$(n+1)$ 本にすることを考えると，交点ははじめ a_n 個

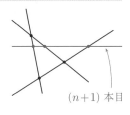

$(n+1)$ 本目

あり，それが n 個（古い直線 n 本と新しい直線との交点の個数）増えて a_{n+1} 個
になるとわかる．だから，漸化式 $a_{n+1}=a_n+n$ が立つ．

　このように，図形を増減させたときの状況の変化を考察して，漸化式を立て
られることがある．

POINT **133** 場合の数と漸化式

　一般の自然数 n を含む状況で，一種類，または何種類かの場合の数 a_n, b_n, $\cdots$ を考えるとき，「a_{n+1}, b_{n+1}, $\cdots$ が a_n, b_n, $\cdots$ や n の式によって表される」ことがある．このときは漸化式を立てられる．樹形図をかくと，このようなしくみを説明しやすいことが多い．「a_n 本ある枝のそれぞれから次の枝が 3 本ずつ生え，b_n 本ある枝からはそれぞれ 2 本ずつ…」などのように．

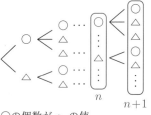

○の個数が a_n の値
△の個数が b_n の値

POINT **134** 確率と漸化式

　同じ試行を繰り返して行うとき，$(n+1)$ 回目にある事象が起こる確率が，その直前，つまり n 回目にその事象が起こったか起こらなかったかだけより決まることがある．このとき，n 回目にその事象が起こる確率を p_n とすると，$p_{n+1}=(p_n$ の式$)$ という漸化式が立てられる．

EXERCISE 41 ●漸化式を立てる

問 1　平面上に n 個の点があり，どの 3 点も同一直線上にはないとする．このうちの 3 点を頂点としてできる三角形の個数を a_n とする．以下の空欄を適切に補え：$n \geqq 3$ に対して，漸化式 $a_{n+1}=a_n+\boxed{}$ が成り立つ．

問 2　A，B という文字をいくつか（A，B どちらかが 0 個でもよい）用いて左から右へ並べ，n 文字の列を作る（ただし $n \geqq 1$）．このとき，B を 2 個以上連続して並べてはならないとして，可能な並べ方のうちはじめの文字が A であるものの総数を a_n，B であるものの総数を b_n とする．

(1)　2 つの漸化式 $a_{n+1}=a_n+b_n$, $b_{n+1}=a_n$ $(n=1, 2, 3, \cdots)$ が成り立つ．その理由を説明せよ．

(2)　$n=5$ のときに，可能な並べ方が何通りあるか，求めよ．

問 3　花子さんはピアノを練習する日と練習しない日がある．練習した日の翌日に練習する確率は $\dfrac{1}{4}$，練習しない確率は $\dfrac{3}{4}$ である．一方，練習しない日の翌日は必ず練習する．ある日，花子さんはピアノを練習した．この日を 1 日目と数えて，花子さんが n 日目にピアノを練習する確率を求めよ．

解答　問1　もともと n 個の点があったところに新しい点を1つつけ加えると，もともと a_n 個あった三角形に，新たに ${}_nC_2$ 個（古い n 個の点から2つを選び，新しい1点と合わせて三角形を作る）の三角形が増えて，a_{n+1} 個になる．よって，

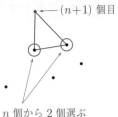

$\leftarrow (n+1)$ 個目

n 個から2個選ぶ

$$a_{n+1} = a_n + {}_nC_2 = a_n + \frac{n(n-1)}{2}$$ が成り立つ．

（注：$a_n = {}_nC_3$ と直接考えることもできる問題であった．）

問2　(1)　全部で $(n+1)$ 文字並べるとする．はじめにAを置くと，2文字目はAでもBでもよく，そのあとそれぞれ a_n 通り，b_n 通りの並べ方がある．よって，$a_{n+1} = a_n + b_n$ である．一方，はじめにBを置くと，2文字目はAしか置けず，そのあと a_n 通りの並べ方がある．よって，$b_{n+1} = a_n$ である．

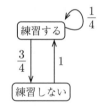

$$
\begin{array}{l}
\text{A} \left\langle \begin{array}{l} \text{A} \cdots a_n \text{通り} \\ \text{B} \cdots b_n \text{通り} \end{array} \right. \\
\text{B} \text{—} \text{A} \cdots a_n \text{通り}
\end{array}
$$

n 文字

$n+1$ 文字

(2)　求めるものは $a_5 + b_5$ の値である．$(a_1, b_1) = (1, 1)$ から漸化式を用いて順に $(a_2, b_2) = (2, 1)$，$(a_3, b_3) = (3, 2)$，$(a_4, b_4) = (5, 3)$，$(a_5, b_5) = (8, 5)$ が得られる．よって，$a_5 + b_5 = 8 + 5 = 13$．
答えは **13通り**．

問3　花子さんが n 日目にピアノを練習する確率を p_n とする．

1日目は練習しているから，$p_1 = 1$ である．次に，「$(n+1)$ 日目に練習する」という事象は，「n 日目に練習し $(n+1)$ 日目にも練習する」，「n 日目に練習せず $(n+1)$ 日目には練習する」という2つの排反な事象

練習する　$\frac{1}{4}$

$\frac{3}{4}$　1

練習しない

の和事象だから，$p_{n+1} = p_n \cdot \dfrac{1}{4} + (1 - p_n) \cdot 1 \ (n = 1, 2, 3, \cdots)$ が成り立つ．すなわち，$n = 1, 2, 3, \cdots$ に対して $p_{n+1} - \dfrac{4}{7} = -\dfrac{3}{4}\left(p_n - \dfrac{4}{7}\right)$ が成り立つ．以上より，数列 $\{p_n\}$ の一般項として，$p_n = \dfrac{4}{7} + \dfrac{3}{7} \cdot \left(-\dfrac{3}{4}\right)^{n-1}$ を得る．

➕PLUS　うまく漸化式を立てるのは，頭の体操としても楽しいと思います．そして，立てた漸化式から得られる結果も，ほかの方法ではまったくたどりつけそうもない鮮やかなものです．

42　数学的帰納法

> **GUIDANCE**　一列に並んだ命題 P_1, P_2, $\cdots$, P_n, $\cdots$ をすべて証明する手法の 1
> つが数学的帰納法である．教科書や共通テストでは数列の単元の内容とされる
> が，本来は数学的帰納法は数学のすべての分野に現れる重要な論法である．
>
> 　共通テストのことを考えると，数学的帰納法を用いて数列の等式や不等式を
> 示せるようになるだけではなく，数学的帰納法の原理自体をよく理解するのが
> よい．

POINT 135　数学的帰納法

　一列に（無限に）並んだ命題 P_1, P_2, $\cdots$, P_n, $\cdots$ をすべて証明する手法の 1
つが数学的帰納法である．次の 2 つのことが証明できれば，数学的帰納法によ
って，P_1, P_2, $\cdots$, P_n, $\cdots$ のすべてが証明されたものと考える．

　<u>Step 1</u>　P_1 は真である．

　<u>Step 2</u>　（どの番号 n についても）P_n が真だと仮定すれば，P_{n+1} が真だと結
　　　　　論できる．

　教科書などでは，証明したい命題 P_1, P_2, $\cdots$ それぞれに個別の名前をつけ
ず「$2n^2 \geqq n+1$ $\cdots$①」のように表して，「命題 P_k」を「$n=k$ のときの①」の
ように呼ぶことがある．このときは数学的帰納法で示すべきことは

　<u>Step 1′</u>　$n=1$ のとき①は真である．

　<u>Step 2′</u>　（どの番号 k についても）$n=k$ のときに①が真だと仮定すれば，
　　　　　　 $n=k+1$ のときにも①が真だと結論できる．

などと表現される．

POINT 136　数列と数学的帰納法

　数列 a_1, a_2, $\cdots$, a_n, $\cdots$ があり，その各項についての命題 P_1, P_2, $\cdots$, P_n,
$\cdots$ が作られている，という状況では，数学的帰納法を用いて P_1, P_2, $\cdots$, P_n,
$\cdots$ をすべて証明できることがある．命題の形式には

- 　等式：　　　　たとえば「$a_n = n(n+1)(n+2)$ である」
- 　不等式：　　　たとえば「$0 < a_n \leqq 3n^2$ である」
- 　数式ではない：たとえば「a_n は 3 の倍数である」

などがある．どの場合も，P_n（a_n に関する命題）の成立を仮定して，それをも
とに P_{n+1}（a_{n+1} に関する命題）の成立を結論づけることになる．このとき，数

列 $\{a_n\}$ が漸化式 ($a_{n+1}=(a_n$ の式) の形のもの) をみたしていれば，これを利用するのがよいことが多い．

EXERCISE 42 ●数学的帰納法

問 1 POINT 135 で説明した Step 1，Step 2 を示せれば，無限個の命題 P_1，P_2，$\cdots$，P_n，$\cdots$ がすべて証明できたことになる理由を，以下のように説明した．空欄に適切な言葉を補え．

Step 1，Step 2 を示したとする．P_1，P_2，P_3，$\cdots$ のうちで真でないものがあると仮定して矛盾を導き，$\boxed{\text{ア}}$ によって，P_1，P_2，P_3，$\cdots$ がすべて真であると示す．

「P_1，P_2，P_3，$\cdots$ のうちで真でないもののうち，番号が最小のものを P_N とする」$\cdots$★．$N>1$ である．それは $\boxed{\text{イ}}$ からである．

したがって，$N-1\geqq1$ なので，命題 P_{N-1} が存在する．そこで P_{N-1} の真偽で場合分けして，

P_{N-1} が真だと仮定すると　　　→ Step 2 により $\boxed{\text{ウ}}$ になる

P_{N-1} が真でないと仮定すると → N より $\boxed{\text{エ}}$ 番号を持つ命題 P_{N-1}
　　　　　　　　　　　　　　　　　　が真でない

と考えると，どちらの場合でも P_N の定め方★に矛盾する．

問 2 数列 a_1，a_2，$\cdots$ を $a_1=\dfrac{1}{2}$，$a_{n+1}=\dfrac{2n+1}{4n-2}a_n$ $(n=1,\ 2,\ \cdots)$ で定める．この数列の一般項が $a_n=\dfrac{2n-1}{2^n}$ $\cdots$① で与えられることを，数学的帰納法により証明せよ．

問 3 数列 $\{a_n\}$，$\{b_n\}$ を $a_n=2^n$，$b_n=n^2$ $(n=1,\ 2,\ \cdots)$ で定める．$n\geqq5$ であれば $a_n>b_n$ $\cdots$② であることを，数学的帰納法により証明せよ．

問 4 任意の自然数 n に対して「5^n を 4 で割った余りは 1 である　$\cdots$③」ことを，数学的帰納法を用いて証明せよ．

解答 **問 1** ア：背理法　イ：Step 1 で P_1 は真だと示している
ウ：P_N は真であること　エ：小さい

問 2 Step 1 $a_1=\dfrac{1}{2}$，$\dfrac{2\cdot1-1}{2^1}=\dfrac{1}{2}$ で両者は等しいから，$n=1$ のとき①は真．

Step 2 $n=k$ のとき①が真，すなわち $a_k=\dfrac{2k-1}{2^k}$ だと仮定する．このとき

$$a_{k+1} = \frac{2k+1}{4k-2}a_k = \frac{2k+1}{2(2k-1)} \cdot \frac{2k-1}{2^k} = \frac{2k+1}{2^{k+1}} = \frac{2(k+1)-1}{2^{k+1}}$$

であるから，$n=k+1$ のときも①が真である．

Step 1，Step 2 より，証明が完了した．

問 3 Step 1 $a_5 = 2^5 = 32$, $b_5 = 5^2 = 25$ で，$32 > 25$ だから，$n=5$ のとき②は真．

Step 2 $k \geqq 5$ として，$n=k$ のとき②が真，すなわち $a_k > b_k$ だと仮定する．

このとき

$$\begin{aligned}
a_{k+1} = 2^{k+1} = 2 \cdot 2^k = 2a_k &> 2b_k = 2k^2 \\
&= (k^2+2k+1)+k^2-2k-1 \\
&= (k+1)^2+(k-1)^2-2 \\
&\geqq (k+1)^2+(5-1)^2-2 \\
&= b_{k+1}+14 \\
&> b_{k+1}
\end{aligned}$$

である（仮定 $a_k > b_k$ と，$k \geqq 5$ のとき $(k-1)^2 \geqq (5-1)^2$ であることを用いた）．

よって，$n=k+1$ のときも②が真である．

Step 1，Step 2 より，$n \geqq 5$ をみたすすべての n について，②が真だと示せた．

問 4 Step 1 $5^1 = 5$ を 4 で割ると（商は 1 で）余りは 1 だから，$n=1$ のとき③は真．

Step 2 $n=k$ のとき③が真だと仮定する．このとき，5^k を $5^k = 4t+1$ と表せる整数 t がとれる．この t に対して，

$$5^{k+1} = 5 \cdot 5^k = 5(4t+1) = 20t+5 = 4(5t+1)+1$$

と表せる．したがって，5^{k+1} を 4 で割ると（商は $5t+1$ で）余りは 1 である．

よって，$n=k+1$ のときも③が真である．

Step 1，Step 2 より，証明が完了した．

➕PLUS **問 4** には数列は表立って現れていませんが，一般項が $a_n = 5^n$ である数列，つまり初項 5，公比 5 の等比数列を扱っているともいえます．すると，証明の Step 2 に登場した「$5^{k+1} = 5 \cdot 5^k$」という計算は，漸化式 $a_{k+1} = 5a_k$ のことだとも見られます．だからこの計算が，k 番目でのことをもとに $(k+1)$ 番目のことを考えよう……という，数学的帰納法を用いるのに有効だったのです．

THEME 39, 40 で, 数列 $\{a_n\}$ のみたす漸化式を解くために, $\{a_n\}$ をもとにして新しい数列 $\{b_n\}$ を作り, この $\{b_n\}$ がわかりやすい漸化式をみたすので一般項が求まり, それをもとにして $\{a_n\}$ の一般項を求めることを考えた. 数学の現場では「どのような $\{b_n\}$ を作るとうまくいくか?」を考えるのが大きな仕事だが, 共通テストでは何かしらのヒントが与えられるだろう. 問題文に指示された「新しい数列を作る考え方」を正しく理解することがまず第一. そして, 新しい数列の一般項から古い (もとの) 数列の一般項を復元する計算ができることも大切である.

例として, 数列 a_1, a_2, $\cdots$ が $a_1=0$ と $na_{n+1}=(n+2)(a_n+1)$ $\cdots$① ($n=1$, 2, $\cdots$) をみたしている状況を考えよう. ①は $a_{n+1}=\cdots$ の形をしていないが, 両辺を n で割ると $a_{n+1}=\dfrac{n+2}{n}(a_n+1)$ となるから, これも漸化式であり, a_1 の値をもとに順次 a_2, a_3, $\cdots$ の値が定まる.

さて, この $\{a_n\}$ の一般項をノーヒントで求めるのは難しいが, 共通テストであれば「$b_n=\dfrac{a_n}{(n+1)n}$ とおく」と問題文に書かれることだろう. これがあればなんとかなる.

1) まず, 与えられた「もとの数列と新しい数列の関係式 $b_n=\dfrac{a_n}{(n+1)n}$」を, a_n について解く. つまり, $a_n=(n+1)nb_n$ を得ておく. そして, ①に a_{n+1} があることを見越して, この等式で番号 n を1つ進めた式, $a_{n+1}=((n+1)+1)(n+1)b_{n+1}$, すなわち $a_{n+1}=(n+2)(n+1)b_{n+1}$ も作っておこう.

2) 1)の結果を①に代入すると, $n\cdot(n+2)(n+1)b_{n+1}=(n+2)((n+1)nb_n+1)$ となる. これを $b_{n+1}=\cdots$ とするために, 両辺を $n(n+2)(n+1)$ で割ろう. すると, $b_{n+1}=b_n+\dfrac{1}{n(n+1)}$ を得る. ここで「ああ, $\{b_n\}$ の階差数列は $\dfrac{1}{1\cdot2}$, $\dfrac{1}{2\cdot3}$, $\cdots$, $\dfrac{1}{n(n+1)}$, $\cdots$ だな, この部分和は計算できるぞ」と安心できる.

3) $b_1=\dfrac{a_1}{2\cdot1}=\dfrac{0}{2}=0$ も計算しておいて, $\{b_n\}$ の一般項を求める:

$n \geqq 2$ のとき,

$$b_n = b_1 + \sum_{k=1}^{n-1}(b_{k+1} - b_k) = 0 + \sum_{k=1}^{n-1}\frac{1}{k(k+1)} = \sum_{k=1}^{n-1}\left(\frac{1}{k} - \frac{1}{k+1}\right)$$

$$= \frac{1}{1} - \frac{1}{(n-1)+1} = 1 - \frac{1}{n} = \frac{n-1}{n}$$

であり，この結果は $b_1 = 0$ とも合致するので，すべての自然数 n に対して $b_n = \dfrac{n-1}{n}$ だと言ってよい．

4) よって，すべての自然数 n に対して，

$$a_n = (n+1)nb_n = (n+1)n \cdot \frac{n-1}{n} = (n+1)(n-1)$$

である：ここでも 1) で作っておいた等式 $a_n = (n+1)nb_n$ が役立った．

実際の共通テストでは，数列がいくつも現れたり，式が複雑だったりするかもしれない．しかし基本の流れはこの例のようだと考えてよいだろう．落ち着いて取り組もう．

THEME
43　確率変数と確率分布

🏛 **GUIDANCE**　確率変数は現代数学において確率や統計を考えるときに，最も重要な主題になるものである．確率変数はある確率分布に従う．この確率分布が事前にわかっていれば，それをもとに確率変数に関する諸量が計算できる．一方，確率分布があらかじめわかっていない確率変数について何かを知ろうとするのが，統計的推測である．

POINT 137　確率変数とその確率分布

　試行（結果が偶然に定まる実験や観測）の結果によって値（実数値）が定まる変数を確率変数という．確率変数は X，Y などの大文字で表すことが多い．

　確率変数 X のとり得る値がとびとびであるとき X は**離散型確率変数**であるといい，べったり連続した実数を値にとり得るとき X は**連続型確率変数**であるという．

　離散型確率変数 X については，X がとり得る値を x_1，x_2，x_3，… とすると，$i=1$，2，3，… に対して「$X=x_i$ となる確率（これを $P(X=x_i)$ と書く）」が定まっていて，下のような表が作れる．これを X の**（確率）分布**という（このとき，X はこの確率分布に従うという）．また，x_1，x_2，x_3，… が等差数列のときは，確率分布をヒストグラムに表してもわかりやすい．このときは，x_i に対応する長方形の面積が確率 $P(X=x_i)$ に等しくなるようにする．

x	x_1	x_2	x_3	…	x_i	…
$P(X=x)$	p_1	p_2	p_3		p_i	…

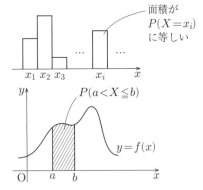

面積が $P(X=x_i)$ に等しい

　一方，連続型確率変数 X については，すべての実数 x に対して $f(x) \geqq 0$ をみたす関数 f で，任意の実数 a，b（ただし $a \leqq b$）に対して「$a < X \leqq b$ となる確率（これを $P(a < X \leqq b)$ と書く）」が図の斜線部の面積である，すなわち

$$P(a < X \leqq b) = \int_a^b f(x)\,dx$$

であるようなものが存在する．X が従う確率分布を定めるこの関数 f を，X の**確率密度関数**という．なお，このときは $P(X=a)=0$，$P(X=b)=0$ と考えられるので，$P(a \leqq X \leqq b)$，$P(a < X < b)$，$P(a \leqq X < b)$ はすべて

$P(a < X \leqq b)$ と等しい.

● 2つの事象 A, B は, $P_A(B) = P(B)$, あるいは同じことだが
$$P(A \cap B) = P(A)P(B)$$
をみたすとき, **独立**であるといわれる. なお, **条件つき確率** $P_A(B)$ は
$P_A(B) = \dfrac{P(A \cap B)}{P(A)}$ で与えられる (数学Aで学んだ).

● 2つの離散型確率変数 X, Y は, 任意の実数 x, y に対して $P(X = x$ かつ $Y = y) = P(X = x)P(Y = y)$ が成り立つとき, **独立**であるといわれる.

● 2つの連続型確率変数 X, Y は, 任意の実数 a, b, c, d (ただし, $a \leqq b$, $c \leqq d$) に対して $P(a < X \leqq b$ かつ $c < Y \leqq d) = P(a < X \leqq b)P(c < Y \leqq d)$ が成り立つとき, **独立**であるといわれる.

● 事象にせよ, 確率変数にせよ, その独立性とは, 互いの結果が相手に影響を及ぼさないことの数学的表現である. だから, 互いに無関係な2つの試行 (たとえば, 一方でコインを投げ, 他方でサイコロを振るなど) があれば, そのそれぞれから生じる事象どうし, 確率変数どうしは独立であると考えてよい. しかし, 単一の試行から生じる2つの事象や確率変数については, 独立であることもそうでない (従属だ, という) こともあるので, そのつどたしかめなければならない.

● 3つ以上の確率変数の独立性については本来議論が必要だが, 結論としては, たとえば離散型確率変数 X_1, X_2, $\cdots$, X_n が独立であるとは任意の実数 x_1, x_2, $\cdots$, x_n に対して等式
$$P(X_1 = x_1 \text{ かつ } X_2 = x_2 \text{ かつ } \cdots \text{ かつ } X_n = x_n)$$
$$= P(X_1 = x_1)P(X_2 = x_2) \cdots\cdots P(X_n = x_n)$$
が成り立つことをいう, と言ってよい. 連続型確率変数については, 上述の等式で「$X_1 = x_1$」などを「$a_1 < X_1 \leqq b_1$」などにかえて考えればよい.

EXERCISE 43 ●確率変数と確率分布

問1 6面サイコロを1つ振り, 出た目によって, X, Y, Z の値を次のように定める.

■ 出た目が偶数であれば $X = 0$, 奇数であれば $X = 1$ とする.

■ 出た目が3以下であれば $Y = 3$, 4以上であれば $Y = 4$ とする.

■ 出た目が4以下であれば $Z = 2$, 5以上であれば $Z = 10$ とする.

(1) 確率変数 X, Y, Z の確率分布を表にして示せ.

(2) X と Y は独立でないことを説明せよ.

(3) X と Z は独立であることを説明せよ.

問2 連続型確率変数 X の確率密度関数 f のグラフが右図のようであるとする. $x \leqq 0$ または $2 \leqq x$ のときは $f(x) = 0$ である.

(1) 定数 a の値を求めよ（ヒント：$P(0 \leqq X \leqq 2)$ を考えよ）.

(2) $P\left(\dfrac{1}{2} \leqq X \leqq \dfrac{3}{2}\right)$ の値を求めよ.

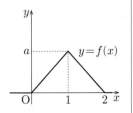

解答 **問1** (1)

x	0	1
$P(X=x)$	$\dfrac{1}{2}$	$\dfrac{1}{2}$

y	3	4
$P(Y=y)$	$\dfrac{1}{2}$	$\dfrac{1}{2}$

z	2	10
$P(Z=z)$	$\dfrac{2}{3}$	$\dfrac{1}{3}$

(2) $X=0$ かつ $Y=3$ となるのはサイコロの目が2のときだけだから,

$P(X=0$ かつ $Y=3)=\dfrac{1}{6}$ である. 一方, (1)より $P(X=0)P(Y=3)=\dfrac{1}{2}\cdot\dfrac{1}{2}=\dfrac{1}{4}$

である. この両者は等しくない. よって, X と Y は独立ではない.

(3) $P(X=x$ かつ $Z=z)$ の値は右の表の通りである. これと(1)の結果から, (x, z) が $(0, 2)$, $(0, 10)$, $(1, 2)$, $(1, 10)$ どの場合であっても $P(X=x$ かつ $Z=z)=P(X=x)P(Z=z)$ が成り立っていることが確かめられる. よって, X と Z は独立である.

$\begin{matrix}&z\\x&\end{matrix}$	2	10
0	$\dfrac{1}{3}$	$\dfrac{1}{6}$
1	$\dfrac{1}{3}$	$\dfrac{1}{6}$

問2 (1) f のグラフから, X が0から2まで以外の値をとる確率は0であるとわかる. よって, $P(0 \leqq X \leqq 2)=1$ でなければならない.

一方, $P(0 \leqq X \leqq 2)=\displaystyle\int_0^2 f(x)\,dx$ は図①の斜線部の面積だから a に等しい. よって, $a=1$ である.

(2) $P\left(\dfrac{1}{2} \leqq X \leqq \dfrac{3}{2}\right)=\displaystyle\int_{\frac{1}{2}}^{\frac{3}{2}} f(x)\,dx$ は図②の斜線部の面積で, これは $\dfrac{3}{4}$ である.

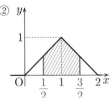

THEME
44　確率変数の平均と分散, 標準偏差

GUIDANCE　試行を何回も繰り返すとそのつど, 確率変数 X はいろいろな値を
とる. その平均値として期待される値が, X の平均 $E(X)$ である. また, X の
値のちらばり具合を分散 $V(X)$ や標準偏差 $\sigma(X)$ という値によって表す：分散
や標準偏差が大きいほど, X の値としては平均 $E(X)$ から離れたものが生じや
すく, 分散や標準偏差が小さいほど, X の値としては $E(X)$ の近くのものが生
じやすい.

　2つ以上の確率変数の和や積も確率変数である. その平均や分散について,
状況によって使える公式がある. 理論・実用の両面で大切である.

POINT 139　確率変数の平均

　離散型確率変数 X のとり得る値が $x_1,$ $\cdots,$ x_n であり, その分布が
$P(X=x_i)=p_i$ $(i=1,$ $\cdots,$ $n)$ であるとする. このとき, X の平均 $E(X)$ を次
のように定義する：

$$E(X)=\sum_{i=1}^{n} x_i p_i = x_1 p_1 + \cdots + x_n p_n.$$

　連続型確率変数 X の確率密度関数 f が「$\alpha \leq x \leq \beta$ でなければ $f(x)=0$」を
みたすとき, X の平均 $E(X)$ は $E(X)=\displaystyle\int_{\alpha}^{\beta} xf(x)\,dx$ で定義される.

　$a,$ b を実数定数とする. 確率変数 X に対して $X'=aX+b$ とおくと, X' も
確率変数になる. その平均について, $E(X')=E(aX+b)=aE(X)+b$ が成
り立つ.

POINT 140　確率変数の分散, 標準偏差

　確率変数 X の平均 $E(X)$ の値が m であるとする. $(X-m)^2$ も確率変数なの
で, その平均 $E((X-m)^2)$ が考えられる. これを X の分散といい, $V(X)$ と表
す. X が $x_1,$ $\cdots,$ x_n を値にとり得る離散型確率変数でその分布が
$P(X=x_i)=p_i$ $(i=1,$ $\cdots,$ $n)$ であれば

$$V(X)=\sum_{i=1}^{n}(x_i-m)^2 p_i = (x_1-m)^2 p_1 + \cdots + (x_n-m)^2 p_n$$

である. X が f を確率密度関数とする連続型確率変数であり, 「$\alpha \leq x \leq \beta$ でな
ければ $f(x)=0$」をみたすとき, $V(X)=\displaystyle\int_{\alpha}^{\beta}(x-m)^2 f(x)\,dx$ である.

　分散 $V(X)=E((X-m)^2)$ は, $V(X)=E(X^2)-\big(E(X)\big)^2=E(X^2)-m^2$ と

CHAPTER 7

確率分布と統計的推測

しても計算できる.

$\sigma(X) = \sqrt{V(X)}$ を X の標準偏差という. X が kg, cm などの単位を持つとき, その標準偏差 $\sigma(X)$ は X と同じ単位を持つ.

a, b を実数定数とする. 確率変数 X に対して $X' = aX + b$ とおくと, X' も確率変数になる. その分散と標準偏差について, $V(X') = V(aX+b) = a^2 V(X)$, $\sigma(X') = \sigma(aX+b) = |a|\sigma(X)$ が成り立つ.

POINT 141 確率変数の和と積, その平均と分散

X, Y が確率変数であればその和 $X+Y$, 積 XY も確率変数になる. その平均と分散について, 以下のことが成り立つ.

〔1〕 $E(X+Y) = E(X) + E(Y)$.

〔2〕 X と Y が独立であれば, $V(X+Y) = V(X) + V(Y)$.

〔3〕 X と Y が独立であれば, $E(XY) = E(X)E(Y)$.

3つ以上の確率変数 X_1, X_2, $\cdots$, X_n についても同様に, 以下が成り立つ.

〔1〕′ $E(X_1 + X_2 + \cdots + X_n) = E(X_1) + E(X_2) + \cdots + E(X_n)$.

〔2〕′ X_1, X_2, $\cdots$, X_n が独立であれば,
$$V(X_1 + X_2 + \cdots + X_n) = V(X_1) + V(X_2) + \cdots + V(X_n).$$

〔3〕′ X_1, X_2, $\cdots$, X_n が独立であれば,
$$E(X_1 X_2 \cdots X_n) = E(X_1)E(X_2)\cdots E(X_n).$$

EXERCISE 44 ●確率変数の平均と分散, 標準偏差

問1 確率変数 X が右の表のような分布に従うとする. $E(X)$, $V(X)$, $\sigma(X)$ を求めよ. また, $Y = 10X + 3$ とするとき, $E(Y)$, $V(Y)$, $\sigma(Y)$ を求めよ.

x	0	4	10
$P(X=x)$	$\dfrac{1}{2}$	$\dfrac{1}{3}$	$\dfrac{1}{6}$

問2 袋の中に球が4個あり, それぞれには 2, 6, 8, 16 と書かれている. この中から右手と左手で同時に1個ずつ無作為に取り出す. 右手の球に書かれた数を X, 左手の球に書かれた数を Y とする.

(1) $E(X)$ と $V(X)$ を求めよ. また, $E(Y)$ と $V(Y)$ を求めよ.

(2) $E(X+Y)$ と $V(X+Y)$ を求めよ.

問3 6面サイコロを1つ振り, 1の目が出れば10を, 2か3の目が出れば4を, 4か5か6の目が出れば0を記録する. この試行を n 回おこなったときの, 記録した数をすべてたし合わせたものを Z, すべてかけ合わせたものを W とする. $E(Z)$, $V(Z)$, $E(W)$ を求めよ.

解答 **問1** $E(X) = 0 \cdot \dfrac{1}{2} + 4 \cdot \dfrac{1}{3} + 10 \cdot \dfrac{1}{6} = 3$. よって，$V(X) = E\big((X-3)^2\big)$ で，

$(X-3)^2$ は値 $(0-3)^2 = 9$，$(4-3)^2 = 1$，$(10-3)^2 = 49$ をそれぞれ確率 $\dfrac{1}{2}$，$\dfrac{1}{3}$，

$\dfrac{1}{6}$ でとるから，$V(X) = 9 \cdot \dfrac{1}{2} + 1 \cdot \dfrac{1}{3} + 49 \cdot \dfrac{1}{6} = 13$. あるいは，

$V(X) = E(X^2) - (E(X))^2 = \left(0^2 \cdot \dfrac{1}{2} + 4^2 \cdot \dfrac{1}{3} + 10^2 \cdot \dfrac{1}{6}\right) - 3^2 = 13$ とも計算できる.

そして $\sigma(X) = \sqrt{V(X)} = \sqrt{13}$. さらに，$E(Y) = 10 E(X) + 3 = 10 \cdot 3 + 3 = 33$,

$V(Y) = 10^2 V(X) = 100 \cdot 13 = 1300$, $\sigma(Y) = |10| \sigma(X) = 10\sqrt{13}$ である.

問2 (1) $E(X) = 2 \cdot \dfrac{1}{4} + 6 \cdot \dfrac{1}{4} + 8 \cdot \dfrac{1}{4} + 16 \cdot \dfrac{1}{4} = 8$.

$V(X) = (2-8)^2 \cdot \dfrac{1}{4} + (6-8)^2 \cdot \dfrac{1}{4} + (8-8)^2 \cdot \dfrac{1}{4} + (16-8)^2 \cdot \dfrac{1}{4} = 26$.

また，Y についても X とまったく同様で，$E(Y) = 8$, $V(Y) = 26$.

(2) $X+Y$ の値は，8，10，18，14，22，24 のどれかに，それぞれ確率 $\dfrac{1}{6}$ でな

る. ここから $E(X+Y) = 16$, $V(X+Y) = \dfrac{104}{3}$ が計算で得られる.

$E(X+Y) = E(X) + E(Y)$ であるが，$V(X+Y) \neq V(X) + V(Y)$ である.
「$V(X+Y) = V(X) + V(Y)$」は X と Y が独立であれば成り立つ（POINT
141〔2〕）が，そうでなければ成り立つとは限らないので注意.

問3 i 回目 $(i = 1, \cdots, n)$ に記録する数を X_i とすると，X_i は問1の X と同じ分布に従う確率変数であり，また $Z = X_1 + \cdots + X_n$, $W = X_1 \cdot \cdots \cdot X_n$ である. まず $E(Z) = E(X_1) + \cdots + E(X_n) = 3 + \cdots + 3 = 3n$. そして，$X_1, \cdots, X_n$ は独立なので，$V(Z) = V(X_1) + \cdots + V(X_n) = 13 + \cdots + 13 = 13n$,

$E(W) = E(X_1) \cdot \cdots \cdot E(X_n) = 3 \cdot \cdots \cdot 3 = 3^n$ である.

✚PLUS **問3** の解答で導入した，「$X_1, \cdots, X_n$ が同じ分布に従う独立な確率変数であるときの $X_1 + \cdots + X_n$」は，このあと確率変数を統計に用いるときに，非常に重要な役割をつとめます.

45 二項分布

🏛 **GUIDANCE**　この章で学ぶ確率分布のうち最も大事なものの1つが二項分布である（もう1つは正規分布）．二項分布の確率の計算は数学Aで学んだ「独立反復試行の確率」そのものであるが，二項分布に従う確率変数の平均や分散は，THEME 44 で学んだ考え方によって，簡単に求められる．

POINT 142 二項分布

　ある試行を1回行うとき，事象Aが起こる確率がp，起こらない確率がq（$=1-p$）であるとする．この試行をn回繰り返す（各回の試行は独立であるとする）とき，n回中ちょうどx回（$x=0,\ 1,\ \cdots,\ n$）事象Aが起こる確率p_xは

$$p_x={}_n\mathrm{C}_x p^x q^{n-x}$$

で与えられる（数学Aで学んだ）．n回中で事象Aが起こる回数をX回とおくと，Xは $P(X=x)=p_x$（$x=0,\ 1,\ \cdots,\ n$）で定まる分布に従う確率変数である．

　この分布を確率pに対する次数nの**二項分布**といい，$B(n,\ p)$と書き表す．

POINT 143 ベルヌーイ分布

　確率変数Yが右の表のような分布（これを**ベルヌーイ分布**という）に従うとする．すなわち，Yは1か0のみを値にとり，それぞれの値をとる確率はp，qで，$p+q=1$である．このとき，

k	1	0
$P(Y=k)$	p	q

$$E(Y)=1\cdot p+0\cdot q=p,$$
$$V(Y)=(1-p)^2\cdot p+(0-p)^2\cdot q=q^2 p+p^2 q=pq(q+p)=pq\cdot 1=pq.$$

POINT 144 二項分布の平均と分散

　二項分布$B(n,\ p)$は，n個のベルヌーイ分布の重ね合わせと解釈できる．

　Xが二項分布$B(n,\ p)$に従う確率変数だとする．これを POINT 142 のように，「確率pで起こる事象Aがn回の（独立な）試行のうちで起こる回数がXである」と解釈する．このとき，確率変数$X_1,\ \cdots,\ X_n$を

$$X_i=\begin{cases}1 & (i\,回目の試行でAが起こるとき)\\0 & (i\,回目の試行でAが起こらないとき)\end{cases}$$

として定めると，$X=X_1+\cdots+X_n$である．そして，各X_iはベルヌーイ分布に従うから$E(X_i)=p$，$V(X_i)=pq$である（ただし，$q=1-p$）．だから，

$$E(X) = E(X_1) + \cdots + E(X_n) = p + \cdots + p = np$$

であり，さらに $X_1, \cdots, X_n$ は独立なので

$$V(X) = V(X_1) + \cdots + V(X_n) = pq + \cdots + pq = npq$$

である．

EXERCISE 45 ●二項分布

問1　6面サイコロを 60 回振り，1 の目あるいは 2 の目が出た回数を X とする．

(1)　$P(X=k)$ $(k=0, 1, \cdots, 60)$ を k の式で表せ．

(2)　X の平均 $E(X)$，分散 $V(X)$，標準偏差 $\sigma(X)$ を求めよ．

問2　確率変数 X が二項分布 $B(4, 0.2)$ に従うとき，$P(X \leqq 2)$ を求めよ．

問3　袋の中に球が 100 個あり，そのうち r 個が赤球，$(100-r)$ 個が白球である．ここから球を 1 個取り出してその色を記録し袋に戻す，という試行を n 回繰り返して，赤球が出た回数を R とすると，その平均は $E(R)=90$，分散は $V(R)=63$ である．r, n の値を求めよ．

問4　6面サイコロを 1 個振り，1 以上 5 以下の目が出たら 3 点を得て，6 の目が出たら 12 点を失うゲームを考える（総得点は負にもなり得る）．このゲームを 180 回行うときに得られる点数を S とする．S の平均 $E(S)$，分散 $V(S)$，標準偏差 $\sigma(S)$ を求めよ．

解説　**問1**(1)に見るように，二項分布について，確率（$P(X=k)$ など）は二項係数 ${}_n\mathrm{C}_k$ を用いて表され，その具体的な値の計算は容易ではない．ところが(2)でわかるとおり，二項分布の平均や分散，標準偏差の計算は簡単である（$P(X=k)$ などは不要）．

解答　**問1**　(1)　X は $B\left(60, \dfrac{1}{3}\right)$ に従う．$P(X=k) = {}_{60}\mathrm{C}_k \left(\dfrac{1}{3}\right)^k \left(\dfrac{2}{3}\right)^{60-k}$.

(2)　$E(X) = 60 \cdot \dfrac{1}{3} = 20$,　$V(X) = 60 \cdot \dfrac{1}{3} \cdot \left(1 - \dfrac{1}{3}\right) = \dfrac{40}{3}$,

$\sigma(X) = \sqrt{\dfrac{40}{3}} = \dfrac{2\sqrt{30}}{3}$.

問2　X のとり得る値は 0, 1, 2, 3, 4 であるから，

$$P(X \leqq 2) = P(X=0) + P(X=1) + P(X=2)$$
$$= {}_4\text{C}_0 \cdot 0.2^0 \cdot 0.8^4 + {}_4\text{C}_1 \cdot 0.2^1 \cdot 0.8^3 + {}_4\text{C}_2 \cdot 0.2^2 \cdot 0.8^2$$
$$= 0.4096 + 0.4096 + 0.1536$$
$$= \mathbf{0.9728}.$$

問3 1回の取り出しで赤球が出る確率は $\dfrac{r}{100}$ であり，R は二項分布 $B\left(n,\ \dfrac{r}{100}\right)$ に従うから，$E(R) = n \cdot \dfrac{r}{100}$，$V(R) = n \cdot \dfrac{r}{100} \cdot \left(1 - \dfrac{r}{100}\right)$ である．よって，与えられた条件より $n \cdot \dfrac{r}{100} = 90$，$n \cdot \dfrac{r}{100} \cdot \left(1 - \dfrac{r}{100}\right) = 63$ である．第 1 式を第 2 式に代入して $90 \cdot \left(1 - \dfrac{r}{100}\right) = 63$，よって $\boldsymbol{r=30}$．これと第 1 式より $\boldsymbol{n=300}$．

問4 180 回中，6 の目が出る回数を X とすると，X は二項分布 $B\left(180,\ \dfrac{1}{6}\right)$ に従う．だから，$E(X) = 180 \cdot \dfrac{1}{6} = 30$，$V(X) = 180 \cdot \dfrac{1}{6} \cdot \left(1 - \dfrac{1}{6}\right) = 25$ である．そして，$S = 3 \cdot (180 - X) - 12 \cdot X = -15X + 540$ であるから，
$$E(S) = E(-15X + 540) = -15E(X) + 540 = -15 \cdot 30 + 540 = \mathbf{90},$$
$$V(S) = V(-15X + 540) = (-15)^2 V(X) = 225 \cdot 25 = \mathbf{5625},$$
$$\sigma(S) = \sqrt{V(S)} = \sqrt{225 \cdot 25} = \mathbf{75}.$$

✚PLUS　**問3**や**問4**で，確率の計算を全然していないのに，「二項分布に従う」とわかっただけで平均や分散についてどんどん議論が進み，答えまで出てしまっていることに，いま一度注目してください．POINT 143，POINT 144 で説明した考え方がいかにすごいか，実感できるでしょうか．

THEME
46 正規分布

GUIDANCE　統計的な推測を考えるときに，最も重要な確率分布が正規分布である．平均のまわりに多くのデータが集まり，左右対称にデータがちらばる正規分布は，自然科学や社会科学のいたるところで現れる．

あらゆる正規分布は，簡単な変数変換により，標準正規分布 $N(0,\ 1)$ を用いて理解される．標準正規分布を表す数表は，共通テストやセンター試験では問題冊子に載せられていて，これを参照して問題を解くようになっている．

POINT 145 正規分布

以下，m，σ は実数の定数で，$\sigma>0$ だとする．

$$f(x)=\frac{1}{\sqrt{2\pi}\,\sigma}e^{-\frac{(x-m)^2}{2\sigma^2}}$$

を確率密度関数とする連続型確率変数 X の分布を **正規分布** という（なお，e は値が約 2.718 の定数で「自然対数の底」と呼ばれるものである）．

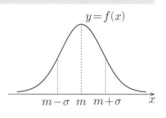

このとき，$E(X)=m$，$V(X)=\sigma^2$ であることが証明できる．そこで，この X が従う正規分布を $N(m,\ \sigma^2)$ と書き表す．

たとえば，10 cm の製品を大量に作るとき，なかなかぴったり 10 cm にはならず，10.1 cm とか 9.94 cm とかのものもできてしまう．できあがった製品を長さ別に階級分けしてヒストグラムを作れば，10 cm を中心としたつりがね型ができるだろう．このような確率分布は，統計的な処理を進める過程で，非常によく現れる．

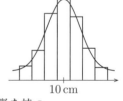

$f(x)$ のグラフ（**正規分布曲線** という）は次のような特徴を持つ．

● 　直線 $x=m$ に関して対称で，$f(x)$ は $x=m$ で最大値をとる．

● 　σ が小さいほど，最大値 $f(m)$ が大きく曲線は $x=m$ 周辺に集まる．σ が大きいほど，最大値 $f(m)$ が小さく曲線は左右に広がる．

● 　x 軸に漸近する．

POINT 146 標準正規分布とその数表

平均が 0，分散が 1（すなわち標準偏差が 1）の正規分布 $N(0,\ 1)$ を **標準正規分布** という．確率変数 Z が $N(0,\ 1)$ に従うとき，Z の値が $0\leqq Z\leqq z$ をみたす

(ただし, z は 0 以上の定数) 確率 $P(0 \leqq Z \leqq z)$
は, 図の斜線部の面積 $u(z)$ に等しい.

標準正規分布 $N(0, 1)$ に対する $u(z)$ の値は,
p.179 にある正規分布表から読み取る.

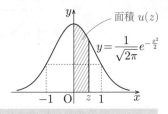

POINT 147 確率変数の標準化

確率変数 X の平均が m, 分散が σ^2 (ただし $\sigma > 0$) であるとき,

$$Z = \frac{X-m}{\sigma} \quad \cdots \text{★}$$

により新しい確率変数 Z を定めると, その平均と分散は

$$E(Z) = E\left(\frac{X-m}{\sigma}\right) = \frac{E(X-m)}{\sigma} = \frac{E(X)-m}{\sigma} = \frac{m-m}{\sigma} = 0,$$

$$V(Z) = V\left(\frac{X-m}{\sigma}\right) = \frac{V(X-m)}{\sigma^2} = \frac{V(X)}{\sigma^2} = \frac{\sigma^2}{\sigma^2} = 1$$

である. このように, どんな確率変数でも変換★によって, 平均が 0 で分散が
1 である確率変数に焼き直すことができる. Z を, X を標準化した確率変数と
いう.

特に, X が正規分布 $N(m, \sigma^2)$ に従うとき, ★により定まる Z は標準正規分
布 $N(0, 1)$ に従うことがわかる. このことを利用して, $P(a \leqq X \leqq b)$ の値を

$$P(a \leqq X \leqq b) = P\left(\frac{a-m}{\sigma} \leqq \frac{X-m}{\sigma} \leqq \frac{b-m}{\sigma}\right) = P\left(\frac{a-m}{\sigma} \leqq Z \leqq \frac{b-m}{\sigma}\right)$$

から, 正規分布表より読み取れる.

EXERCISE 46 ●正規分布

※以下の問題では p.179 の正規分布表を用いよ.

問 1 確率変数 Z が標準正規分布 $N(0, 1)$ に従うとき, 以下の確率の値を
求めよ.

(1) $P(0 \leqq Z \leqq 1.35)$ (2) $P(-1.96 < Z < 0)$

(3) $P(-1 < Z \leqq 2)$ (4) $P(Z > 3)$

問 2 確率変数 X が正規分布 $N(5, 2^2)$ に従うとき, 以下の確率の値を求めよ.

(1) $P(5 \leqq X \leqq 8)$ (2) $P(3 < X \leqq 11)$ (3) $P(X > 0)$

問 3 あんまんが 200 個あり, 1 個ずつの重さを X g とすると, X は平均
93 g, 標準偏差 3 g の正規分布に従っているとみなせるという.

(1) 重さが 94 g 以上のあんまんはいくつくらいあるか.

(2) 179 個のあんまんのうち, 40 番目に重いものは, どのくらいの重さか.

解答 **問 1** p.179 の正規分布表での $u(z)$ を用いる.

(1) $P(0 \leqq Z \leqq 1.35) = u(1.35) = \mathbf{0.4115}$.

(2) 正規分布曲線が左右対称であることに注意.
$P(-1.96 < Z < 0) = u(1.96) = \mathbf{0.4750}$.

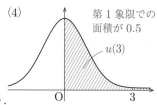

(2)

面積 $u(1.96)$

(3) $P(-1 < Z \leqq 2) = P(-1 < Z \leqq 0) + P(0 < Z \leqq 2)$
$= u(1) + u(2) = 0.3413 + 0.4772 = \mathbf{0.8185}$.

(4) 正規分布曲線が左右対称なので,
$P(Z \geqq 0) = 0.5$ である.
$P(Z > 3) = P(Z \geqq 0) - P(0 \leqq Z \leqq 3)$
$= 0.5 - u(3) = 0.5 - 0.4987 = \mathbf{0.0013}$.

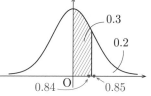

(4)

第 1 象限での面積が 0.5

$u(3)$

問 2 $Z = \dfrac{X-5}{2}$ とすると, Z が $N(0, 1)$ に従う.

(1) $P(5 \leqq X \leqq 8) = P\left(\dfrac{5-5}{2} \leqq \dfrac{X-5}{2} \leqq \dfrac{8-5}{2}\right) = P(0 \leqq Z \leqq 1.5) = \mathbf{0.4332}$.

(2) $P(3 < X \leqq 11) = P\left(\dfrac{3-5}{2} < \dfrac{X-5}{2} \leqq \dfrac{11-5}{2}\right) = P(-1 < Z \leqq 3)$
$= 0.3413 + 0.4987 = \mathbf{0.8400}$.

(3) $P(X > 0) = P\left(\dfrac{X-5}{2} > \dfrac{0-5}{2}\right) = P(Z > -2.5) = 0.4938 + 0.5 = \mathbf{0.9938}$.

問 3 $Z = \dfrac{X-93}{3}$ とすると, Z が $N(0, 1)$ に従う.

(1) $P(X \geqq 94) = P\left(\dfrac{X-93}{3} \geqq \dfrac{94-93}{3}\right) = P(Z \geqq 0.33\cdots) \fallingdotseq 0.5 - 0.1293 \fallingdotseq 37\%$ なので, 重さが 94 g 以上のあんまんは全体の 37%, つまり 200 個 $\times 0.37 = \mathbf{74}$ **個**くらいある.

(2) 200 個中 40 番目に重いあんまんは, 重い方から, 全体の $\dfrac{40}{200} = 20\%$ のところにある. よって, 正規分布表でいえば,
$u(z) = 0.5 - 0.2 = 0.3$ となる z の値のところが, このあんまんに相当する.

正規分布表より, $u(0.84) = 0.2995$,
$u(0.85) = 0.3023$ なので, $0.84 < z < 0.85$ である. そして

$$0.84 < Z < 0.85 \iff 0.84 < \dfrac{X-93}{3} < 0.85 \iff 95.52 < X < 95.55$$

であるから, このあんまんはだいたい **95.5 g** くらいである.

THEME
47 正規分布と二項分布

GUIDANCE 二項分布 $B(n, p)$ は，n が大きくなるにつれて，同じ平均，同じ標準偏差を持つ正規分布に似てくる，という著しい数学的事実がある．これをもとに二項分布に関する確率の計算を，正規分布表を用いて近似的にすばやく実行できる．また後の THEME 50 では，この事実を母比率の推定に利用する．

POINT 148 二項分布の正規分布による近似

二項分布 $B(n, p)$ の確率分布を示すグラフ（あるいはヒストグラム）は，n を大きくしていくと，その形が正規分布曲線に似てくる．このとき，もとの二項分布とそれに似ている正規分布は，平均と分散・標準偏差が共通である．$B(n, p)$ の平均は np，分散は npq（ただし，$q=1-p$）であるから，次のことが言えそうである．

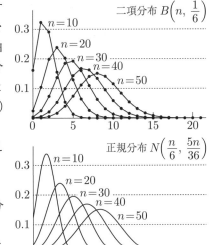

> n が十分大きいとき，二項分布 $B(n, p)$ に従う確率変数は，正規分布 $N(np, npq)$ に近似的に従う．

このことが正当であることは証明できる．そこで，これを用いて，二項分布に関することを正規分布によって近似して考えられる．

EXERCISE 47 ●正規分布と二項分布

※以下の問題では p.179 の正規分布表を用いよ．

問 1 コインを 100 回投げるとき，表が 45 回以上 55 回以下出る確率を百分率の整数値で求めよ．

問 2 6 面サイコロを n 個いっぺんに振るときに，1 の目が出たサイコロが $\dfrac{n}{4}$ 個以下である確率を a_n とする．a_6，a_{180} の値を百分率で，小数第 1 位までの概数で求めよ．ただし，a_{180} については，二項分布を正規分布で

近似して考えよ.

問3 6面サイコロを1回振り, 出た目が3の倍数であれば2点を得て, そうでなければ1点を失うとする (総得点は負にもなり得る). サイコロを288回振るとき, 1回当たりの得点の平均が0.1点以上になる確率を百分率の整数値で求めよ.

問4 コインを n 回投げる (n は十分大きいとする) とき, 表の出る回数を X 回とする. 表の出る相対頻度が60% 以上となる確率が5% を下回る. すなわち, $P\left(\dfrac{X}{n} \geqq 0.6\right) < 0.05$ となるのは, n がだいたいいくら以上のときか. ただし, Z が標準正規分布 $N(0, 1)$ に従うとき, $P(Z \geqq 1.64) = 0.05$ としてよい.

解説 **問1** の答えは

$$_{100}C_{45}\left(\frac{1}{2}\right)^{45}\left(\frac{1}{2}\right)^{55} + {}_{100}C_{46}\left(\frac{1}{2}\right)^{46}\left(\frac{1}{2}\right)^{54} + \cdots + {}_{100}C_{55}\left(\frac{1}{2}\right)^{55}\left(\frac{1}{2}\right)^{45}$$

であるが, もちろんこんな計算は手ではできない. そこで, 二項分布 $B\left(100, \dfrac{1}{2}\right)$ を正規分布 $N\left(100 \cdot \dfrac{1}{2}, 100 \cdot \dfrac{1}{2} \cdot \dfrac{1}{2}\right)$ で近似する手法が生きる.

解答 **問1** 100回中 X 回, 表が出るとすると, 確率変数 X は $B\left(100, \dfrac{1}{2}\right)$ に従うから, 近似的に $N\left(100 \cdot \dfrac{1}{2}, 100 \cdot \dfrac{1}{2} \cdot \left(1 - \dfrac{1}{2}\right)\right)$ すなわち $N(50, 25)$ に従う. そこで $Z = \dfrac{X - 50}{\sqrt{25}} = \dfrac{X - 50}{5}$ とおくと, Z は標準正規分布 $N(0, 1)$ に近似的に従う. よって,

$$P(45 \leqq X \leqq 55) = P\left(\frac{45 - 50}{5} \leqq \frac{X - 50}{5} \leqq \frac{55 - 50}{5}\right) = P(-1 \leqq Z \leqq 1)$$
$$= 0.3413 + 0.3413 = 0.6826$$

として, **約68%** である.

問2 n 個のサイコロのうち X 個が1を出すとする. X は $B\left(n, \dfrac{1}{6}\right)$ に従う.

まず $n = 6$ のとき, $a_6 = P\left(X \leqq \dfrac{6}{4}\right) = P(X \leqq 1.5) = P(X = 0) + P(X = 1)$ だから,

$$\boldsymbol{a_6} = {}_6C_0\left(\frac{1}{6}\right)^0\left(\frac{5}{6}\right)^6 + {}_6C_1\left(\frac{1}{6}\right)^1\left(\frac{5}{6}\right)^5 = \frac{15625}{6^6} + \frac{6 \cdot 3125}{6^6} = \frac{34375}{46656} \fallingdotseq \boldsymbol{73.7\%}$$

である．次に，$n=180$ のときは $B\left(180, \dfrac{1}{6}\right)$ を $N\left(180\cdot\dfrac{1}{6},\ 180\cdot\dfrac{1}{6}\cdot\dfrac{5}{6}\right)$ すなわち $N(30,\ 25)$ で近似できる．そこで $Z=\dfrac{X-30}{5}$ とおくと，Z は $N(0,\ 1)$ に近似的に従う．よって，

$$a_{180}=P\left(X\leqq\frac{180}{4}\right)=P(X\leqq45)=P\left(\frac{X-30}{5}\leqq\frac{45-30}{5}\right)=P(Z\leqq3)$$
$$=0.4987+0.5\fallingdotseq\mathbf{99.9\,\%}$$

である．

問3 288 回中，3 の倍数が X 回出て，その結果 1 回当たりの得点の平均が Y 点になるとする．X は $B\left(288,\ \dfrac{1}{3}\right)$ に従うから，近似的に $N\left(288\cdot\dfrac{1}{3},\ 288\cdot\dfrac{1}{3}\cdot\dfrac{2}{3}\right)$，すなわち $N(96,\ 8^2)$ に従う．そして $Y=\dfrac{2\cdot X+(-1)\cdot(288-X)}{288}=\dfrac{3X-288}{288}$ だから，

$$Y\geqq0.1\Longleftrightarrow\frac{3X-288}{288}\geqq0.1\Longleftrightarrow X\geqq105.6$$

である．だから，$P(X\geqq105.6)$ を求めればよい．

$Z=\dfrac{X-96}{8}$ とおくと，Z は近似的に $N(0,\ 1)$ に従うから，

$$P(X\geqq105.6)=P\left(\frac{X-96}{8}\geqq\frac{105.6-96}{8}\right)=P(Z\geqq1.2)=0.5-0.3849=0.1151$$

としてよい．つまり求める確率はおよそ **12 %** である．

問4 X は $B\left(n,\ \dfrac{1}{2}\right)$ に従い，よって近似的に $N\left(n\cdot\dfrac{1}{2},\ n\cdot\dfrac{1}{2}\cdot\dfrac{1}{2}\right)$ すなわち

$N\left(\dfrac{n}{2},\ \dfrac{n}{4}\right)$ に従う．そこで $Z=\dfrac{X-\dfrac{n}{2}}{\sqrt{\dfrac{n}{4}}}=\dfrac{2X-n}{\sqrt{n}}$ とおくと，Z は近似的に

$N(0,\ 1)$ に従う．

$$P\left(\frac{X}{n}\geqq0.6\right)=P(X\geqq0.6n)=P\left(\frac{2X-n}{\sqrt{n}}\geqq\frac{2\cdot0.6n-n}{\sqrt{n}}\right)=P(Z\geqq0.2\sqrt{n})$$

であるから，これが $0.05=P(Z\geqq1.64)$ より小さいのは $0.2\sqrt{n}>1.64$，すなわち $n>67.24$ のとき．だから，答えは **n がだいたい 68 以上のとき**．

✚ PLUS　二項分布を正規分布で近似したあとは，THEME 46 で学んだことと同じことです．手数が多くかかりますが難しい推論ではないので，どうかがんばって理解してください．この 4 問で，共通テスト対策としては十分だと思います．

48　標本調査と標本平均

🏛 **GUIDANCE**　大量のデータがありそのすべてをチェックできないときに，その一部だけを抜き出して，そこから全体のことを推定したい，というのが統計の発想の出発地点である．このとき，もとのデータの集まり（母集団）の持つ性質と，抜き出したデータの集まり（標本）の持つ性質の関係を知っていなければならない．高校数学では，抜き出したデータの平均（標本平均）について，この関係を学び，推定（THEME 49，50）に利用する．

POINT **149** 標本調査

　統計調査には，すべての対象を調べる**全数調査**と，全体から一部を抜き出してその集まりを調べる**標本調査**がある．標本調査では，全体の集まりを**母集団**といい，そこからの抜き出し（抽出）で作った集まりを**標本**という．

　母集団に属する個々のものを**個体**といい，その総個数を**母集団の大きさ**という．標本に属する個体の個数を**標本の大きさ**という．一般に，標本の大きさを大きくするほど，標本は母集団の性質をよく反映するようになるが，調査の手間は増える．

　標本調査では，どの個体も等確率で抽出される（**無作為抽出**）ことが大切である．このことによりかたよりがなく母集団の性質をよく反映する標本が作られることが期待できる．無作為抽出により作られた標本を**無作為標本**という．

　抽出には，1つの個体を抽出したあと，それを母集団に戻してから次の個体を抽出する**復元抽出**と，戻さずに次の個体を抽出する**非復元抽出**がある．統計処理では，母集団の大きさが標本の大きさよりはるかに大きいことが普通であり，そのため，復元抽出でも非復元抽出でも得られる結果に決定的な差異が生じることはないと考えてよいことがほとんどである．

　母集団の大きさがNであり，1つ1つの個体がデータとなる数量（**変量**という）を持っているとする．変量Xの値がx_iである個体がf_i個ある（$i=1$, 2, $\cdots$, k）とき，この母集団から1個を無作為に抽出したとき，そのXの値がx_iである確率は $P(X=x_i)=\dfrac{f_i}{N}$ $\cdots$✪ である．Xは✪を確率分布とする確率変数だと見なせる．この確率分布を，**母集団分布**といい，その平均，分散，標準偏差をそれぞれ**母平均**，**母分散**，**母標準偏差**という．

　母平均 m，母分散 $\sigma^2(\sigma>0)$ の母集団から大きさ n の標本を無作為抽出したとする．本来はこの抽出が復元抽出か非復元抽出かで話が変わるはずだが，POINT 149 で述べたように，実際上は大差ない．実用上は非復元抽出をすることが多いだろうが，以下では復元抽出するものと考える．このとき，標本に属する各個体が有する変量を X_1, $\cdots$, X_n とすると，これらは**独立な確率変数**で，すべて母集団分布に従う：当然，その平均，分散は母平均，母分散に等しい：すなわち $E(X_1)=\cdots=E(X_n)=m$, $V(X_1)=\cdots=V(X_n)=\sigma^2$ である．

　このとき，X_1, $\cdots$, X_n の平均，$\overline{X}=\dfrac{X_1+\cdots+X_n}{n}$ を**標本平均**という．

　標本平均 $\overline{X}$ は，標本の抽出の結果によって値が定まる（抽出のつど異なる）確率変数であるから，確率分布を持ち，平均 $E(\overline{X})$ や分散 $V(\overline{X})$ を持つ．これについて，次の事実が成り立つことが証明される．

[1]　$E(\overline{X})=m$.

[2]　$V(\overline{X})=\dfrac{\sigma^2}{n}$. したがって，$\overline{X}$ の標準偏差は $\sigma(\overline{X})=\dfrac{\sigma}{\sqrt{n}}$ である．

[3]　n が十分大きいとき，$\overline{X}$ の確率分布は正規分布 $N\!\left(m, \dfrac{\sigma^2}{n}\right)$ に似ている．

　これらを用いて，標本平均 $\overline{X}$ の値に関する確率を，正規分布表を用いて近似的に算出できる．

EXERCISE 48 ●標本調査と標本平均

問 1　POINT 150 の [1]，[2] を証明せよ．

問 2　母平均が 100，母分散が 12 の母集団から大きさ n の無作為標本を作るとき，その標本平均の分散を 1 以下にするには，n はどのようにすればよいか．

問 3　袋の中に球が 6 個あり，それぞれ 1, 1, 1, 6, 6, 9 と書かれている．ここから 1 つを無作為に取り出し書かれた数を記録して袋に戻すことを n 回繰り返し，得られた n 個の数の平均を $\overline{X}$ とする．$\overline{X}$ は確率変数である．

(1)　$\overline{X}$ の平均 $E(\overline{X})$ を求め，標準偏差 $\sigma(\overline{X})$ を n で表せ．

(2)　$n=40$ として，$\overline{X} \geqq E(\overline{X})+0.3$ となる確率を百分率の整数値で求めよ．

解答 **問 1** [1] $E(\overline{X}) = E\left(\dfrac{X_1 + \cdots + X_n}{n}\right) = \dfrac{E(X_1 + \cdots + X_n)}{n}$

$= \dfrac{E(X_1) + \cdots + E(X_n)}{n} = \dfrac{m + \cdots + m}{n} = \dfrac{nm}{n} = m$ である.

[2] $X_1, \cdots, X_n$ が独立であると考えてよいことに注意して,

$$V(\overline{X}) = V\left(\dfrac{X_1 + \cdots + X_n}{n}\right) = \dfrac{V(X_1 + \cdots + X_n)}{n^2} = \dfrac{V(X_1) + \cdots + V(X_n)}{n^2}$$

$$= \dfrac{\sigma^2 + \cdots + \sigma^2}{n^2} = \dfrac{n\sigma^2}{n^2} = \dfrac{\sigma^2}{n}$$

であり,したがって,$\sigma(\overline{X}) = \sqrt{V(\overline{X})} = \sqrt{\dfrac{\sigma^2}{n}} = \dfrac{\sigma}{\sqrt{n}}$ である.

問 2 標本平均の分散は $\dfrac{12}{n}$ だから,$\dfrac{12}{n} \leqq 1$,すなわち **$n \geqq 12$** とすればよい.

問 3 (1) i 回目に記録した数を X_i とすると,
$X_1, \cdots, X_n$ はすべて右表の分布に従う.この分
布の平均は $1 \cdot \dfrac{3}{6} + 6 \cdot \dfrac{2}{6} + 9 \cdot \dfrac{1}{6} = 4$,分散は

x	1	6	9
$P(X=x)$	$\dfrac{3}{6}$	$\dfrac{2}{6}$	$\dfrac{1}{6}$

$(1-4)^2 \cdot \dfrac{3}{6} + (6-4)^2 \cdot \dfrac{2}{6} + (9-4)^2 \cdot \dfrac{1}{6} = 10$ である.

よって,**$E(\overline{X}) = 4$**,**$V(\overline{X}) = \dfrac{10}{n}$**,**$\sigma(\overline{X}) = \sqrt{\dfrac{10}{n}}$** である.

(2) $n = 40$ のとき,X の従う分布は $N\left(4, \dfrac{10}{40}\right)$,すなわち $N(4, 0.5^2)$ と似ている.よって,$Z = \dfrac{\overline{X} - 4}{0.5}$ とおくと,Z は $N(0, 1)$ に近似的に従う.

求める確率は

$$P(\overline{X} \geqq E(\overline{X}) + 0.3) = P(\overline{X} \geqq 4.3) = P\left(\dfrac{\overline{X} - 4}{0.5} \geqq \dfrac{4.3 - 4}{0.5}\right) = P(Z \geqq 0.6)$$

$$= 0.5 - 0.2257 = 0.2743$$

より約 **27 %** である.

✚PLUS POINT 150 の [3] は「中心極限定理」と呼ばれる,確率論の大定理の内容の一部です.その証明は高校数学の範囲を大きく超えているので今は考えなくてもよいのですが,この定理の重大さ ―― (平均と分散を持つような)母集団分布がどんなものであっても,標本が十分大きければ,標本平均の分布は正規分布だと見なしてよい! ―― は,ぜひ感じとってほしいところです.

THEME
49 母平均の推定

> GUIDANCE　標本調査によって母集団の持つある数量を知ろうとするとき，誤差0で「これだ！」と言い切れればよいがそれは無理で，「これよりは大きくこれよりは小さいだろう」という感じの推定になる．これでも確実とはいえず，この推定が誤りである可能性もあるが，その（失敗の）確率を事前にコントロールしておきたい．
>
> 高校数学では，母平均の推定と，母比率の推定（THEME 50）を学ぶ．

POINT 151 正規分布と "1.96"，"2.58"

確率変数Zが標準正規分布$N(0, 1)$に従うとき，正規分布表より

$$P(-1.96 \leq Z \leq 1.96) = 0.4750 \cdot 2 = 0.95 = 95\%$$

がわかる．同様に

$$P(-2.58 \leq Z \leq 2.58) = 0.4951 \cdot 2 = 0.9902 = 99\%$$

もわかる（小さい誤差を無視した）．

そこで，正規分布$N(m, \sigma^2)$（ただし，$\sigma > 0$）に従う確率変数Xがあるとき，その標準化

$Z = \dfrac{X-m}{\sigma}$ を考えて，

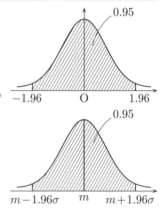

$$P(m-1.96\sigma \leq X \leq m+1.96\sigma)$$
$$= P\left(\frac{(m-1.96\sigma)-m}{\sigma} \leq \frac{X-m}{\sigma} \leq \frac{(m+1.96\sigma)-m}{\sigma}\right)$$
$$= P(-1.96 \leq Z \leq 1.96) = 95\%$$

であるとわかる．同様に，$P(m-2.58\sigma \leq X \leq m+2.58\sigma) = 99\%$ もわかる．

POINT 152 母平均の推定

各個体が確率変数Xで表される変量を持つ母集団があり，$E(X) = m$，$V(X) = \sigma^2$ だとする．大きさnの標本を作り，その標本平均 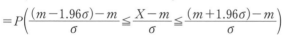 $\overline{X} = \dfrac{X_1 + \cdots + X_n}{n}$ を考える．以下，nは十分大きいものとする．

$\overline{X}$ は $N\left(m, \dfrac{\sigma^2}{n}\right)$ に従うと考えてよいから，POINT 151 より

$$P\left(m - \frac{1.96\sigma}{\sqrt{n}} \leqq \overline{X} \leqq m + \frac{1.96\sigma}{\sqrt{n}}\right) = 95\%$$

がわかる．だから，標本平均の実測値を $\overline{x}$ とすると，十分多数回無作為抽出を行うとき，そのうちおよそ 95％ では，「$m - \dfrac{1.96\sigma}{\sqrt{n}} \leqq \overline{x} \leqq m + \dfrac{1.96\sigma}{\sqrt{n}}$ である」…①という主張が正しいと考えられる．

さて，①は「$\overline{x} - \dfrac{1.96\sigma}{\sqrt{n}} \leqq m \leqq \overline{x} + \dfrac{1.96\sigma}{\sqrt{n}}$ である」…②とも言える．つまり，母標準偏差 σ があらかじめわかっていて，大きさ n の標本を作りその標本平均 $\overline{x}$ を十分多数回実測したとすると，そのうちおよそ 95％ では，②の区間が母平均 m を含んでいると考えられる．②の区間を，母平均 m に対する**信頼度**（または**信頼係数**）95％ の**信頼区間**という．信頼区間の幅は $2 \cdot \dfrac{1.96\sigma}{\sqrt{n}}$ であり，母標準偏差 σ に比例し，標本の大きさの平方根 $\sqrt{n}$ に反比例する．

これと同様に，$\overline{x} - \dfrac{2.58\sigma}{\sqrt{n}} \leqq m \leqq \overline{x} + \dfrac{2.58\sigma}{\sqrt{n}}$ は母平均 m に対する信頼度 99％ の信頼区間であり，その幅は $2 \cdot \dfrac{2.58\sigma}{\sqrt{n}}$ である．

POINT 153 母標準偏差を標本標準偏差で代用すること

POINT 152 の母平均の推定は「母標準偏差 σ を既知として，未知の母平均 m を推定する」ものだが，m がわからないのに σ はわかっているという状況は現実的ではない．実際上は σ もわからず，そのため，標本の標準偏差 s を求めて，これを σ の代わりに用いることがある．標本の大きさ n が十分大きければ，この代用による結果のずれはあまり大きくないと考えてよい．

EXERCISE 49 ●母平均の推定

問 1 ある会社が製造する板チョコの重さの標準偏差は 3 g であるという．この会社の板チョコ 100 枚を買って調べたところ，その重さの平均は 99 g だった．この会社の板チョコの平均の重さ m g に対する信頼度 95％ の信頼区間を求めよ．

問 2 箱の中の球がたくさんあり，それぞれの球には 10, 20, 30 のどれかが 1 つずつ書かれている．ここから球を 350 個取って調べたところ，10 と書かれた球，20 と書かれた球，30 と書かれた球がそれぞれ 140 個，140 個，70 個あった．

(1)　350 個の球に書かれた数の平均と標準偏差を求めよ.

(2)　箱の中の球すべてに書かれた数の平均 m に対する信頼度 95 % の信頼区間を求めよ. ただし, (1)で求めた標本の標準偏差を母標準偏差に代用してよい.

問 3　ある県の男子高校 3 年生の身長の平均を信頼度 95 % で推定するが, そのとき, 信頼区間の幅を 0.7 cm 以下にしたい.

(1)　この県の男子高校 3 年生の身長の標準偏差が 6 cm のとき, 何人以上を無作為抽出し標本を作ればよいか. 一の位を四捨五入した値で答えよ.

(2)　(1)に比べて標準偏差が 1.5 倍だったとすると, 必要な標本の大きさは何倍になるか.

解答　**問 1**　$99 - \dfrac{1.96 \cdot 3}{\sqrt{100}} \leqq m \leqq 99 + \dfrac{1.96 \cdot 3}{\sqrt{100}}$, すなわち **$98.412 \leqq m \leqq 99.588$**
が求める信頼区間である.

問 2　(1)　平均は　$\dfrac{10 \times 140 + 20 \times 140 + 30 \times 70}{350} = 18$,

分散は　$\dfrac{(10-18)^2 \times 140 + (20-18)^2 \times 140 + (30-18)^2 \times 70}{350} = 56$,

よって, 標準偏差は　$\sqrt{56} = 2\sqrt{14}$.

(2)　$18 - \dfrac{1.96 \cdot 2\sqrt{14}}{\sqrt{350}} \leqq m \leqq 18 + \dfrac{1.96 \cdot 2\sqrt{14}}{\sqrt{350}}$, すなわち **$17.216 \leqq m \leqq 18.784$** が
求める信頼区間である.

問 3　(1)　標本の大きさを n とすると, 信頼区間の幅は $2 \cdot \dfrac{1.96 \cdot 6}{\sqrt{n}}$ cm だから,

$2 \cdot \dfrac{1.96 \cdot 6}{\sqrt{n}} \leqq 0.7$, つまり $\sqrt{n} \geqq 33.6$, すなわち, $n \geqq 1128.96$ であればよい.
つまり, **1130 人以上**抽出すればよい.

(2)　$2 \cdot \dfrac{1.96 \cdot 6}{\sqrt{n}}$ の分子が 1.5 倍になるので分母も 1.5 倍にする必要がある. よって, n を 1.5^2 倍, つまり **2.25 倍**にする必要がある.

✚PLUS　**問 1**, **問 2** では信頼区間の端の値を小数第 3 位まで計算しましたが, そこまで細かい値は統計を考える上であまり意味はないので, これを (**問 3**(1)のように) 概数にしてもよいところです. 共通テストでは, このことは問題文の指示に従えばよいでしょう. たとえば「小数第二位を四捨五入せよ」とあれば, **問 1** では $98.4 \leqq m \leqq 99.6$, **問 2**(2)では $17.2 \leqq m \leqq 18.8$ と答えることになります.

50 母比率の推定

🏛 **GUIDANCE** 集団に2種類のもの（ある政党を支持する人としない人，など）があり，その比率を知るために標本調査をすることはよくある（世論調査など）．では，標本での比率は，実際の母集団が持つ比率（母比率）をどのくらい正確に知らせてくれるだろうか．ここでは，標本の大きさと，母比率に対する信頼区間との関係を学ぶ．

POINT 154 母比率の推定

母集団のなかで，性質Aを持つ個体が全体に占める割合のことを，（性質Aを持つ個体の母集団での）**母比率**という．

母比率 p を推定するために，大きさ n の（十分大きな）標本をとる．標本のうちで性質Aを持つものが X 個あったとすると，標本での性質Aを持つものの比率（標本比率）は $p_0 = \dfrac{X}{n}$ である．X, p_0 は確率変数である．

このとき，p に対する信頼度 95 % の信頼区間は

$$p_0 - 1.96\sqrt{\frac{p_0(1-p_0)}{n}} \leqq p \leqq p_0 + 1.96\sqrt{\frac{p_0(1-p_0)}{n}} \quad \cdots(*)$$

であると考えてよい．なお，$(*)$ で 1.96 を 2.58 にかえると，信頼度が 99 % になる．

$(*)$ の導出の過程は，近似を何回か必要とするやや複雑なものである（EXERCISE 50 **問 1** を参照）．

EXERCISE 50 ●母比率の推定

問 1 母比率に対する信頼度 95 % の信頼区間を得るために以下のように考えた．空欄に適切な数式を補え．

母集団のなかで，性質Aを持つ個体が全体に占める割合が p であるとする．このとき，母集団から個体を1つ無作為抽出したときにそれが性質Aを持っている確率は $\boxed{\text{ア}}$ である．

大きさ n が十分大きい（しかし母集団の大きさよりは十分小さい）無作為標本を作り，その個体のうち性質Aを持つものの個数を X, 比率を p_0

とする．このとき $p_0 = \dfrac{X}{\boxed{イ}}$，$X = \boxed{イ} \cdot p_0$ である．この抽出はたとえ非復元抽出であったとしても近似的に復元抽出だと見なしてよい．だから，確率変数 X は二項分布 $B(\boxed{ウ}, \boxed{エ})$ に従うと考えてよい．その平均は $\boxed{オ}$，分散は $\boxed{カ}$ である．さらに今の場合は，二項分布を正規分布で近似してよく，X は正規分布 $N(\boxed{オ}, \boxed{カ})$ に従うとしてよい．したがって，確率変数 $p_0 = \dfrac{X}{\boxed{イ}}$ は，平均 $\dfrac{\boxed{オ}}{\boxed{イ}} = \boxed{キ}$，分散 $\dfrac{\boxed{カ}}{\boxed{イ}^2} = \boxed{ク}$ の正規分布 $N(\boxed{キ}, \boxed{ク})$ に従うとしてよい．

$Z = \dfrac{p_0 - \boxed{キ}}{\boxed{ケ}}$ とおくと，Z は標準正規分布 $N(0, 1)$ に従うとしてよいから，$P(-1.96 \le Z \le 1.96) = 0.95$ である．

したがって，$P(-1.96 \cdot \boxed{ケ} \le p_0 - \boxed{キ} \le 1.96 \cdot \boxed{ケ}) = 0.95$，すなわち $P(p_0 - 1.96 \cdot \boxed{ケ} \le \boxed{キ} \le p_0 + 1.96 \cdot \boxed{ケ}) = 0.95$ である．

ここで，標本の大きさ n が十分大きいことから，（未知の）母比率 p は（実測値である）p_0 に十分近いと考えられる．そこで，$\boxed{ケ}$ での p をすべて p_0 に置き換えた不等式，

$$P(p_0 - 1.96 \cdot \boxed{コ} \le \boxed{キ} \le p_0 + 1.96 \cdot \boxed{コ}) = 0.95$$

が成立すると考えてよい．したがって，POINT 154 の（＊）のように，母比率 p に対する信頼度 95% の信頼区間が得られる．

問2 ある選挙区で A 候補の陣営が有権者から 625 人を無作為抽出して A 候補への支持・不支持を問うたところ，325 人が支持，300 人が不支持の回答だった．A 候補の支持率に対する信頼度 95% の信頼区間を求めよ．信頼区間の端点は百分率の整数値とせよ．また，計算にあたって，$625 \fallingdotseq 624 = 52 \times 48 \times \dfrac{1}{4}$ を必要に応じて用いよ．

問3 (1) ある母集団に対して標本調査により母比率を推定したところ，信頼区間の幅が d であった．この次に，同じ信頼度で，信頼区間の幅が $\dfrac{d}{2}$ であるような母比率の推定を行うためには，標本の大きさを先ほどの何倍にするとよいと考えられるか．

(2) 母比率 p の推定では，同じ大きさの標本を作ったとしても，p の値により信頼区間の幅は広めになったり狭めになったりすると考えられる．次の場合に信頼区間の幅がどうなると考えられるか．

(a) p の値が $\dfrac{1}{2}$ に近いとき．

(b) p の値が 0，あるいは 1 に近いとき.

解答 **問1** ア：p イ：n ウ：n エ：p オ：np カ：$np(1-p)$

キ：p ク：$\dfrac{p(1-p)}{n}$ ケ：$\sqrt{\dfrac{p(1-p)}{n}}$ コ：$\sqrt{\dfrac{p_0(1-p_0)}{n}}$

問2 POINT 154 の (∗) で，$n=625$，$p_0=\dfrac{325}{625}=0.52$ として，

$$0.52-1.96\sqrt{\frac{0.52\times 0.48}{625}}\leqq p\leqq 0.52+1.96\sqrt{\frac{0.52\times 0.48}{625}}$$

を得る．ここで

$$1.96\sqrt{\frac{0.52\times 0.48}{625}}\fallingdotseq 1.96\sqrt{\frac{0.52\times 0.48}{52\times 48\times\frac{1}{4}}}=1.96\sqrt{\frac{4}{10000}}=0.0392\fallingdotseq 0.04$$

としてよいから，求める信頼区間は $0.52-0.04\leqq p\leqq 0.52+0.04$，すなわち
48 %≦p≦56 % である．

問3 POINT 154 の (∗) では，信頼区間の幅は $d=2\cdot 1.96\sqrt{\dfrac{p_0(1-p_0)}{n}}$ である．ここで，定数 1.96 は信頼度を 95 % にしたときの値だが，ほかの信頼度にしても，この部分の値が別の値になるだけで，定数であることは変わらない．

(1) n を変えても p_0（標本での比率）は大きく変わらないだろう．よって，d
を半分にするには $\sqrt{n}$ を 2 倍に，つまり標本の大きさを **4 倍**にするとよい．

(2) $p_0(1-p_0)$ の値が大きいほど信頼区間の幅は広く
なる．そして $0\leqq p_0\leqq 1$ の範囲での $p_0(1-p_0)$ の値
は，右のグラフ（放物線の一部）のように変動する．
p_0（比率の実測値）は p（母比率）に近いと考えられ
るので，信頼区間の幅は，**(a)のときには広めに**，
(b)のときには狭めになる．

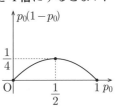

✚PLUS 母比率 p は，次のようにして，母平均の一種だとも考えられます．大きさ
n の標本の各個体について，その i 番目が性質Aを持っていれば $Y_i=1$，持っていな
ければ $Y_i=0$，として Y_1，Y_2，…，Y_n を定めると，これらの標本平均がちょうど標
本での比率 p_0 に一致します：$p_0=\overline{Y}=\dfrac{Y_1+Y_2+\cdots+Y_n}{n}$．ここから THEME 49 で
学んだ母平均の推定の考え方を用いて，母比率の推定を行うこともできます．

51 仮説検定

> **GUIDANCE**　ある製品が，品質改善の努力のすえに壊れにくくなった，ということを，どうしたら説得力をもって広報できるだろうか．「壊すのにこれだけの力が必要です」と示すのだが，製品全部について実験するわけにはいかず，標本調査をすることになる．しかし，たまたま頑丈な製品を偏って選んでしまったのでは？といわれたら，どう反論できるだろうか.
>
> 　仮説検定は，このようなときに，統計を利用して誤る確率の低い判断をするための手法である.

POINT 155 帰無仮説とその棄却

　統計データを用いて，あることからAが正しいと主張したいとする．ほとんどの場合，「絶対に正しい」とは言えない．そこで，ある数値 $p\%$ を設定して，「Aが正しくない確率は $p\%$ 以下だ」というように主張することがある．数値 $p\%$ を**有意水準**といい，高校の教科書では5%，1% などがよく採用される.

　仮説検定では，まず「これが正しくないと言えれば，A が正しいと言える」という仮説Bを立てる．このBを**帰無仮説**といい，主張したいAを**対立仮説**という．そして，Bが正しいという仮定のもとで，標本調査の結果として起きた事象が起こる確率を求める．その確率が $p\%$ より低ければ，「Bを仮定すると起こる確率の低いことが起こったことになりおかしい，だからBは正しくなく，A が正しいのだ」と判断する．一方，その確率が $p\%$ より高ければ，統計的にはBを否定する根拠は得られないのでAは主張できず，またBを肯定できるわけでもないので，この場合は何も判断できない.

　帰無仮説が正しくないと判断することを，帰無仮説を**棄却する**という．帰無仮説は，棄却することを意図して立てる仮説である.

POINT 156 棄却域，片側検定と両側検定

　仮説検定において，標本調査の結果として得られる数値がある範囲に属する確率を考えることがある．特に，「この数値がこの範囲に属する確率は $p\%$ 以下である」ということを論拠として，帰無仮説を棄却することが多い．このとき，この範囲を**棄却域**という.

　棄却域は，状況によって，「a 以上の範囲」のようにとるときと，「a 以上の範囲と b 以下の範囲をあわせたもの」のようにとるときがある.

前者の場合の検定を**片側検定**といい，後者の場合を**両側検定**という．

EXERCISE 51 ●仮説検定

※以下の問題では p.179 の正規分布表を用いよ．

問1　コインを 64 回投げたところ，うち 39 回表が出た．ちょうど半分の 32 回より多く出たと感じたAさんは，「このコインを投げて表が出る確率は $\frac{1}{2}$ である」という帰無仮説を立てて有意水準 5% の片側検定をして，対立仮説「このコインを投げて表が出る確率は $\frac{1}{2}$ より大きい」を主張できるか考えた．以下，二項分布 $B\left(64, \frac{1}{2}\right)$ は正規分布 $N(32, 4^2)$ で近似できるとする．

(1)　Aさんの帰無仮説のもとで「64 回中 39 回以上表が出る」確率を求めよ．

(2)　Aさんの行う片側検定での，「64 回中で表が出る回数」についての棄却域を求めよ．

(3)　Aさんの片側検定の結果を述べよ．

(4)　もし，Aさんの片側検定が有意水準 1% で行われていたならば，結果はどうだったか．

問2　ある会社が販売する 500 g 入り表示の小麦粉について，ある 1 か月に出荷されたものの 1 袋の重さの標準偏差は 21 g であり，そのうち 400 袋を調べたところ平均の重さは 502.1 g であった．この 1 か月に出荷されたこの小麦粉の 1 袋の重さの平均（m g とする）が 500 g と異なると判断できるかどうかを，有意水準を 5% として両側検定したい．

(1)　帰無仮説と対立仮説を立てよ．

(2)　両側検定の結果を述べよ．

問3　4 つのマンガ P，Q，R，S から 1 つに投票する人気投票があった．投じられた票から無作為に 768 票を抽出して調べたところ，210 票が P への投票だった．このことから，P への投票が全投票に対して占める割合が $\frac{1}{4}$ より高いといえるかどうかを，有意水準 5% で片側検定せよ．

解答　**問1**　(1)　64 回中 X 回表が出るとして，X は $N(32, 4^2)$ に近似的に従うと考えられるから，$Z = \dfrac{X-32}{4}$ とおくと，Z は $N(0, 1)$ に近似的に従う．
　　求める確率は

$$P(X \geqq 39) = P\left(\frac{X-32}{4} \geqq \frac{39-32}{4}\right) = P(Z \geqq 1.75) = 0.5 - 0.4599 = 0.0401$$

より，**約4%**である.

(2) $P(Z \geqq 1.64) = 0.5 - 0.4495 \fallingdotseq 0.05$ より，棄却域は $Z \geqq 1.64$，すなわち

$\dfrac{X-32}{4} \geqq 1.64$，つまり $X \geqq 38.56$ で，X が整数であるので $X \geqq 39$ としてよい.

(3) (1)より $P(X \geqq 39) < 5\%$ であり，(2)より $X = 39$ は棄却域に属する. どちらを論拠としても，**帰無仮説は棄却され，対立仮説が採られる**.

(4) (1)より $P(X \geqq 39) > 1\%$ であるから，帰無仮説は棄却されず，したがって，**何も主張されない**.

問2 (1) 帰無仮説は「$m = 500$」，対立仮説は「$m \neq 500$」.

(2) 帰無仮説のもとで，400 袋での 1 袋の小麦粉の平均の重さ $\overline{X}$ g は，正規分布 $N\left(500, \dfrac{21^2}{400}\right)$ つまり $N(500, 1.05^2)$ に近似的に従うから，$Z = \dfrac{\overline{X} - 500}{1.05}$ とすると，Z は $N(0, 1)$ に近似的に従う. 調べるべきことは「$\overline{X}$ が $m = 500$ と $|502.1 - 500| = 2.1$ 以上差がある確率」であり，これは

$$P(|\overline{X} - 500| \geqq 2.1) = P\left(|Z| \geqq \frac{2.1}{1.05}\right) = P(|Z| \geqq 2) = 2P(Z \geqq 2)$$
$$= 2 \cdot (0.5 - 0.4772) = 0.0456$$

であり，有意水準である 0.05 より小さい. よって，帰無仮説は棄却されて，**「この 1 か月に出荷されたこの小麦粉 1 袋の平均の重さは 500 g ではない」と判断できる**.

問3 全投票中でPへの投票が占める割合を p とし，帰無仮説を「$p = \dfrac{1}{4}$」，対立仮説を「$p > \dfrac{1}{4}$」とする. 768 票中でのPへの投票が X 票あるとすると，

$$Z = \frac{X - 768 \times \dfrac{1}{4}}{\sqrt{768 \times \dfrac{1}{4} \times \left(1 - \dfrac{1}{4}\right)}} = \frac{X - 192}{12} \text{ は近似的に } N(0, 1) \text{ に従うので，}$$

$$P(X \geqq 210) = P\left(Z \geqq \frac{210 - 192}{12}\right) = P(Z \geqq 1.5) = 0.5 - 0.4332 = 0.0668$$

と考えられる. この確率は有意水準 0.05 より大きい. よって，帰無仮説は棄却できず，**Pへの投票が全投票に対して占める割合が $\dfrac{1}{4}$ より高いとは判断できない**.

✚PLUS 仮説検定で必要な計算は，帰無仮説さえ立ててしまえば，あとはここまで学んできたことと同様に考えてできます.

コラム 統計での「似ている」「近似」について

　高校の数学の教科書全体のうちで，統計のページでは，ほかに比べてやたらと「似ている」「近似できる」「見なしてよい」などの文言が目につく．正確に式の計算ができたり，グラフや図形の形やその方程式がはっきりしたりするほかの単元と勝手が違い，とまどう人もいるのではないかと思う．

　共通テストでは，問題を解く上で必要な「近似できる」「見なしてよい」は必ず，教科書に載っているか，さもなくば問題文に書いてあると考えてよいだろう．だから共通テスト対策としては，どんなときに「似ている」と思ってよいのだろう…と悩む必要はない．しかし，このことを考えてみたい人もいるだろう．以下，その助けになるかもしれないことを述べてみる．

● 数値の近似

　「標準正規分布 $N(0,\ 1)$ に Z が従うとき，$P(|Z| \leq z)=0.95$ となる z の値は $z=1.96$ である」といったときの "1.96" は，実は概数である．そもそも正規分布表に載っている数値がどれも近似値である．標準正規分布の確率密度関数 $f(x)=\dfrac{1}{\sqrt{2\pi}}e^{-\frac{x^2}{2}}$ の定積分は簡単にできるものではなく，これらの正確な値はすぐにわかるものではないのである．しかし，統計の現場では，概数でも十分役に立つ．それは，統計でのいろいろな作業（標本調査や推定，検定など）が実験や実測など偶然性があることであり，もとから誤差を含むものだからである．

　同じ理由で，たとえば正規分布表を用いた推定で「18.325%」という結果を得たとき，これをそのまま答えとするべきか，18.3% とするべきか，あるいは18%？…などと深刻に悩む必要はあまりない．共通テストであれば問題文にのときに応じた指示があるから，それに従えばよい．

● 数式の近似

　母比率の推定（THEME 50）で

$$p_0-1.96\sqrt{\frac{p(1-p)}{n}} \leq p \leq p_0+1.96\sqrt{\frac{p(1-p)}{n}} \qquad \cdots ①$$

という式を，「p は p_0 と近いから」という理由で

$$p_0-1.96\sqrt{\frac{p_0(1-p_0)}{n}} \leq p \leq p_0+1.96\sqrt{\frac{p_0(1-p_0)}{n}} \qquad \cdots ②$$

に書きかえて，これを信頼度 95% の信頼区間とした．しかし，左辺と右辺の p だけを p_0 に改めて，中辺の p はそのまま……とは，なんだか怪しく感じる人もいるのではないか．

　これは次のように考えると正当化できる．①は，少し大変な計算により

$$\frac{p_0+\dfrac{1.96^2}{2n}}{1+\dfrac{1.96^2}{n}}-\frac{\dfrac{1.96}{\sqrt{n}}\sqrt{p_0(1-p_0)+\dfrac{1.96^2}{4n}}}{1+\dfrac{1.96^2}{n}}\leqq p$$

$$\leqq\frac{p_0+\dfrac{1.96^2}{2n}}{1+\dfrac{1.96^2}{n}}+\frac{\dfrac{1.96}{\sqrt{n}}\sqrt{p_0(1-p_0)+\dfrac{1.96^2}{4n}}}{1+\dfrac{1.96^2}{n}}\quad\cdots\text{③}$$

と同値だとわかる．ここに現れる $\dfrac{1.96}{\sqrt{n}}$ と $\dfrac{1.96^2}{n}$, $\dfrac{1.96^2}{2n}$, $\dfrac{1.96^2}{4n}$ では，n が十分大きいときは，$\dfrac{1.96}{\sqrt{n}}$ よりそのほかは圧倒的に小さいので，この式全体でその影響は無視できる．そこで③において，$\dfrac{1.96^2}{n}$, $\dfrac{1.96^2}{2n}$, $\dfrac{1.96^2}{4n}$ をすべて 0 に置き換えると，それが②になるのである．

　一般に，近似をするときにそれが正当であると述べる手続きは，そんなに簡単ではない．高校数学を学び終えたあとには，そのようなこともだんだんに考えることになる．

● 確率分布の近似

　n が十分大きいときに二項分布 $B(n,\ p)$ が正規分布 $N(np,\ np(1-p))$ に「似ている」こと，そして，母平均 m，母分散 σ^2 の母集団から無作為抽出された大きさ n の標本平均 $\overline{X}$ の分布は n が十分大きければ正規分布 $N\!\left(m,\ \dfrac{\sigma^2}{n}\right)$ と「見なせる」ことは，共通テスト対策としても最重要項目として熟知しなければならないことであり，もちろん問題を解くにあたってもどんどん使ってよいことである．しかし，分布が「似ている」とはどういうことなのか，また，そもそも n がどのくらい大きければ「十分」なのか，そのときの誤差はどのくらいなのか，はなんともはっきりしない．これはまた，復元抽出と非復元抽出を「同様に扱う」話でも生じていることである．母集団の大きさが標本の大きさに比べて十分大きければ両者のちがいは小さい，というのだが，どのくらい「大きければ」どのくらい「小さい」のかは，よくわからない．

　このようなことは，ずっと不明確なままなのではない．大学以降で数学（この話の場合は確率論と数理統計学）を学べば，確率分布が「似ている」ことの数学的意味，その度合いの定量化についてきちんと理論があり，さまざまな統計処理がそれに基づいて行われていることがわかるだろう．

　いま君たちが学んでいる数学の先には，より広くより深い数学が，どこまでも続いている．ぜひ，まだ見ぬ数学世界を楽しみにして，一歩一歩学んでほしい．

正規分布表

次の表は，標準正規分布の分布曲線における右図の
灰色部分の面積の値をまとめたものである．

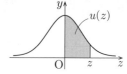

z	0.00	0.01	0.02	0.03	0.04	0.05	0.06	0.07	0.08	0.09
0.0	0.0000	0.0040	0.0080	0.0120	0.0160	0.0199	0.0239	0.0279	0.0319	0.0359
0.1	0.0398	0.0438	0.0478	0.0517	0.0557	0.0596	0.0636	0.0675	0.0714	0.0753
0.2	0.0793	0.0832	0.0871	0.0910	0.0948	0.0987	0.1026	0.1064	0.1103	0.1141
0.3	0.1179	0.1217	0.1255	0.1293	0.1331	0.1368	0.1406	0.1443	0.1480	0.1517
0.4	0.1554	0.1591	0.1628	0.1664	0.1700	0.1736	0.1772	0.1808	0.1844	0.1879
0.5	0.1915	0.1950	0.1985	0.2019	0.2054	0.2088	0.2123	0.2157	0.2190	0.2224
0.6	0.2257	0.2291	0.2324	0.2357	0.2389	0.2422	0.2454	0.2486	0.2517	0.2549
0.7	0.2580	0.2611	0.2642	0.2673	0.2704	0.2734	0.2764	0.2794	0.2823	0.2852
0.8	0.2881	0.2910	0.2939	0.2967	0.2995	0.3023	0.3051	0.3078	0.3106	0.3133
0.9	0.3159	0.3186	0.3212	0.3238	0.3264	0.3289	0.3315	0.3340	0.3365	0.3389
1.0	0.3413	0.3438	0.3461	0.3485	0.3508	0.3531	0.3554	0.3577	0.3599	0.3621
1.1	0.3643	0.3665	0.3686	0.3708	0.3729	0.3749	0.3770	0.3790	0.3810	0.3830
1.2	0.3849	0.3869	0.3888	0.3907	0.3925	0.3944	0.3962	0.3980	0.3997	0.4015
1.3	0.4032	0.4049	0.4066	0.4082	0.4099	0.4115	0.4131	0.4147	0.4162	0.4177
1.4	0.4192	0.4207	0.4222	0.4236	0.4251	0.4265	0.4279	0.4292	0.4306	0.4319
1.5	0.4332	0.4345	0.4357	0.4370	0.4382	0.4394	0.4406	0.4418	0.4429	0.4441
1.6	0.4452	0.4463	0.4474	0.4484	0.4495	0.4505	0.4515	0.4525	0.4535	0.4545
1.7	0.4554	0.4564	0.4573	0.4582	0.4591	0.4599	0.4608	0.4616	0.4625	0.4633
1.8	0.4641	0.4649	0.4656	0.4664	0.4671	0.4678	0.4686	0.4693	0.4699	0.4706
1.9	0.4713	0.4719	0.4726	0.4732	0.4738	0.4744	0.4750	0.4756	0.4761	0.4767
2.0	0.4772	0.4778	0.4783	0.4788	0.4793	0.4798	0.4803	0.4808	0.4812	0.4817
2.1	0.4821	0.4826	0.4830	0.4834	0.4838	0.4842	0.4846	0.4850	0.4854	0.4857
2.2	0.4861	0.4864	0.4868	0.4871	0.4875	0.4878	0.4881	0.4884	0.4887	0.4890
2.3	0.4893	0.4896	0.4898	0.4901	0.4904	0.4906	0.4909	0.4911	0.4913	0.4916
2.4	0.4918	0.4920	0.4922	0.4925	0.4927	0.4929	0.4931	0.4932	0.4934	0.4936
2.5	0.4938	0.4940	0.4941	0.4943	0.4945	0.4946	0.4948	0.4949	0.4951	0.4952
2.6	0.4953	0.4955	0.4956	0.4957	0.4959	0.4960	0.4961	0.4962	0.4963	0.4964
2.7	0.4965	0.4966	0.4967	0.4968	0.4969	0.4970	0.4971	0.4972	0.4973	0.4974
2.8	0.4974	0.4975	0.4976	0.4977	0.4977	0.4978	0.4979	0.4979	0.4980	0.4981
2.9	0.4981	0.4982	0.4982	0.4983	0.4984	0.4984	0.4985	0.4985	0.4986	0.4986
3.0	0.4987	0.4987	0.4987	0.4988	0.4988	0.4989	0.4989	0.4989	0.4990	0.4990
3.1	0.4990	0.4991	0.4991	0.4991	0.4992	0.4992	0.4992	0.4992	0.4993	0.4993
3.2	0.4993	0.4993	0.4994	0.4994	0.4994	0.4994	0.4994	0.4995	0.4995	0.4995
3.3	0.4995	0.4995	0.4995	0.4996	0.4996	0.4996	0.4996	0.4996	0.4996	0.4997
3.4	0.4997	0.4997	0.4997	0.4997	0.4997	0.4997	0.4997	0.4997	0.4997	0.4998
3.5	0.4998	0.4998	0.4998	0.4998	0.4998	0.4998	0.4998	0.4998	0.4998	0.4998

52 ベクトルとその演算

GUIDANCE　ベクトルを用いて図形を考えることの最大の利点は，「図形そのものを計算の対象にできる」ことである．ベクトルなしでは発想や工夫，うまい補助線などが必要な図形の問題を，定跡どおりのベクトルの計算で解決できる場面は多い．

　ベクトルを存分に活用するには，その演算の法則を熟知し，計算に習熟する必要がある．ここではまず，ベクトルの演算についてまとめておこう．

POINT 157 有向線分とベクトル

　線分の両端のうち一方を始点，他方を終点として向きをつけたものを有向線分という．

ベクトルとしてはすべて等しい

　平行移動によって始点と終点が重なり合う有向線分すべてをひとまとめにして，この全体が1つのベクトルを定めているものと考える．ベクトルは**大きさと向き**（どちらももとになる有向線分が持っているものと同じ）を持っている．大きさと向きが互いに同じである2つのベクトルは**等しい**と言われ，等号で結ばれる．

　始点が A，終点が B である有向線分で表されるベクトルを $\overrightarrow{AB}$ と書く．また，ベクトルは $\vec{x}$，$\vec{y}$ などの矢印をつけた文字で表されることもある．

　ベクトル $\overrightarrow{AB}$ の大きさを $|\overrightarrow{AB}|$，ベクトル $\vec{x}$ の大きさを $|\vec{x}|$ と表す．実数に対する絶対値の記号と見かけは同じだが内容は異なるので，注意が必要である．

　始点と終点が一致するような有向線分も認めるとして，これが表すベクトルを**零ベクトル**と呼び，記号 $\vec{0}$ で表す．$\vec{0}$ の大きさは 0 である．また，$\vec{0}$ は向きを持たない特殊なベクトルである．

POINT 158 ベクトルの和と実数倍

　2つのベクトル $\vec{x}$，$\vec{y}$ の和，$\vec{x}+\vec{y}$ は次のように定義する：

　有向線分 AB が $\vec{x}$ を，有向線分 BC が $\vec{y}$ を表すように3点 A, B, C をとり，ベクトル $\overrightarrow{AC}$ を $\vec{x}+\vec{y}$ と定める．

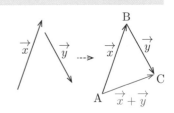

$\vec{0}$ でないベクトル $\vec{x}$ と実数 k に対して, $\vec{x}$ の
k 倍, $k\vec{x}$ は次のように定義する:

$k>0$ のときは, $\vec{x}$ と同じ向きで大きさが k
倍のベクトルを $k\vec{x}$ と定める. $k<0$ のときは,
$\vec{x}$ と反対向きで大きさが $-k$ 倍のベクトルを
$k\vec{x}$ と定める. $k=0$ のときは, $k\vec{x}$ は零ベクト
ル $\vec{0}$ だと定める.

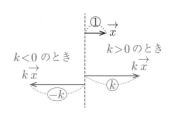

一方, $\vec{0}$ については, 任意の実数 k に対して $k\vec{0}$ は $\vec{0}$ であると定める.

$1\vec{x}=\vec{x}$ である. また $(-1)\vec{x}$ を $-\vec{x}$ とも書く. $-\vec{x}$ は $\vec{x}$ と同じ大きさで反
対向きのベクトルであり, これを $\vec{x}$ の逆ベクトルという. $\overrightarrow{AB}$ の逆ベクトル
$-\overrightarrow{AB}$ は $\overrightarrow{BA}$ に等しい.

2つのベクトル $\vec{x}$, $\vec{y}$ に対して $\vec{x}+(-\vec{y})$ を $\vec{x}-\vec{y}$ とも書き, $\vec{x}$ と $\vec{y}$ の差と
いう.

POINT 159 ベクトルの内積

2つのベクトル $\vec{x}$, $\vec{y}$ の内積, $\vec{x}\cdot\vec{y}$ は次のように定
義する:

$\vec{x}$, $\vec{y}$ がどちらも $\vec{0}$ でないときには, 2つのベクト
ルのなす角を θ として, $\vec{x}\cdot\vec{y}=|\vec{x}||\vec{y}|\cos\theta$ と定める.
$\vec{x}$, $\vec{y}$ のどちらかが $\vec{0}$ のときは $\vec{x}\cdot\vec{y}=0$ と定める.

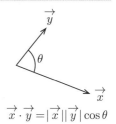

$\vec{x}\cdot\vec{y}=|\vec{x}||\vec{y}|\cos\theta$

POINT 160 ベクトルの計算法則

● ベクトルの和と実数倍の計算については, ベクトル $\vec{x}$, $\vec{y}$, … を文字とし
て見て, 実数を係数とする1次式の計算だと思って計算すればよい. 結合法
則や交換法則, 分配法則なども1次式のときと同様に成り立つので, 使って
よい.

● ベクトルの内積についても,「2つのベクトル $\vec{x}$, $\vec{y}$ の内積 $\vec{x}\cdot\vec{y}$」を,「2つ
の文字 x, y の積 xy」のように見て計算してよい. ただし, 以下の点は文字
計算とは異なるので要注意.

- 2つのベクトル $\vec{x}$, $\vec{y}$ の内積 $\vec{x}\cdot\vec{y}$ は, ベクトルではなく実数である
  (2つの実数の積がやはり実数であるのとは状況が異なる).

- 3つ以上のベクトルの"内積"はない (3つ以上の文字の積 xyz などは
  ある).

- $\vec{x}\cdot\vec{x}$ は $|\vec{x}|^2$ に等しい ($\vec{x}^2$ とは書かない).

- $|\vec{x}\cdot\vec{y}|$ と $|\vec{x}||\vec{y}|$ は異なる．前者はベクトルの内積 $\vec{x}\cdot\vec{y}$（これは実数）の絶対値である．後者はベクトルの大きさ $|\vec{x}|$, $|\vec{y}|$（これらは実数）の積である．一般に，$|\vec{x}\cdot\vec{y}|\leqq|\vec{x}||\vec{y}|$ が成り立つ．

EXERCISE 52 ●ベクトルとその演算

問1 右の図で，△OFI は正三角形であり，A，C は辺 OF の，B，E は辺 OI の，G，H は辺 FI のそれぞれ3等分点である．$\overrightarrow{OA}=\vec{a}$, $\overrightarrow{OB}=\vec{b}$ として，次のベクトルを $\vec{a}$, $\vec{b}$ を用いて表せ．

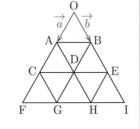

(1) $\overrightarrow{CG}$ (2) $\overrightarrow{DB}$ (3) $\overrightarrow{AG}$ (4) $\overrightarrow{CD}$ (5) $\overrightarrow{FE}$

問2 $\dfrac{1}{3}(2\vec{x}+\vec{y})-\dfrac{1}{5}(\vec{x}-3\vec{y})$ を計算せよ．

問3 $\begin{cases}4\vec{x}+\ \vec{y}=\vec{a}\\5\vec{x}+2\vec{y}=\vec{b}\end{cases}$ が成り立っているとする．$\vec{x}$, $\vec{y}$ を $\vec{a}$, $\vec{b}$ を用いて表せ．

問4 $|\vec{a}|=2$, $|\vec{b}|=3$, $\vec{a}\cdot\vec{b}=-3$ のとき，$(\vec{a}-2\vec{b})\cdot(4\vec{a}-\vec{b})$ の値を求めよ．

解答 **問1** (1) $\overrightarrow{CG}=\overrightarrow{OB}=\vec{b}$. (2) $\overrightarrow{DB}=\overrightarrow{AO}=-\vec{a}$.

(3) $\overrightarrow{AG}=\overrightarrow{AC}+\overrightarrow{CG}=\overrightarrow{OA}+\overrightarrow{OB}=\vec{a}+\vec{b}$. (4) $\overrightarrow{CD}=\overrightarrow{CA}+\overrightarrow{AD}=-\vec{a}+\vec{b}$.

(5) $\overrightarrow{FE}=\overrightarrow{FO}+\overrightarrow{OE}=3\overrightarrow{AO}+2\overrightarrow{OB}=-3\vec{a}+2\vec{b}$.

問2 $\dfrac{1}{3}(2\vec{x}+\vec{y})-\dfrac{1}{5}(\vec{x}-3\vec{y})=\dfrac{5(2\vec{x}+\vec{y})-3(\vec{x}-3\vec{y})}{15}=\dfrac{10\vec{x}+5\vec{y}-3\vec{x}+9\vec{y}}{15}$

$=\dfrac{7\vec{x}+14\vec{y}}{15}$. なお，これは $\dfrac{7}{15}\vec{x}+\dfrac{14}{15}\vec{y}$ と書いてもよい．1次式の記法と同様．

問3 連立方程式を解くつもりでよい．加減法や代入法も同じように使える．たとえば，第1式の2倍から第2式を引くと，$2(4\vec{x}+\vec{y})-(5\vec{x}+2\vec{y})=2\vec{a}-\vec{b}$,

すなわち $3\vec{x}=2\vec{a}-\vec{b}$ より $\vec{x}=\dfrac{2}{3}\vec{a}-\dfrac{1}{3}\vec{b}$ を得る．そしてこれと第1式により，$\vec{y}=\vec{a}-4\vec{x}=\vec{a}-4\left(\dfrac{2}{3}\vec{a}-\dfrac{1}{3}\vec{b}\right)=-\dfrac{5}{3}\vec{a}+\dfrac{4}{3}\vec{b}$ を得る．

問4 $(\vec{a}-2\vec{b})\cdot(4\vec{a}-\vec{b})=\vec{a}\cdot4\vec{a}-\vec{a}\cdot\vec{b}-2\vec{b}\cdot4\vec{a}+2\vec{b}\cdot\vec{b}$

$=4\vec{a}\cdot\vec{a}-\vec{a}\cdot\vec{b}-8\vec{a}\cdot\vec{b}+2\vec{b}\cdot\vec{b}=4|\vec{a}|^2-9\vec{a}\cdot\vec{b}+2|\vec{b}|^2$

$=4\cdot2^2-9\cdot(-3)+2\cdot3^2=\mathbf{61}$.

✚PLUS ベクトルとは何か，その和や実数倍，内積とは何かを，まずは正確に理解していないと，それ以上は何もできません．よく確認してください．

THEME

53 ベクトルの演算が持つ図形的意味

GUIDANCE　ベクトルの和と実数倍，それに内積の定義を理解できたら，次に考えるべきことは，それらの概念が持つ図形的意味である．ベクトルを用いて問題を解決するときは，計算と図形的考察の両方をうまく織り混ぜて話を進めていく．そのためには，演算が図形のどのようなことに対応するのかわかっておくのがよい．

POINT 161 ベクトルの和・差の図形的意味

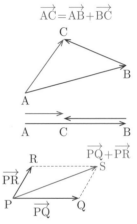

- 一般に，$\overrightarrow{AC}=\overrightarrow{AB}+\overrightarrow{BC}$ であるから，
  - 3点 A，B，C が三角形の頂点であるときには，$\overrightarrow{AB}+\overrightarrow{BC}$ は AB，BC 以外の1辺 AC に相当するベクトル $\overrightarrow{AC}$ になる．
  - 3点 A，B，C が一直線上にあるときにも，A から B，B から C への移動を，向きも込めて合わせたものが $\overrightarrow{AC}$ になることは，変わらない．

- 平行四辺形 PQSR について，$\overrightarrow{PS}=\overrightarrow{PQ}+\overrightarrow{QS}=\overrightarrow{PQ}+\overrightarrow{PR}$ である．つまり，隣接する2辺が表すベクトル $\overrightarrow{PQ}$，$\overrightarrow{PR}$ の和 $\overrightarrow{PQ}+\overrightarrow{PR}$ は，平行四辺形の対角線を表すベクトルになる．

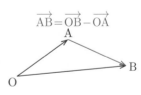

- 3点 O，A，B について，$\overrightarrow{AB}=\overrightarrow{AO}+\overrightarrow{OB}=-\overrightarrow{OA}+\overrightarrow{OB}=\overrightarrow{OB}-\overrightarrow{OA}$，すなわち $\overrightarrow{AB}=\overrightarrow{OB}-\overrightarrow{OA}$ が成り立つ．これは，△OAB の1辺 AB に相当するベクトル $\overrightarrow{AB}$ が，他の2辺に相当するベクトル $\overrightarrow{OA}$，$\overrightarrow{OB}$ の差で表されるということである．

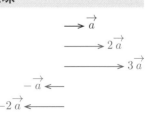

POINT 162 ベクトルの実数倍の図形的意味

- $\vec{0}$ でない2つのベクトル $\vec{a}$，$\vec{b}$ は，同じ向きかまたは反対向きのとき，**平行である**（$\vec{a}\,/\!/\,\vec{b}$ と書く）という．このとき $\vec{b}$ は，0でないある実数 k によって $\vec{b}=k\vec{a}$ と書き表される．なお k の値は，$\vec{a}$ と $\vec{b}$ が同じ向きならば $\dfrac{|\vec{b}|}{|\vec{a}|}$，

反対向きならば $-\dfrac{|\vec{b}|}{|\vec{a}|}$ である.

● 大きさが1のベクトルを単位ベクトルという. $\vec{a}$ が $\vec{0}$ でないとき, $\vec{a}$ と平行な単位ベクトルは $\dfrac{\vec{a}}{|\vec{a}|}$, $-\dfrac{\vec{a}}{|\vec{a}|}$ の2つである.

POINT 163 ベクトルの1次結合の図形的意味

● ベクトル $\vec{a_1}$, $\vec{a_2}$, $\cdots$, $\vec{a_n}$ に対して, $k_1\vec{a_1}+k_2\vec{a_2}+\cdots+k_n\vec{a_n}$ (k_1, k_2, $\cdots$, k_n は実数) と表されるベクトルを, $\vec{a_1}$, $\vec{a_2}$, $\cdots$, $\vec{a_n}$ の1次結合という.

● 平面上にベクトル $\vec{a}$, $\vec{b}$ があり, この2つを組み合わせて平行四辺形が作れるとする. このとき, この平面上にあるすべてのベクトル $\vec{x}$ は, $\vec{a}$, $\vec{b}$ の1次結合としてただ1通りに表される:すなわち, $\vec{x}=k\vec{a}+l\vec{b}$ をみたす実数の組 (k, l) が, ただ1通りだけ存在する.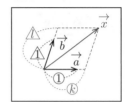

● 空間内にベクトル $\vec{a}$, $\vec{b}$, $\vec{c}$ があり, この3つを組み合わせて**平行六面体**が作れるとする. このとき, 空間内にあるすべてのベクトル $\vec{x}$ は, $\vec{a}$, $\vec{b}$, $\vec{c}$ の1次結合としてただ1通りに表される:すなわち, $\vec{x}=k\vec{a}+l\vec{b}+m\vec{c}$ をみたす実数の組 (k, l, m) が, ただ1通りだけ存在する.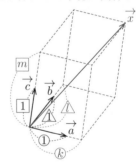

● なお, 平行四辺形を形成する2つのベクトルは**1次独立**であるという. 平行六面体を形成する3つのベクトルは1次独立であるという.

POINT 164 ベクトルの内積の図形的意味

● $\vec{a}$, $\vec{b}$ のなす角を θ とすると, $\vec{a}\cdot\vec{b}=|\vec{a}||\vec{b}|\cos\theta$ であるが, 図のように直角三角形を作ると, $|\vec{b}|\cos\theta$ は, $\vec{b}$ を $\vec{a}$ の向きへ正射影したものの長さを表しているとわかる (ただし, θ が鈍角のときはこの数量は負になる). よって, 内積 $\vec{a}\cdot\vec{b}$ は, $\vec{a}$, $\vec{b}$ の大きさを $\vec{a}$ の向き 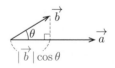 についてだけ見て (その結果 $\vec{a}$ の大きさは変わらず $|\vec{a}|$, $\vec{b}$ については $|\vec{b}|\cos\theta$ に変わる), その積を作ったものである.

● 特に $\vec{a}$ が単位ベクトルである ($|\vec{a}|=1$) ときを考えると, $\vec{a}\cdot\vec{x}$ はそのまま「$\vec{x}$ の大きさを $\vec{a}$ の向きについてだけで見た」数量になる. これは, $\vec{a}$ の向きを高さの向きと見なして, 「$\vec{x}$ の高さ」を測ったものだとも言える.

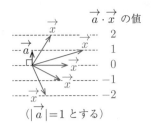

● $\vec{a}\neq\vec{0}$, $\vec{b}\neq\vec{0}$ のとき, $\vec{a}\cdot\vec{b}=|\vec{a}||\vec{b}|\cos\theta$ の $\cos\theta$ に注目すると

$\vec{a}$, $\vec{b}$ のなす角が鋭角 $\Longleftrightarrow \vec{a}\cdot\vec{b}>0$
$\vec{a}$, $\vec{b}$ のなす角が直角 $\Longleftrightarrow \vec{a}\cdot\vec{b}=0$
$\vec{a}$, $\vec{b}$ のなす角が鈍角 $\Longleftrightarrow \vec{a}\cdot\vec{b}<0$

がわかる. 特になす角が直角のとき, $\vec{a}$, $\vec{b}$ は**垂直**だ ($\vec{a}\perp\vec{b}$ と書く) という.

EXERCISE 53 ●ベクトルの演算が持つ図形的意味

問 1 平行四辺形 OACB について, $|\overrightarrow{OA}|=3$, $|\overrightarrow{OB}|=2$, $\overrightarrow{OA}\cdot\overrightarrow{OB}=1$ である. 対角線 OC を $1:2$ に内分する点を P とする. $\overrightarrow{OA}=\vec{a}$, $\overrightarrow{OB}=\vec{b}$ として, 以下の問いに答えよ.

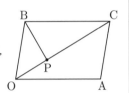

(1) $\overrightarrow{OP}$ を $\vec{a}$, $\vec{b}$ の1次結合で表せ.
(2) $\overrightarrow{PB}$ を $\vec{a}$, $\vec{b}$ の1次結合で表せ.
(3) ∠OPB が鋭角, 直角, 鈍角のどれであるか判定せよ.

解答 **問 1** (1) まず $\overrightarrow{OC}=\overrightarrow{OA}+\overrightarrow{OB}=\vec{a}+\vec{b}$ である. そして $\overrightarrow{OP}$ は $\overrightarrow{OC}$ と同じ向きで大きさが $\frac{1}{3}$ 倍だから, $\overrightarrow{OP}=\frac{1}{3}\overrightarrow{OC}=\frac{1}{3}(\vec{a}+\vec{b})=\dfrac{1}{3}\vec{a}+\dfrac{1}{3}\vec{b}$ である.

(2) $\overrightarrow{PB}=\overrightarrow{OB}-\overrightarrow{OP}=\vec{b}-\left(\frac{1}{3}\vec{a}+\frac{1}{3}\vec{b}\right)=-\dfrac{1}{3}\vec{a}+\dfrac{2}{3}\vec{b}$.

(3) $\overrightarrow{PO}\cdot\overrightarrow{PB}=-\overrightarrow{OP}\cdot\overrightarrow{PB}=-\left(\frac{1}{3}\vec{a}+\frac{1}{3}\vec{b}\right)\cdot\left(-\frac{1}{3}\vec{a}+\frac{2}{3}\vec{b}\right)=\frac{1}{9}(|\vec{a}|^2-\vec{a}\cdot\vec{b}-2|\vec{b}|^2)$

$=\frac{1}{9}(3^2-1-2\cdot2^2)=0$ であるから, ∠OPB は**直角**である.

➕PLUS **問 1** では, $|\overrightarrow{OA}|=3$, $|\overrightarrow{OB}|=2$, $\overrightarrow{OA}\cdot\overrightarrow{OB}=1$ によって平行四辺形の形がまず確定していて, その上で点Pの位置が定められています. このような場合, (1), (2) のように新しい点Pに関するベクトル ($\overrightarrow{OP}$, $\overrightarrow{PB}$) をもとからあるベクトル ($\overrightarrow{OA}=\vec{a}$, $\overrightarrow{OB}=\vec{b}$) を用いて表すことで, 図形を"計算"する第一歩を踏み出せることが多いです.

54 ベクトルの成分表示

「東へ 2 km，北へ 3 km 進んだ場所」などの言い方は自然でわかりやすい．これは，地図上に東西南北という座標軸があるため，移動の説明がしやすくなっているのである．座標が入った平面や空間でベクトルを考えるとき，これと同様に「x 軸方向へ 2，y 軸方向へ 3 進むベクトル」などと表現できる．これが，ベクトルの成分表示である．

POINT **165** ベクトルの成分表示

座標平面上のベクトル $\vec{a}$ について，それが表す移動により x 座標が p，y 座標が q 増えるとき，$\vec{a}$ の成分表示は $(p,\ q)$ であるといい，$\vec{a}=(p,\ q)$ と書く．p を $\vec{a}$ の x 成分，q を $\vec{a}$ の y 成分という．なお，$\vec{a}=\begin{pmatrix} p \\ q \end{pmatrix}$ と書くこともある．

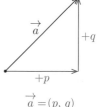

$$\vec{a}=(p,\ q)$$

座標空間内でも同様に，ベクトル $\vec{a}$ の成分表示 $\vec{a}=(p,\ q,\ r)$ が考えられる．$p,\ q,\ r$ をそれぞれ $\vec{a}$ の x 成分，y 成分，z 成分という．

POINT **166** ベクトルの演算と成分表示

● 平面ベクトル（2 次元ベクトル）$\vec{a},\ \vec{b}$ が $\vec{a}=(a_1,\ a_2),\ \vec{b}=(b_1,\ b_2)$ と成分表示されるとき，和，実数倍，内積について，次が成り立つ：
  - $\vec{a}+\vec{b}=(a_1+b_1,\ a_2+b_2)$.
  - $k\vec{a}=(ka_1,\ ka_2)$ （k は実数）.
  - $\vec{a}\cdot\vec{b}=a_1 b_1+a_2 b_2$.
● 空間ベクトル（3 次元ベクトル）$\vec{a},\ \vec{b}$ が $\vec{a}=(a_1,\ a_2,\ a_3),\ \vec{b}=(b_1,\ b_2,\ b_3)$ と成分表示されるとき，和，実数倍，内積について，次が成り立つ：
  - $\vec{a}+\vec{b}=(a_1+b_1,\ a_2+b_2,\ a_3+b_3)$.
  - $k\vec{a}=(ka_1,\ ka_2,\ ka_3)$ （k は実数）.
  - $\vec{a}\cdot\vec{b}=a_1 b_1+a_2 b_2+a_3 b_3$.
※ 内積についての等式は，内積の定義と余弦定理によって証明される．

以下, 空間ベクトルについて述べるが, 平面ベクトルでも同様である.

● 2点 $A(a_1,\ a_2,\ a_3)$, $B(b_1,\ b_2,\ b_3)$ について,

$\overrightarrow{AB}$ の成分表示は $\overrightarrow{AB}=(b_1-a_1,\ b_2-a_2,\ b_3-a_3)$

であり,

$\overrightarrow{AB}$ の大きさは $|\overrightarrow{AB}|=\sqrt{(b_1-a_1)^2+(b_2-a_2)^2+(b_3-a_3)^2}$

である. 特にAが原点 $O(0,\ 0,\ 0)$ と一致するときは,

$$\overrightarrow{OB}=(b_1,\ b_2,\ b_3),\ |\overrightarrow{OB}|=\sqrt{b_1{}^2+b_2{}^2+b_3{}^2}$$

である.

● 2つのベクトル $\vec{a}=(a_1,\ a_2,\ a_3)$, $\vec{b}=(b_1,\ b_2,\ b_3)$ がどちらも $\vec{0}$ でないとき,

$\vec{a}\,/\!/\,\vec{b}\Longleftrightarrow\vec{b}=k\vec{a}$ となる実数 k が存在する

$\Longleftrightarrow b_1=ka_1$ かつ $b_2=ka_2$ かつ $b_3=ka_3$ となる実数 k が存在する

が成り立つ.

● $\vec{0}$ でない2つのベクトル $\vec{a}=(a_1,\ a_2,\ a_3)$, $\vec{b}=(b_1,\ b_2,\ b_3)$ がなす角を θ とする. 内積の定義より $\vec{a}\cdot\vec{b}=|\vec{a}||\vec{b}|\cos\theta$ である. これと

$\vec{a}\cdot\vec{b}=a_1b_1+a_2b_2+a_3b_3$, $|\vec{a}|=\sqrt{a_1{}^2+a_2{}^2+a_3{}^2}$, $|\vec{b}|=\sqrt{b_1{}^2+b_2{}^2+b_3{}^2}$ を合わせると,

$$\cos\theta=\frac{\vec{a}\cdot\vec{b}}{|\vec{a}||\vec{b}|}=\frac{a_1b_1+a_2b_2+a_3b_3}{\sqrt{a_1{}^2+a_2{}^2+a_3{}^2}\sqrt{b_1{}^2+b_2{}^2+b_3{}^2}}$$

が得られる. これを用いて, 成分表示が与えられている2つのベクトルのなす角 (の余弦) を知ることができる.

2つの平面ベクトル $\vec{a}$, $\vec{b}$ が1次独立 (POINT 163) であり, ベクトル $\vec{x}$ をその1次結合で表したいとする. このとき, $\vec{a}$, $\vec{b}$, $\vec{x}$ の成分表示が $\vec{a}=(a_1,\ a_2)$, $\vec{b}=(b_1,\ b_2)$, $\vec{x}=(x_1,\ x_2)$ と与えられていれば, 1次結合の式 $\vec{x}=k\vec{a}+l\vec{b}$ を $(x_1,\ x_2)=k(a_1,\ a_2)+l(b_1,\ b_2)$ すなわち $(x_1,\ x_2)=(ka_1+lb_1,\ ka_2+lb_2)$

として, k, l に関する連立方程式 $\begin{cases} x_1=ka_1+lb_1 \\ x_2=ka_2+lb_2 \end{cases}$ を解いて, 目的を達成できる.

特に $\vec{a}$, $\vec{b}$ が**基本ベクトル** $\vec{e_1}=(1,\ 0)$, $\vec{e_2}=(0,\ 1)$ であるときは簡単で, ただちに $\vec{x}=x_1\vec{e_1}+x_2\vec{e_2}$ が得られる. (教科書などでは, 「$\vec{x}$ の成分表示とは, $\vec{x}=x_1\vec{e_1}+x_2\vec{e_2}$ を成立させる実数の組 $(x_1,\ x_2)$ のことである」と定義されることもある.)

以上の話は, 1次独立な空間ベクトルの1次結合 $k\vec{a}+l\vec{b}+m\vec{c}$ についても同様である.

EXERCISE 54 ●ベクトルの成分表示

問1 図で，正六角形 ABCDEF は，O を中心とする半径 2 の円に内接している．$\overrightarrow{AB}$, $\overrightarrow{BC}$, $\overrightarrow{CD}$ の成分表示を求めよ．また，ベクトルの内積 $\overrightarrow{AB}\cdot\overrightarrow{BC}$, $\overrightarrow{AB}\cdot\overrightarrow{CD}$ の値を求めよ．

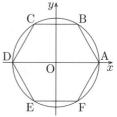

問2 3 点 A$(-1,\ 7,\ 0)$, B$(-3,\ 5,\ -1)$, C$(-2,\ 9,\ -2)$ について，$|\overrightarrow{BA}|$, $|\overrightarrow{BC}|$, $\overrightarrow{BA}\cdot\overrightarrow{BC}$ の値を求め，それをもとに ∠ABC の大きさを求めよ．

問3 $\vec{a}=(5,\ 2)$, $\vec{b}=(2,\ -1)$, $\vec{c}=(1,\ -2)$ で，$(\vec{a}+t\vec{b})/\!/\vec{c}$ である．実数 t の値を求めよ．

解答 **問1** $\overrightarrow{AB}=(-1,\ \sqrt{3})$, $\overrightarrow{BC}=(-2,\ 0)$, $\overrightarrow{CD}=(-1,\ -\sqrt{3})$. よって，$\overrightarrow{AB}\cdot\overrightarrow{BC}=(-1)(-2)+\sqrt{3}\cdot0=\mathbf{2}$, $\overrightarrow{AB}\cdot\overrightarrow{CD}=(-1)(-1)+\sqrt{3}(-\sqrt{3})=\mathbf{-2}$. なお，$\overrightarrow{AB}\cdot\overrightarrow{BC}=\overrightarrow{AB}\cdot\overrightarrow{AO}=|\overrightarrow{AB}||\overrightarrow{AO}|\cos\angle BAO=2\cdot2\cdot\cos60°=2$, と求めてもよい．

問2 $\overrightarrow{BA}=(-1-(-3),\ 7-5,\ 0-(-1))=(2,\ 2,\ 1)$,

$\overrightarrow{BC}=(-2-(-3),\ 9-5,\ -2-(-1))=(1,\ 4,\ -1)$,

よって，$|\overrightarrow{BA}|=\sqrt{2^2+2^2+1^2}=\mathbf{3}$, $|\overrightarrow{BC}|=\sqrt{1^2+4^2+(-1)^2}=\mathbf{3\sqrt{2}}$,

$\overrightarrow{BA}\cdot\overrightarrow{BC}=2\cdot1+2\cdot4+1\cdot(-1)=\mathbf{9}$ であり，

$\cos\angle ABC=\dfrac{\overrightarrow{BA}\cdot\overrightarrow{BC}}{|\overrightarrow{BA}||\overrightarrow{BC}|}=\dfrac{9}{3\cdot3\sqrt{2}}=\dfrac{1}{\sqrt{2}}$, ゆえに ∠**ABC**=**45°** である．

問3 $(\vec{a}+t\vec{b})/\!/\vec{c}$ なので，$\vec{a}+t\vec{b}=k\vec{c}$ …① となる実数 k が存在する．そして，

$$① \Longleftrightarrow (5+2t,\ 2-t)=(k,\ -2k) \Longleftrightarrow \begin{cases}5+2t=k\\2-t=-2k\end{cases} \Longleftrightarrow \begin{cases}t=-4\\k=-3\end{cases}$$

である．ゆえに，$t=-4$ である．

✚PLUS ベクトルの成分表示は，とにかく数値で表現されていて計算方法もわかりやすいので安心感があり，「なんでも成分表示で計算する」人が現れがちです．しかし，たとえば**問1**の解答の後半で述べたように，成分表示を用いずに簡単に計算できる場合もあります．経験を積んで，適宜使い分けられるようになりましょう．

THEME

55 点の位置とベクトル

GUIDANCE　ベクトルを用いて，点の位置を式に表したり，複数の点の位置の相互関係を考えたりできる．位置の表し方をすべての点に対して統一すると"位置ベクトル"という表現方法になり，後で一般的な図形を考えるとき便利なツールとなる．

POINT 169 同一直線上に点があること

以下，2点 A，B は相異なり，直線 AB を定めるとする．

直線 AB 上に点Pがあれば，$\overrightarrow{AP}=t\overrightarrow{AB}$ となる実数 t が存在する．逆に，点Pに対して $\overrightarrow{AP}=t\overrightarrow{AB}$ となる実数 t が存在するならば，Pは直線 AB 上にある．

直線 AB 上の点Pに対して，$\overrightarrow{AP}=t\overrightarrow{AB}$ をみたす実数 t は，ただ一通りに決まる．t の値とPの位置の関係は右図の通り．

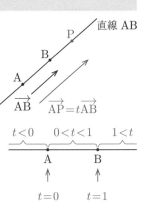

POINT 170 同一平面上に点があること

以下，3点 A，B，C は一直線上になく，平面 ABC を定めるとする．

平面 ABC 上に点Pがあれば，図のように $\overrightarrow{AP}$ の分解を考えて，$\overrightarrow{AP}=s\overrightarrow{AB}+t\overrightarrow{AC}$ となる実数 s，t が存在する．逆に，点Pに対して $\overrightarrow{AP}=s\overrightarrow{AB}+t\overrightarrow{AC}$ となる実数 s，t が存在するならば，Pは平面 ABC 上にある．

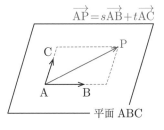

平面 ABC 上の点Pに対して，$\overrightarrow{AP}=s\overrightarrow{AB}+t\overrightarrow{AC}$ をみたす実数 s，t は，ただ一通りに決まる．s，t の値とPの位置の関係は右図の通り．

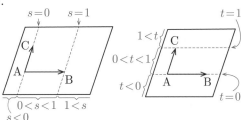

CHAPTER 8　ベクトル

POINT **171** 位置ベクトルとは

ある1点Oを固定して基準点とし，点Pの位置をベクトル $\overrightarrow{OP}$ によって表すことができる．$\overrightarrow{OP}=\vec{p}$ を点Pの**位置ベクトル**といい，$\vec{p}$ を位置ベクトルとする点Pを $P(\vec{p})$ と記す．

基準点Oが座標平面や座標空間の原点と一致するときは，点Pの位置ベクトルの成分は点Pの座標と同じものになる．

A($\vec{a}$)，B($\vec{b}$) に対して，$\overrightarrow{AB}=\vec{b}-\vec{a}$ である．

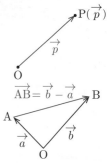

POINT **172** 内分点・外分点の位置ベクトル

2点 A($\vec{a}$)，B($\vec{b}$) に対し，AB を $m:n$ に内分する点を $P(\vec{p})$，AB を $m:n$ に外分する点を $Q(\vec{q})$ とすると，

$$\vec{p}=\frac{n\vec{a}+m\vec{b}}{m+n}, \quad \vec{q}=\frac{-n\vec{a}+m\vec{b}}{m-n}$$

である．特に，AB の中点の位置ベクトルは $\dfrac{\vec{a}+\vec{b}}{2}$ である．

3点 A($\vec{a}$)，B($\vec{b}$)，C($\vec{c}$) に対し，△ABC の重心を $G(\vec{g})$ とすると，
$\vec{g}=\dfrac{\vec{a}+\vec{b}+\vec{c}}{3}$ である．

EXERCISE 55 ●点の位置とベクトル

問1 空間内の3点 A(-2，3，1)，B(2，2，z)，C(x，5，-3) が一直線上に位置するように，実数 x，z の値を定めよ．

問2 空間内に4点 A(0，-1，5)，B(1，2，-1)，C(2，0，4)，P(3，y，9) がある．

(1) 3点 A，B，C が同一直線上にはないことを示せ．

(2) 点Pが平面 ABC 上に位置するように，実数 y の値を定めよ．

問3 平行四辺形 ABCD について，A を位置ベクトルの基準点として考え，B，D の位置ベクトルをそれぞれ $\vec{b}$，$\vec{d}$ とする（すなわち $\overrightarrow{AB}=\vec{b}$，$\overrightarrow{AD}=\vec{d}$ とする）．

(1) 点Cの位置ベクトルを $\vec{b}$，$\vec{d}$ で表せ．

(2) BC を $4:1$ に外分する点をPとし，DC を $3:1$ に内分する点をQとする．P，Q の位置ベクトルを $\vec{b}$，$\vec{d}$ で表し，3点 A，P，Q が一直線上にあることを示せ．また，AP：AQ を求めよ．

解答 **問1** $\overrightarrow{AB}=(4,\ -1,\ z-1)$, $\overrightarrow{AC}=(x+2,\ 2,\ -4)$ である. $\overrightarrow{AC}=t\overrightarrow{AB}$, すなわち

$$(x+2,\ 2,\ -4)=(4t,\ -t,\ t(z-1))\quad\cdots\text{①}$$

となる実数 t が存在するように, x, z の値を定めればよい. ①の y 成分を見ると $2=-t$, つまり $t=-2$ しか①が成立する可能性はなく, そのとき①は

$$(x+2,\ 2,\ -4)=(-8,\ 2,\ -2(z-1))$$

である. よって, これを成立させるように $x+2=-8$ かつ $-4=-2(z-1)$, すなわち $x=-10$ かつ $z=3$ と定める. これで $t=-2$ のもとで①が成立する.

問2 (1) $\overrightarrow{AB}=(1,\ 3,\ -6)$, $\overrightarrow{AC}=(2,\ 1,\ -1)$ で, 両者は平行でない. それは, もし平行だと仮定すると $\overrightarrow{AC}=k\overrightarrow{AB}$, すなわち

$(2,\ 1,\ -1)=(k,\ 3k,\ -6k)$ となる実数 k が存在するはずで, これは

「$k=2$ かつ $k=\dfrac{1}{3}$ かつ $k=\dfrac{1}{6}$ となる k がある」という矛盾を導くからである. ゆえに3点 A, B, C は同一直線上にない.

(2) $\overrightarrow{AP}=s\overrightarrow{AB}+t\overrightarrow{AC}$, すなわち

$$(3,\ y+1,\ 4)=(s+2t,\ 3s+t,\ -6s-t)\quad\cdots\text{②}$$

をみたす実数 s, t が存在するように y の値を定めればよい. ②を s, t, y の連立方程式として解くと, 解として $s=-1$, $t=2$, $y=-2$ を得る. よって, $y=-2$ とすればよい.

問3 (1) $\overrightarrow{AC}=\overrightarrow{AB}+\overrightarrow{AD}=\vec{b}+\vec{d}$ が, Cの位置ベクトルである.

(2) POINT 172 の公式より, P, Q の位置ベクトルはそれぞれ

$$\overrightarrow{AP}=\frac{-1\vec{b}+4(\vec{b}+\vec{d})}{4-1}=\frac{3\vec{b}+4\vec{d}}{3},\quad \overrightarrow{AQ}=\frac{1\vec{d}+3(\vec{b}+\vec{d})}{3+1}=\frac{3\vec{b}+4\vec{d}}{4}$$

である. よって, $\overrightarrow{AQ}=\dfrac{3}{4}\cdot\dfrac{3\vec{b}+4\vec{d}}{3}=\dfrac{3}{4}\overrightarrow{AP}$ が成り立っている. ゆえに,

3点 A, P, Q は同一直線上にある. また, $AP:AQ=1:\dfrac{3}{4}=4:3$ である.

➕PLUS **問3**(2)では, $\overrightarrow{AP}$ を求めるのに公式を用いず直接的に

$$\overrightarrow{AP}=\overrightarrow{AB}+\overrightarrow{BP}=\overrightarrow{AB}+\frac{4}{3}\overrightarrow{BC}=\vec{b}+\frac{4}{3}\vec{d}$$

としてもよいところです. 実は, POINT 172 の内分点・外分点の位置ベクトルの公式も, もとはといえばこのように証明したものでした.

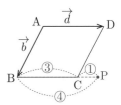

56　2次元平面内の図形とベクトル

GUIDANCE　2次元平面内の直線・線分，三角形領域，円をベクトルでどう表すかを学ぶ．座標を用いる表し方との関連も見ておこう．図形的な観察と代数的な計算をどちらも駆使して，状況を正確に把握しよう．

POINT 173　直線のパラメーター表示

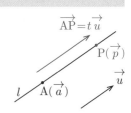

　直線と平行なベクトルをその直線の**方向ベクトル**という．直線は，その方向ベクトルと通る1点を与えると1つに定まる．

　$\vec{u}$ を方向ベクトルとし，点 $A(\vec{a})$ を通る直線を l とする．点 $P(\vec{p})$ が l 上にあることは，$\overrightarrow{AP}=t\vec{u}$ となる実数 t が存在することと同値である。ここで $\overrightarrow{AP}=t\vec{u}$ が $\vec{p}-\vec{a}=t\vec{u}$，さらに $\vec{p}=\vec{a}+t\vec{u}$ と書き直せることに注意して

　　　　点 $P(\vec{p})$ が l 上にある $\Longleftrightarrow$ $\vec{p}=\vec{a}+t\vec{u}$ となる実数 t が存在する

がわかる．等式 $\vec{p}=\vec{a}+t\vec{u}$ を直線 l の**パラメーター表示**（媒介変数表示）といい，t を**パラメーター**（媒介変数）という．

　座標平面上で直線 l を考え，$\vec{u}=(u,\ v)$，$\vec{a}=(a,\ b)$，$\vec{p}=(x,\ y)$ とすると，$\vec{p}=\vec{a}+t\vec{u}$ は $\begin{cases} x=a+ut \\ y=b+vt \end{cases}$ とも書ける．必要に応じて，この2式からパラメーター t を消去して，座標変数 $x,\ y$ を用いた直線 l の方程式を得られる．

　相異なる2点 $A(\vec{a})$，$B(\vec{b})$ があるとき，直線 AB は $\overrightarrow{AB}=\vec{b}-\vec{a}$ を方向ベクトルとして点 $A(\vec{a})$ を通る直線であるから，そのパラメーター表示として $\vec{p}=\vec{a}+t(\vec{b}-\vec{a})$，すなわち $\vec{p}=(1-t)\vec{a}+t\vec{b}$ を得る．これはまた，$1-t=s$ とおいて，$\vec{p}=s\vec{a}+t\vec{b}$ かつ $s+t=1$ とも書かれる．

　パラメーター表示 $\vec{p}=\vec{a}+t\vec{u}$，あるいは $\vec{p}=(1-t)\vec{a}+t\vec{b}$ において，t がすべての実数値をとり得るならば，$P(\vec{p})$ は直線上のすべての点となり得る．一方，t の値のとり得る範囲が限定されれば，$P(\vec{p})$ は直線の一部分にだけ存在できる．たとえば $\vec{p}=(1-t)\vec{a}+t\vec{b}$ で $0\leqq t\leqq 1$ のときは，$P(\vec{p})$ は線分 AB（両端を含む）上だけに存在できる．

POINT 174 直線の方程式（平面内で）

直線と垂直なベクトルをその直線の**法線ベクトル**という。

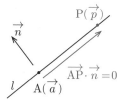

平面内では，直線は，その法線ベクトルと通る１点を与えると１つに定まる。

$\vec{n}$ を法線ベクトルとし，点 $A(\vec{a})$ を通る直線を l とする。点 $P(\vec{p})$ が l 上にあることは，$\overrightarrow{AP}\cdot\vec{n}=0$，すなわち $(\vec{p}-\vec{a})\cdot\vec{n}=0$ となることと同値である。等式 $(\vec{p}-\vec{a})\cdot\vec{n}=0$ を直線 l の**方程式**という。

座標平面上で直線 l を考え，$\vec{n}=(m,\ n),\ \vec{a}=(a,\ b),\ \vec{p}=(x,\ y)$ とすると，$(\vec{p}-\vec{a})\cdot\vec{n}=0$ は $m(x-a)+n(y-b)=0$ とも書ける。

一般に，定数 $m,\ n$ の少なくとも一方が 0 でないとき，$mx+ny=c$（c は定数）は直線の方程式であるが，これは適切な定数 $a,\ b$ により $m(x-a)+n(y-b)=0$ に書き直せる。ゆえに，「**直線 $mx+ny=c$ は，ベクトル $\vec{n}=(m,\ n)$ を法線ベクトルとする**」といえる。

POINT 175 平面内の三角形領域

平面内で，３点 $O(\vec{0})$，$A(\vec{a})$，$B(\vec{b})$ を頂点とする $\triangle OAB$ の内部と辺をあわせた領域を D とする。点 $P(\vec{p})$ について，

P が D に属する

$\iff$ $\begin{cases} \vec{p}=s\vec{a}+t\vec{b} \ \text{と表したとき，} s\geqq 0 \\ \text{かつ } t\geqq 0 \text{ かつ } s+t\leqq 1 \text{ である} \end{cases}$

が成立する。

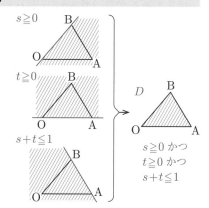

POINT 176 平面内の円

平面内で，中心 $C(\vec{c})$，半径 r の円周上に点 $P(\vec{p})$ がある必要十分条件は $|\overrightarrow{CP}|=r$ である。これを $|\overrightarrow{CP}|^2=r^2$，$\overrightarrow{CP}\cdot\overrightarrow{CP}=r^2$，$(\vec{p}-\vec{c})\cdot(\vec{p}-\vec{c})=r^2$ などと時に応じていろいろに書く。

EXERCISE 56 ● 2次元平面内の図形とベクトル

問1 座標平面上で, 直線 l は 2 点 A$(-1, 3)$, B$(2, 4)$ を通り, 直線 m は l に垂直で点 C$(3, -2)$ を通るとする.

(1) l の方向ベクトルを 1 つ, 成分表示せよ(答えは何通りもある).

(2) m の法線ベクトルを 1 つ, 成分表示せよ(答えは何通りもある).

(3) l と m の交点 P の座標を求めよ.

(4) (3)の P は線分 AB 上の点かそうではないか, 判定せよ.

問2 3 点 O$(\vec{0})$, A$(\vec{a})$, B$(\vec{b})$ に対し, $\vec{p}=2s\vec{a}-t\vec{b}$ とおく. 実数 s, t が $s \geqq 0$ かつ $t \geqq 0$ かつ $s+t \leqq 1$ をみたして動くとき, 点 P$(\vec{p})$ が動く範囲を図示せよ.

解答 問1 (1) $\overrightarrow{AB}=(2-(-1), 4-3)=(3, 1)$ が l の方向ベクトルの 1 つ.

(2) $l \perp m$ より, l の方向ベクトル $(3, 1)$ が m の法線ベクトルでもある.

(3) P(x, y) とおく. P は l 上にあるから $\overrightarrow{OP}=(1-t)\overrightarrow{OA}+t\overrightarrow{OB}$, すなわち $(x, y)=(-1+3t, 3+t)$ …① となる実数 t が存在する. また, P は m 上にあるから $\overrightarrow{CP} \cdot \overrightarrow{AB}=0$, すなわち $(x-3, y-(-2)) \cdot (3, 1)=0$, つまり $3(x-3)+(y+2)=0$ …② である. ①を②に代入して解くと $t=\dfrac{7}{10}$ を得る. これを①に代入して $(x, y)=\left(\dfrac{11}{10}, \dfrac{37}{10}\right)$ を得る. これが P の座標である.

(4) (3)より $\overrightarrow{OP}=\left(1-\dfrac{7}{10}\right)\overrightarrow{OA}+\dfrac{7}{10}\overrightarrow{OB}=\dfrac{3\overrightarrow{OA}+7\overrightarrow{OB}}{7+3}$ だから, P は AB を 7:3 に内分する点であり, したがって, **線分 AB 上にある**. なおこの結論は, $\overrightarrow{OP}=(1-t)\overrightarrow{OA}+t\overrightarrow{OB}$ を成立させる t の値 $\dfrac{7}{10}$ が 0 と 1 の間にあることからも直ちに得られる.

問2 $\vec{p}=s(2\vec{a})+t(-\vec{b})$ である. そこで点 A′, B′ を $\overrightarrow{OA'}=2\vec{a}=2\overrightarrow{OA}$, $\overrightarrow{OB'}=-\vec{b}=-\overrightarrow{OB}$ となるようにとる (図参照). すると, $\overrightarrow{OP}=s\overrightarrow{OA'}+t\overrightarrow{OB'}$ で, $s \geqq 0$, $t \geqq 0$, $s+t \leqq 1$ だから, 求める範囲は図の斜線部 (境界も含む).

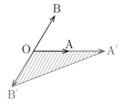

✚ PLUS 図形の表し方に, パラメーター表示と方程式表示の 2 種類があることは, 明確に認識するのがよいでしょう.

57 3次元空間内の図形とベクトル

🏛 **GUIDANCE** 3次元空間内では，2次元平面内でよりさらに多様な図形が考えられる．共通テスト対策としては，直線・線分と平面，それに球について学んでおけばよいだろう．2次元平面内での話と，同様のことと異なることが両方あるので，よく注意しよう．

POINT 177 3次元空間内の直線

直線のパラメーター表示については，POINT 173 で説明した2次元平面内でのことと大差はない．成分表示をしたときだけ，成分が3つになることに注意しよう．

直線 l が $\vec{u}$ を方向ベクトルとし，点 A($\vec{a}$) を通るとする．$\vec{u}=(u,\ v,\ w)$，$\vec{a}=(a,\ b,\ c)$ とすると，点 P($\vec{p}$) について，$\vec{p}=(x,\ y,\ z)$ とするとき

点 P($\vec{p}$) が l 上にある $\Longleftrightarrow \vec{p}=\vec{a}+t\vec{u}$ …① となる実数 t が存在する

$$\Longleftrightarrow \begin{cases} (x,\ y,\ z)=(a+tu,\ b+tv,\ c+tw) \ \cdots① ' \\ \text{となる実数 } t \text{ が存在する} \end{cases}$$

が成立する．なお，$u,\ v,\ w$ がどれも 0 でないとき，①′から t を消去すると

$$\frac{x-a}{u}=\frac{y-b}{v}=\frac{z-c}{w}$$

を得る．これが直線 l の方程式である．

POINT 178 3次元空間内の平面のパラメーター表示

3次元空間内の平面は，その平面に平行で1次独立な2つのベクトルと通る1点を与えると1つに定まる．

1次独立な2つのベクトル $\vec{u}$，$\vec{v}$ に平行で点 A($\vec{a}$) を通る平面を α とする．点 P($\vec{p}$) が α 上にあることは，$\overrightarrow{\mathrm{AP}}=s\vec{u}+t\vec{v}$ となる実数 $s,\ t$ が存在することと同値である．ここで $\overrightarrow{\mathrm{AP}}=s\vec{u}+t\vec{v}$ が $\vec{p}-\vec{a}=s\vec{u}+t\vec{v}$，さらに $\vec{p}=\vec{a}+s\vec{u}+t\vec{v}$ と書き直せることに注意して

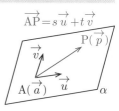

点 P($\vec{p}$) が α 上にある $\Longleftrightarrow \vec{p}=\vec{a}+s\vec{u}+t\vec{v}$ となる実数 $s,\ t$ が存在する

がわかる．等式 $\vec{p}=\vec{a}+s\vec{u}+t\vec{v}$ を平面 α の**パラメーター表示**（媒介変数表示）といい，$s,\ t$ を**パラメーター**（媒介変数）という．

一直線上にない3点 A($\vec{a}$)，B($\vec{b}$)，C($\vec{c}$) があるとき，平面 ABC は

$\overrightarrow{AB}=\vec{b}-\vec{a}$, $\overrightarrow{AC}=\vec{c}-\vec{a}$ に平行で点 A($\vec{a}$) を通る平面であるから,そのパラメーター表示として $\vec{p}=\vec{a}+s(\vec{b}-\vec{a})+t(\vec{c}-\vec{a})$,すなわち

$\vec{p}=(1-s-t)\vec{a}+s\vec{b}+t\vec{c}$ を得る.これはまた,$1-s-t=r$ とおいて,

$\vec{p}=r\vec{a}+s\vec{b}+t\vec{c}$ かつ $r+s+t=1$ とも書かれる.

パラメーター表示 $\vec{p}=\vec{a}+s\vec{u}+t\vec{v}$,あるいは $\vec{p}=(1-s-t)\vec{a}+s\vec{b}+t\vec{c}$ において,s, t がすべての実数値をとり得るならば,P($\vec{p}$) は平面上のすべての点となり得る.一方,s, t の値のとり得る範囲が限定されれば,P($\vec{p}$) は平面の一部分にだけ存在できる.たとえば $\vec{p}=(1-s-t)\vec{a}+s\vec{b}+t\vec{c}$ で $s\geqq0$, $t\geqq0$,$s+t\leqq1$ のときは,P($\vec{p}$) は △ABC(辺や頂点を含む)上だけに存在できる.

POINT 179 平面の方程式

平面と垂直なベクトルをその平面の**法線ベクトル**という.

空間内では,平面は,その法線ベクトルと通る1点を与えると1つに定まる.

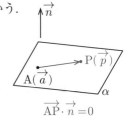

$\vec{n}$ を法線ベクトルとし,点 A($\vec{a}$) を通る平面を α とする.点 P($\vec{p}$) が α 上にあることは,$\overrightarrow{AP}\cdot\vec{n}=0$,すなわち $(\vec{p}-\vec{a})\cdot\vec{n}=0$ となることと同値である.等式 $(\vec{p}-\vec{a})\cdot\vec{n}=0$ を平面 α の**方程式**という.

座標空間内で平面 α を考え,$\vec{n}=(l,\ m,\ n)$,$\vec{a}=(a,\ b,\ c)$,$\vec{p}=(x,\ y,\ z)$ とすると,$(\vec{p}-\vec{a})\cdot\vec{n}=0$ は $l(x-a)+m(y-b)+n(z-c)=0$ とも書ける.

一般に,定数 l, m, n の少なくとも1つが0でないとき,$lx+my+nz=d$(d は定数)は平面の方程式であるが,これは適切な定数 a, b, c により $l(x-a)+m(y-b)+n(z-c)=0$ に書き直せる.ゆえに,

「平面 $lx+my+nz=d$ は,ベクトル $\vec{n}=(l,\ m,\ n)$ を法線ベクトルとする」 といえる.

POINT 180 球

空間内で,中心 C($\vec{c}$),半径 r の球面 S 上に点 P($\vec{p}$) がある必要十分条件は

$$|\overrightarrow{CP}|=r,\ |\overrightarrow{CP}|^2=r^2,\ \overrightarrow{CP}\cdot\overrightarrow{CP}=r^2,\ (\vec{p}-\vec{c})\cdot(\vec{p}-\vec{c})=r^2$$

などである.特に $\vec{c}=(a,\ b,\ c)$,$\vec{p}=(x,\ y,\ z)$ とするとき,これらは

$$(x-a)^2+(y-b)^2+(z-c)^2=r^2$$

と同値である.これが球面 S の**方程式**である.

EXERCISE 57 ● 3次元空間内の図形とベクトル

問1 座標空間で4点 A(1, 1, 2), B(0, 2, 5), C(−2, −1, 6), D(−3, 8, 5) を考える. 平面 ABC 上に点Pがあり, $\overrightarrow{AP}=s\overrightarrow{AB}+t\overrightarrow{AC}$ であるとする.

(1) $\overrightarrow{DP}$ の成分表示を s, t を用いて表せ.

(2) $\overrightarrow{DP}\perp\overrightarrow{AB}$ かつ $\overrightarrow{DP}\perp\overrightarrow{AC}$ となるように, s, t の値を定めよ.

(3) Dから平面 ABC へ下ろした垂線の足の座標を求めよ.

問2 座標空間で O(0, 0, 0), A(2, 0, 0) を考える. $\overrightarrow{OP}\cdot\overrightarrow{AP}=0$ をみたす点 P(x, y, z) の全体がなす図形を求めよ.

解答 **問1** (1) $\overrightarrow{DP}=\overrightarrow{AP}-\overrightarrow{AD}=s\overrightarrow{AB}+t\overrightarrow{AC}-\overrightarrow{AD}$

$=s(-1, 1, 3)+t(-3, -2, 4)-(-4, 7, 3)$

$=(\boldsymbol{-s-3t+4},\ \boldsymbol{s-2t-7},\ \boldsymbol{3s+4t-3}).$

(2) $\overrightarrow{DP}\cdot\overrightarrow{AB}=(-s-3t+4)\cdot(-1)+(s-2t-7)\cdot1+(3s+4t-3)\cdot3$

$=11s+13t-20,$

$\overrightarrow{DP}\cdot\overrightarrow{AC}=(-s-3t+4)\cdot(-3)+(s-2t-7)\cdot(-2)+(3s+4t-3)\cdot4$

$=13s+29t-10$

である. この2式の値を0にすればよい. $11s+13t-20=0$ と

$13s+29t-10=0$ を連立して解いて, 答えは $\boldsymbol{s=3}$, $\boldsymbol{t=-1}$ である.

(3) (2)のときのPが垂線の足である. このとき

$\overrightarrow{AP}=3\overrightarrow{AB}-1\overrightarrow{AC}=3(-1, 1, 3)-(-3, -2, 4)=(0, 5, 5)$ だから

$\overrightarrow{OP}=\overrightarrow{OA}+\overrightarrow{AP}=(1, 1, 2)+(0, 5, 5)=(1, 6, 7)$ である.

よって, 求める垂線の足の座標は $(\boldsymbol{1, 6, 7})$ である.

問2 点 P(x, y, z) について,

$\overrightarrow{OP}\cdot\overrightarrow{AP}=0\Longleftrightarrow(x, y, z)\cdot(x-2, y, z)=0$

$\Longleftrightarrow x^2-2x+y^2+z^2=0$

$\Longleftrightarrow x^2-2x+1+y^2+z^2=1$

$\Longleftrightarrow (x-1)^2+y^2+z^2=1$

であるから, 求める図形は**中心 (1, 0, 0)**, **半径1の球**である.

➕PLUS **問2**は「∠OPA=90° となる点全体のなす図形は?」という問いと (ほぼ) 同じです. 平面内であれば円周角の定理の逆から答えは円だとすぐわかるところでしたが, 原理は空間内でも同じです.

58　ベクトルを用いた図形の計量

> 🏛 **GUIDANCE**　ここまでに学んだベクトルの知識を用いて，線分の長さや角の大きさ，三角形の面積などが計算できる．共通テストやセンター試験では，図形に関するデータが与えられて，それをもとに誘導に従ってベクトルの計算を進めて結論を得る問題が多く出題されている．誘導の方針はいろいろあり，どのように誘導されるかはそのときにならないとわからない．だからこそ，基礎事項をもれなく理解しておく必要がある．

POINT 181　線分の長さの計量

　線分の長さは，比を考えるか，内積を用いるか，で調べられる．

- $\overrightarrow{AB}$, $\overrightarrow{CD}$ の間に $\overrightarrow{CD}=k\overrightarrow{AB}$ の関係があれば，$|\overrightarrow{CD}|=|k||\overrightarrow{AB}|$ である．すなわち，線分 CD の長さは線分 AB の $|k|$ 倍である（$|k|$ は実数 k の絶対値）．

- 一般に $\vec{x}\cdot\vec{x}=|\vec{x}|^2$ なので，ベクトル $\vec{x}$ の大きさは内積を用いて $|\vec{x}|=\sqrt{\vec{x}\cdot\vec{x}}$ と表される．もし，$\vec{x}=k\vec{a}+l\vec{b}$ であり，$|\vec{a}|^2(=\vec{a}\cdot\vec{a})$, $|\vec{b}|^2(=\vec{b}\cdot\vec{b})$, $\vec{a}\cdot\vec{b}$ の値が与えられているならば，等式
$$|\vec{x}|^2=\vec{x}\cdot\vec{x}=(k\vec{a}+l\vec{b})\cdot(k\vec{a}+l\vec{b})=k^2|\vec{a}|^2+2kl\vec{a}\cdot\vec{b}+l^2|\vec{b}|^2$$
によって $|\vec{x}|$ を求めることができる．ベクトル $\vec{y}$ が $\vec{y}=k\vec{a}+l\vec{b}+m\vec{c}$ と表されているときも同様に，$|\vec{a}|^2$, $|\vec{b}|^2$, $|\vec{c}|^2$, $\vec{a}\cdot\vec{b}$, $\vec{a}\cdot\vec{c}$, $\vec{b}\cdot\vec{c}$ の値から $|\vec{y}|$ を求められる．

POINT 182　角の大きさの計量

　$\vec{0}$ でない 2 つのベクトル $\vec{x}$, $\vec{y}$ のなす角を θ とすると，$\vec{x}\cdot\vec{y}=|\vec{x}||\vec{y}|\cos\theta$ であるから
$$\cos\theta=\frac{\vec{x}\cdot\vec{y}}{|\vec{x}||\vec{y}|}$$
である．したがって，ベクトルの大きさ $|\vec{x}|$, $|\vec{y}|$ と内積 $\vec{x}\cdot\vec{y}$ の値が与えられているならば，$\cos\theta$ の値を求められる．

　平面内の 2 直線のなす角は，それぞれの直線の方向ベクトルどうしがなす角を求めるか，あるいは，法線ベクトルどうしがなす角を求めるか，により得られる．

　空間内の 2 直線のなす角は，それぞれの直線の方向ベクトルどうしがなす角を求めることにより得られる．

　空間内の 2 平面のなす角は，それぞれの平面の法線ベクトルどうしがなす角

を求めることにより得られる.

POINT 183 三角形の面積

△OAB の面積 S は $S=\dfrac{1}{2}\sqrt{|\overrightarrow{\mathrm{OA}}|^2|\overrightarrow{\mathrm{OB}}|^2-(\overrightarrow{\mathrm{OA}}\cdot\overrightarrow{\mathrm{OB}})^2}$ で与えられる.

△OAB が座標平面上にあり，O$(0,\ 0)$，A$(a_1,\ a_2)$，B$(b_1,\ b_2)$ のときは，これを計算して $S=\dfrac{1}{2}|a_1b_2-a_2b_1|$ が成り立つことがわかる.

POINT 184 ベクトルを基本となるベクトルの1次結合で表すこと

ベクトルを用いて図形を考えるときにはしばしば，基本となるベクトルを（平面内では2つ，空間内では3つ）はじめに選び，その他のベクトルはすべてその1次結合で表す．基本とするベクトルの大きさや内積がわかっていれば，それをもとにさまざまな計算を進められる.

ベクトルの1次結合については次の事実が重要で，常用される.

● 2つのベクトル $\vec{a}$, $\vec{b}$ が1次独立であり，$\vec{x}=k_1\vec{a}+l_1\vec{b}$ かつ $\vec{x}=k_2\vec{a}+l_2\vec{b}$ であるならば，$k_1=k_2$ かつ $l_1=l_2$ である.

● 3つのベクトル $\vec{a}$, $\vec{b}$, $\vec{c}$ が1次独立であり，$\vec{x}=k_1\vec{a}+l_1\vec{b}+m_1\vec{c}$ かつ $\vec{x}=k_2\vec{a}+l_2\vec{b}+m_2\vec{c}$ であるならば，$k_1=k_2$ かつ $l_1=l_2$ かつ $m_1=m_2$ である.

EXERCISE 58 ●ベクトルを用いた図形の計量

問1 (1) $|\vec{a}|=3$，$|\vec{b}|=2$，$\vec{a}\cdot\vec{b}=-3$ のとき，ベクトル $\dfrac{2\vec{a}+\vec{b}}{3}$ の大きさを求めよ.

(2) OA$=3$，OB$=2$，∠AOB$=120°$ の △OAB について，AB を $1:2$ に内分する点をPとする．OP の長さを求めよ.

問2 座標平面上の2直線 $2x+3y=1$，$4x-y=3$ のなす角 θ の余弦を求めよ.

問3 △ABC で，辺 AB を $3:2$ に内分する点を D，辺 AC を $1:4$ に内分する点をEとし，2直線 BE，CD の交点をFとし，2直線 AF と BC の交点を G とする.

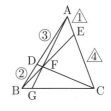

(1) $\overrightarrow{\mathrm{AB}}=\vec{b}$，$\overrightarrow{\mathrm{AC}}=\vec{c}$ として，$\overrightarrow{\mathrm{AF}}$，$\overrightarrow{\mathrm{AG}}$ を $\vec{b}$，$\vec{c}$ の1次結合で表せ.

(2) AF：AG を求めよ.

(3) BG：GC を求めよ.

解答 **問1** (1) $|2\vec{a}+\vec{b}|^2=4|\vec{a}|^2+4\vec{a}\cdot\vec{b}+|\vec{b}|^2=4\cdot3^2+4\cdot(-3)+2^2=28$,

よって，$|2\vec{a}+\vec{b}|=2\sqrt{7}$．したがって，$\dfrac{2\vec{a}+\vec{b}}{3}$ の大きさは $\dfrac{2\sqrt{7}}{3}$ である．

(2) $\overrightarrow{OA}\cdot\overrightarrow{OB}=3\cdot2\cdot\cos120°=-3$ なので，$\overrightarrow{OA}=\vec{a}$,

$\overrightarrow{OB}=\vec{b}$ とおくと，(1)と同じ状況である．そして

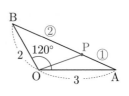

$\overrightarrow{OP}=\dfrac{2\vec{a}+1\vec{b}}{1+2}=\dfrac{2\vec{a}+\vec{b}}{3}$ なので，(1)の結果より，

$OP=|\overrightarrow{OP}|=\dfrac{2\sqrt{7}}{3}$ である．

問2 2つの直線は $\vec{n_1}=(2,3)$, $\vec{n_2}=(4,-1)$ を法線ベクトルとする (POINT 174)．$|\vec{n_1}|=\sqrt{2^2+3^2}=\sqrt{13}$, $|\vec{n_2}|=\sqrt{4^2+(-1)^2}=\sqrt{17}$, $\vec{n_1}\cdot\vec{n_2}=2\cdot4+3\cdot(-1)=5$

より，$\dfrac{\vec{n_1}\cdot\vec{n_2}}{|\vec{n_1}\|\vec{n_2}|}=\dfrac{5}{\sqrt{13}\cdot\sqrt{17}}=\dfrac{5\sqrt{221}}{221}$ である．この値は正なので，鋭角である

θ の余弦として適する．

問3 (1) Fは BE 上の点だから，$\overrightarrow{AF}=(1-s)\overrightarrow{AB}+s\overrightarrow{AE}$ …① となる実数 s が存在し，またFは CD 上の点だから，$\overrightarrow{AF}=(1-t)\overrightarrow{AC}+t\overrightarrow{AD}$ …② となる実数 t が存在する．$\overrightarrow{AD}=\dfrac{3}{5}\vec{b}$, $\overrightarrow{AE}=\dfrac{1}{5}\vec{c}$ を用いて①，②を計算すると

$$\overrightarrow{AF}=(1-s)\vec{b}+\dfrac{1}{5}s\vec{c} \text{ かつ } \overrightarrow{AF}=\dfrac{3}{5}t\vec{b}+(1-t)\vec{c} \cdots③$$

を得る．$\vec{b}$, $\vec{c}$ は1次独立だから，$1-s=\dfrac{3}{5}t$ かつ $\dfrac{1}{5}s=1-t$ である．これ

を解いて，$s=\dfrac{5}{11}$, $t=\dfrac{10}{11}$ を得る．よって，③より $\overrightarrow{AF}=\dfrac{6}{11}\vec{b}+\dfrac{1}{11}\vec{c}$ である．

次に，Gは AF 上の点だから，$\overrightarrow{AG}=k\overrightarrow{AF}$ …④ となる実数 k が存在し，またGは BC 上の点だから，$\overrightarrow{AG}=(1-r)\overrightarrow{AB}+r\overrightarrow{AC}$ …⑤ となる実数 r が存在する．$\overrightarrow{AF}$, $\overrightarrow{AB}$, $\overrightarrow{AC}$ を $\vec{b}$, $\vec{c}$ で表して④，⑤を計算すると

$$\overrightarrow{AG}=\dfrac{6}{11}k\vec{b}+\dfrac{1}{11}k\vec{c} \text{ かつ } \overrightarrow{AG}=(1-r)\vec{b}+r\vec{c} \cdots⑥$$

を得る．$\vec{b}$, $\vec{c}$ は1次独立だから，$\dfrac{6}{11}k=1-r$ かつ $\dfrac{1}{11}k=r$ である．これを

解いて，$k=\dfrac{11}{7}$ かつ $r=\dfrac{1}{7}$ を得る．よって，⑥より $\overrightarrow{AG}=\dfrac{6}{7}\vec{b}+\dfrac{1}{7}\vec{c}$ である．

(2) (1)の④より $\overrightarrow{AG}=\dfrac{11}{7}\overrightarrow{AF}$ だから，**AF : AG = 7 : 11** である．

(3) (1)の⑤より $\overrightarrow{AG}=\dfrac{6}{7}\overrightarrow{AB}+\dfrac{1}{7}\overrightarrow{AC}=\dfrac{6\overrightarrow{AB}+1\overrightarrow{AC}}{7}$ で，これはGが BC を

1 : 6 に内分していることを示している．ゆえに，**BG : GC = 1 : 6** である．

59　ベクトルを用いた図形の考察

GUIDANCE　図形の持つさまざまな性質を考察するには，初等幾何（数学A），座標幾何（数学Ⅱ）などの手法のほかに，ベクトルを用いる手法も非常に有力である．特に平行や垂直，あるいは"一直線上にある""同一平面上にある"などに対して，ベクトルは強力なツールとなる．共通テストでは，問題文の誘導に素直に乗って，順序立ててベクトルの計算を進めていくことになる．

POINT 185　位置ベクトルの基準点の定め方について

　位置ベクトルを用いて図形を考察するとき，基準点を1つ定めるが，これはどの点を選んでもよい．「基準点の選び方が悪くて問題が解けなくなる」ことは，原理的にはない（ただし，解く手間の増減はあり得る）．

　たとえば，「△ABC について…」という問題について，位置ベクトルの基準点は三角形の頂点の1つ（Aなど）としてもよいし，三角形とまったく無関係の点を勝手にとってもよく，また，三角形の重心や外心など，特徴的な点をとってもよい．

EXERCISE 59　●ベクトルを用いた図形の考察

問1　△ABC の辺 BC の中点を M とする．
(1)　$\overrightarrow{AB}=\vec{b}$，$\overrightarrow{AC}=\vec{c}$ として，$\overrightarrow{AM}$，$\overrightarrow{BM}$ を $\vec{b}$，$\vec{c}$ の1次結合で表せ．
(2)　等式 $AB^2+AC^2=2(AM^2+BM^2)$ を示せ（これを**中線定理**という）．

問2　(1)　2つのベクトル $\vec{x}$，$\vec{y}$ について，$|\vec{x}+\vec{y}|=|\vec{x}-\vec{y}| \iff \vec{x}\cdot\vec{y}=0$ を示せ．
(2)　平行四辺形 ABCD について，

　　　　　$AC=BD \iff$ 平行四辺形 ABCD は長方形

　が成り立つことを，(1)の結果を用いて示せ．

問3　△ABC で，A から直線 BC へ下ろした垂線の足を D，B から直線 AC へ下ろした垂線の足を E とし，AD と BE の交点を H とする．$\overrightarrow{CA}=\vec{a}$，$\overrightarrow{CB}=\vec{b}$，$\overrightarrow{CH}=\vec{h}$ としてベクトルの計算をすることにより，直線 CH が直線 AB と垂直であることを証明せよ．ただし，C と H が一致する場合は考えなくてよい．

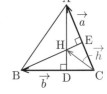

問 4 △ABC の外心を O とし，$\overrightarrow{OA}=\vec{a}$，$\overrightarrow{OB}=\vec{b}$，$\overrightarrow{OC}=\vec{c}$ とする．

(1) △ABC の重心を G とする．$\overrightarrow{OG}$ を $\vec{a}$，$\vec{b}$，$\vec{c}$ で表せ．

(2) 点 H を $\overrightarrow{OH}=\vec{a}+\vec{b}+\vec{c}$ となるようにとると，H は △ABC の垂心になることを示せ．ただし，H が A，B，C のどれかと一致する場合は考えなくてよい．

(3) 3 点 O，G，H が一致しないならば，3 点 O，G，H はこの順に一直線上に並び，かつ，OG：GH＝1：2 であることを示せ．

[解答] **問 1** (1) $\overrightarrow{AM}=\dfrac{\overrightarrow{AB}+\overrightarrow{AC}}{2}=\dfrac{\vec{b}+\vec{c}}{2}$，$\overrightarrow{BM}=\dfrac{\overrightarrow{BC}}{2}=\dfrac{\vec{c}-\vec{b}}{2}$．

(2) $\begin{aligned}
2(AM^2+BM^2)&=2(|\overrightarrow{AM}|^2+|\overrightarrow{BM}|^2)=2\left(\left|\dfrac{\vec{b}+\vec{c}}{2}\right|^2+\left|\dfrac{\vec{c}-\vec{b}}{2}\right|^2\right)\\
&=2\left(\dfrac{|\vec{b}|^2+2\vec{b}\cdot\vec{c}+|\vec{c}|^2}{4}+\dfrac{|\vec{c}|^2-2\vec{b}\cdot\vec{c}+|\vec{b}|^2}{4}\right)\\
&=|\vec{b}|^2+|\vec{c}|^2=|\overrightarrow{AB}|^2+|\overrightarrow{AC}|^2=AB^2+AC^2.
\end{aligned}$

問 2 (1) $\begin{aligned}
|\vec{x}+\vec{y}|=|\vec{x}-\vec{y}|&\Longleftrightarrow|\vec{x}+\vec{y}|^2=|\vec{x}-\vec{y}|^2\\
&\Longleftrightarrow|\vec{x}|^2+2\vec{x}\cdot\vec{y}+|\vec{y}|^2=|\vec{x}|^2-2\vec{x}\cdot\vec{y}+|\vec{y}|^2\\
&\Longleftrightarrow4\vec{x}\cdot\vec{y}=0\\
&\Longleftrightarrow\vec{x}\cdot\vec{y}=0.
\end{aligned}$

(2) 平行四辺形 ABCD に対して $\overrightarrow{AB}=\vec{x}$，$\overrightarrow{AD}=\vec{y}$ とおく．$\overrightarrow{AC}=\vec{x}+\vec{y}$，$\overrightarrow{DB}=\vec{x}-\vec{y}$ なので
$$AC=BD\Longleftrightarrow|\overrightarrow{AC}|=|\overrightarrow{DB}|\Longleftrightarrow|\vec{x}+\vec{y}|=|\vec{x}-\vec{y}|$$
である．また平行四辺形 ABCD が長方形になる必要十分条件は ∠BAD＝90° であり，これは $\vec{x}\neq\vec{0}$，

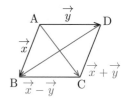

$\vec{y}\neq\vec{0}$ より $\vec{x}\cdot\vec{y}=0$ と同値である．よって，(1)より，AC＝BD と平行四辺形 ABCD が長方形になることは同値である．

問 3 AH⊥CB より $\overrightarrow{AH}\cdot\overrightarrow{CB}=0$，つまり $(\vec{h}-\vec{a})\cdot\vec{b}=0$，よって，$\vec{h}\cdot\vec{b}=\vec{a}\cdot\vec{b}$ である．また，BH⊥CA より $\overrightarrow{BH}\cdot\overrightarrow{CA}=0$，つまり $(\vec{h}-\vec{b})\cdot\vec{a}=0$，よって，$\vec{h}\cdot\vec{a}=\vec{a}\cdot\vec{b}$ である．ゆえに，$\vec{h}\cdot\vec{b}=\vec{h}\cdot\vec{a}$，つまり $\vec{h}\cdot(\vec{b}-\vec{a})=0$，すなわち $\overrightarrow{CH}\cdot\overrightarrow{AB}=0$ である．$\overrightarrow{CH}$，$\overrightarrow{AB}$ ともに $\vec{0}$ ではないので，これは CH⊥AB を意味する．

問 4 (1) $\overrightarrow{OG}=\dfrac{1}{3}(\vec{a}+\vec{b}+\vec{c})$．

(2) まず，O が △ABC の外心であることより OA＝OB＝OC であり，したがって，$|\overrightarrow{OA}|=|\overrightarrow{OB}|=|\overrightarrow{OC}|$，すなわち $|\vec{a}|=|\vec{b}|=|\vec{c}|$ …❀ であることに注

202

意する．$\overrightarrow{AH}\cdot\overrightarrow{BC}$ を計算してみると，
$$\begin{aligned}
\overrightarrow{AH}\cdot\overrightarrow{BC}&=(\overrightarrow{OH}-\overrightarrow{OA})\cdot(\overrightarrow{OC}-\overrightarrow{OB})\\
&=((\vec{a}+\vec{b}+\vec{c})-\vec{a})\cdot(\vec{c}-\vec{b})\\
&=(\vec{b}+\vec{c})\cdot(\vec{c}-\vec{b})\\
&=|\vec{c}|^2-|\vec{b}|^2\\
&=0 \hspace{3cm} (\text{❋より})
\end{aligned}$$

だから，AH⊥BC である．これと同様にして，BH⊥CA, CH⊥AB もわかる．よって，Hは △ABC の垂心である．

(3) $\overrightarrow{OH}=\vec{a}+\vec{b}+\vec{c}=3\cdot\dfrac{1}{3}(\vec{a}+\vec{b}+\vec{c})=3\overrightarrow{OG}$ だから，

O，G，H の位置関係は問題文にいう通りである．

✚PLUS　**問3**，**問4** で「CとHが一致する場合は…」とか「3点 O，G，H が一致しないならば…」などはわずらわしいただし書きですが，一般に $\overrightarrow{PQ}\cdot\overrightarrow{RS}=0$ だとしてもPとQが一致していたりRとSが一致していたりすると「直線PQ」や「直線RS」が存在しないので，すぐに「直線PQと直線RS は垂直である」とはいえないので，しかたがないところです．ベクトルを初等幾何の題材に応用するときはいつもこのような面倒があり，これを回避する考え方もあるのですが，共通テスト対策としては考えなくてもよいでしょう．

数学Ⅱの「図形と方程式」の章で学んだ座標幾何では重要な定理がいくつか
あったが，その証明をベクトルを知ってから改めて考えてみることは，数学の
理解を深める上で大変有効である．ここでは2つの定理を振り返ってみよう．

● 　円の接線の方程式の公式

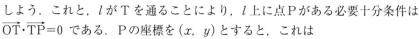

　円 $C : x^2 + y^2 = r^2$ 上に点 $T(s, t)$ があるとき，
Tを接点とするCの接線 l の方程式は
$$sx + ty = r^2 \quad \cdots ①$$
で与えられるのだった (POINT 39).

　これをベクトルを用いて導いてみよう．いま，ベク
トル $\overrightarrow{OT}$ が l の法線ベクトルになっていることに注意
しよう．これと，l がTを通ることにより，l 上に点Pがある必要十分条件は
$\overrightarrow{OT} \cdot \overrightarrow{TP} = 0$ である．Pの座標を (x, y) とすると，これは
$(s, t) \cdot (x-s, y-t) = 0$，すなわち $s(x-s) + t(y-t) = 0$ となり，
$sx + ty = s^2 + t^2$ と書きかえられる．ここで，$T(s, t)$ が円C上にあることを思
い出すと，$s^2 + t^2 = r^2$ であった．だから結局，l 上に点 $P(x, y)$ がある必要十
分条件は $sx + ty = r^2$ であり，これは①と一致している．

● 　点と直線の距離の公式

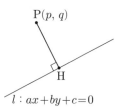

　直線 $l : ax + by + c = 0$ と点 $P(p, q)$ との距離 d は，
$$d = \frac{|ap + bq + c|}{\sqrt{a^2 + b^2}} \quad \cdots ②$$
で与えられるのだった (POINT 38).　これをベクトル
を用いて導いてみよう．

　まず，ベクトル $\vec{n} = (a, b)$ が l の法線ベクトルになることに注意しよう
(POINT 154).　そこで，Pから l へ下ろした垂線の足をHとすると，$\overrightarrow{PH} = k\vec{n}$
とおける．よって，
$$\overrightarrow{OH} = \overrightarrow{OP} + \overrightarrow{PH} = \overrightarrow{OP} + k\vec{n} = (p, q) + k(a, b) = (p+ka, q+kb)$$
であるから，Hの座標は $(p+ka, q+kb)$ である．そして，Hは l 上にあるか
ら，その座標は l の方程式をみたす：つまり
$$a(p+ka) + b(q+kb) + c = 0$$
が成り立つ．これを k について解くと，$k = -\dfrac{ap + bq + c}{a^2 + b^2}$ を得る．

　さて，Pと l の距離 d は $|\overrightarrow{PH}|$ であるから，

$$d=|\overrightarrow{\mathrm{PH}}|=|k\vec{n}|=|k||\vec{n}|=\left|-\frac{ap+bq+c}{a^2+b^2}\right|\sqrt{a^2+b^2}=\frac{|ap+bq+c|}{\sqrt{a^2+b^2}}$$

である．これは②と一致している．

　座標幾何でもベクトルでもこれらの定理は証明できて，どちらも計算をしていくことは同じであるが，ベクトルの計算の方が図形と計算のつながりが見えやすく，「図形そのものを計算して問題を解決している」感じがするだろう．

THEME 60 楕円・放物線・双曲線の方程式

GUIDANCE x, y の2次方程式で表される，xy 平面上の曲線を，2次曲線という．中学校で習った関数 $y=x^2$ のグラフは放物線だが，$y=x^2$ は x, y の2次方程式であるから，この放物線は2次曲線である．ここでは「2次関数のグラフである放物線」だけではなく，よりいろいろな2次曲線について，その特徴を学ぶ.

POINT 186 楕円とその方程式

平面上の2定点 F，F′ と，正の定数 a（ただし $2a>$FF′）を考える．平面上の点Pで，$PF+PF'=2a$ をみたすものの軌跡を，2点 F，F′ を焦点とする楕円という.

$$PF+PF'=2a$$

FF′$=2c$ とし，xy 平面上に2点 F，F′ をそれぞれの座標が $(c, 0)$，$(-c, 0)$ となるように置くと，上述の楕円の方程式は，$b=\sqrt{a^2-c^2}$ として（このとき $a>b>0$ となる）

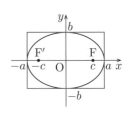

$$\frac{x^2}{a^2}+\frac{y^2}{b^2}=1 \quad \cdots ①$$

である．これを楕円の方程式の標準形という．4点 A$(a, 0)$，A′$(-a, 0)$，B$(0, b)$，B′$(0, -b)$ を楕円の頂点といい，線分 AA′ を長軸，線分 BB′ を短軸という．また，原点 O$(0, 0)$ をこの楕円の中心という.

方程式①は，$b>a>0$ のときは，$a=\sqrt{b^2-c^2}$ となる正数 c について，2点 F$(0, c)$，F′$(0, -c)$ を焦点とする楕円を表す．この楕円は，$PF+PF'=2b$ をみたす点Pの軌跡である.

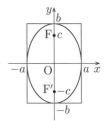

方程式①を見て，これが表す楕円の焦点の位置を知るには，まず正数 a, b の大小を調べる．$a>b$ であれば焦点は x 軸にあり，$b>a$ であれば焦点は y 軸上にある．焦点と原点の距離 c は，前者の場合は $c=\sqrt{a^2-b^2}$ で，後者の場合は $c=\sqrt{b^2-a^2}$ で与えられる.

平面上の2定点F，F′と，正の定数a（ただし$2a<$FF′）を考える．平面上の点Pで，$|PF-PF'|=2a$をみたすものの軌跡を，2点F，F′を焦点とする**双曲線**という．

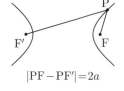

$|PF-PF'|=2a$

FF′$=2c$とし，xy平面上に2点F，F′をそれぞれの座標が$(c, 0)$，$(-c, 0)$となるように置くと，上述の双曲線の方程式は，$b=\sqrt{c^2-a^2}$として（このとき$c>b>0$となる）

$$\frac{x^2}{a^2}-\frac{y^2}{b^2}=1 \quad \cdots ②$$

である．これを双曲線の方程式の**標準形**という．2点A$(a, 0)$，A′$(-a, 0)$を双曲線の**頂点**といい，直線AA′を**主軸**という．また，原点O$(0, 0)$をこの双曲線の**中心**という．さらに，2直線$y=\frac{b}{a}x$，$y=-\frac{b}{a}x$をこの双曲線の**漸近線**という．双曲線と漸近線は交わらないが，双曲線上の点は双曲線の中心から遠ざかるにつれて限りなく漸近線に近づく．

一方，$c>b>0$のとき，2点F$(0, c)$，F′$(0, -c)$を焦点とする，$|PF-PF'|=2b$をみたす点Pの軌跡である双曲線の方程式は，$a=\sqrt{c^2-b^2}$として（このとき$c>a>0$となる）$\frac{y^2}{b^2}-\frac{x^2}{a^2}=1$，すなわち

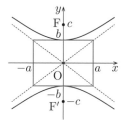

$$\frac{x^2}{a^2}-\frac{y^2}{b^2}=-1 \quad \cdots ②'$$

となる．主軸はy軸であり，漸近線は2直線$y=\frac{b}{a}x$，$y=-\frac{b}{a}x$である．

2次関数のグラフを放物線ということを数学Ⅰで学んだが，幾何学的には放物線は次のように定義される：平面上で，定点Fからの距離と，Fを通らない定直線lからの距離とが等しい点Pの軌跡を，Fを**焦点**，lを**準線**とする**放物線**という．

xy 平面上でFの座標が $(p, 0)$，l の方程式が $x=-p$ になるようにF，l を置くと，上述の放物線の方程式は

$$y^2=4px \quad \cdots ③$$

である．これを放物線の方程式の**標準形**という．

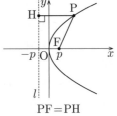

PF＝PH

x 軸を放物線の**軸**，原点 O(0, 0) を放物線の**頂点**という．

方程式③において，x と y を入れかえて得られる方程式

$$x^2=4py \quad \cdots ③'$$

は，点 F(0, p) を焦点，直線 $l:y=-p$ を準線とする放物線である．

POINT **189** 2次曲線

楕円，放物線，双曲線，および円を **2次曲線**という．これらの曲線は座標平面上で x，y の2次方程式（ただし xy の項を含まない）で表すことができる．

楕円は，長軸または短軸方向に，もう一方の軸を基準にして何倍かすると，円になる．

双曲線は，主軸またはそれと垂直で中心を通る直線の方向に，もう一方の直線を基準として何倍かすると，漸近線どうしが直交する双曲線（**直角双曲線**）になる．

EXERCISE 60 ●楕円・放物線・双曲線の方程式

問 1 次の2次曲線の方程式を，標準形で求めよ．

(1) 2点 F(6, 0)，F′(−6, 0) からの距離の差が8である点からなる双曲線．

(2) 4点 A(5, 0)，A′(−5, 0)，B(0, 3)，B′(0, −3) を頂点とする楕円．

(3) 直線 $x=3$ を準線とする，頂点が原点 O(0, 0) である放物線．

問 2 次の方程式が表す2次曲線の名称を答えよ．さらに，それが楕円であれば焦点の座標を，双曲線であれば焦点の座標と漸近線の方程式を，放物線であれば焦点の座標と準線の方程式を，それぞれ求めよ．

(1) $\dfrac{x^2}{2}+\dfrac{y^2}{3}=1$　　(2) $\dfrac{x^2}{16}-\dfrac{y^2}{9}=-1$　　(3) $y=\dfrac{1}{8}x^2$

問 3 次の文章の空欄に適切な数値を補え．

(1) 楕円 $\dfrac{x^2}{7}+\dfrac{y^2}{3}=1$ を，y 軸を基準として x 軸方向に $\boxed{ア}$ 倍にすると，半径が $\boxed{イ}$ の円になる．

(2) 双曲線 $\dfrac{x^2}{6}-\dfrac{y^2}{5}=1$ を，x 軸を基準として y 軸方向に $\boxed{ウ}$ 倍にすると，漸近線が直線 $y=x$ と直線 $y=-x$ である双曲線になる．この 2 本の直線は直交するから，新しい双曲線は直角双曲線である．

解答 **問1** (1) POINT 187 で $c=6$，$2a=8$ の場合．$a=4$，

$b=\sqrt{c^2-a^2}=\sqrt{6^2-4^2}=\sqrt{20}$ だから，求める方程式は $\dfrac{x^2}{4^2}-\dfrac{y^2}{(\sqrt{20})^2}=1$，

すなわち $\dfrac{x^2}{16}-\dfrac{y^2}{20}=1$.

(2) POINT 186 で $a=5$，$b=3$ の場合．答えは $\dfrac{x^2}{25}+\dfrac{y^2}{9}=1$.

(3) POINT 188 で $p=-3$ の場合．答えは $y^2=-12x$.

問2 (1) **楕円**．$\sqrt{3}>\sqrt{2}>0$ と $\sqrt{(\sqrt{3})^2-(\sqrt{2})^2}=1$ に注意して，焦点の座標は $(0,\ 1)$ と $(0,\ -1)$.

(2) **双曲線**．$\sqrt{16}=4$，$\sqrt{9}=3$ と $\sqrt{(\sqrt{16})^2+(\sqrt{9})^2}=5$ に注意して，焦点の座標は $(0,\ 5)$ と $(0,\ -5)$，漸近線の方程式は $y=\dfrac{3}{4}x$ と $y=-\dfrac{3}{4}x$.

(3) **放物線**．与えられた方程式は $x^2=8y$ と同値．$8=4\cdot2$ に注意して，焦点の座標は $(0,\ 2)$，準線の方程式は $y=-2$.

問3 (1) ア：$\sqrt{\dfrac{3}{7}}$　イ：$\sqrt{3}$　(2) ウ：$\sqrt{\dfrac{6}{5}}$

(1) 方程式 $\dfrac{x^2}{7}+\dfrac{y^2}{3}=1$ について，x を $\dfrac{x}{\sqrt{\dfrac{3}{7}}}$ に置き換えて整理すると，

$\dfrac{x^2}{3}+\dfrac{y^2}{3}=1$，すなわち $x^2+y^2=3$ を得る．

(2) 方程式 $\dfrac{x^2}{6}-\dfrac{y^2}{5}=1$ について，y を $\dfrac{y}{\sqrt{\dfrac{6}{5}}}$ に置き換えて整理すると，

$\dfrac{x^2}{6}-\dfrac{y^2}{6}=1$ を得る．これは双曲線を表す．その漸近線は $y=\dfrac{6}{6}x$ と

$y=-\dfrac{6}{6}x$ である．

✚PLUS　楕円，放物線，双曲線および円は，円錐の側面の平面による切り口としても得られるので，**円錐曲線**とも呼ばれます．

THEME
61 2次曲線のとらえかた

GUIDANCE THEME 60 で学んだ "標準形" でない x, y の2次方程式も，一般には，楕円（と円），放物線，双曲線のどれかを表す．ここでは，「xy の項を持たない x, y の2次方程式」を変形してそのグラフを把握する方法を学ぶ．また，2次曲線と直線の位置関係や，2次曲線の離心率についても考える．

POINT **190** 2次曲線の平行移動

方程式 $4x^2-16x+9y^2+18y-11=0$ …① は，
$4(x^2-4x+4)+9(y^2+2y+1)-16-9-11=0$，すなわち
$4(x-2)^2+9(y+1)^2=36$，つまり

$$\frac{(x-2)^2}{9}+\frac{(y+1)^2}{4}=1 \quad \cdots ②$$

と書きかえられる．これが表す図形は，方程式

$$\frac{x^2}{9}+\frac{y^2}{4}=1 \quad \cdots ③$$

が表す楕円を，x 軸方向に 2，y 軸方向に -1，平行移動した楕円である．この楕円は点 $(2, -1)$ を中心とする．

一般に，$ax^2+bx+cy^2+dy+e=0$ （a, b, c, d, e は定数）の形の方程式は，a と c の少なくとも一方が 0 でないとき，①から②を作るように，2次曲線の方程式の標準形（③のようなもの）において x を $x-k$ に，y を $y-l$ にとりかえたものに変形できる（k, l は定数）．この作業により，$ax^2+bx+cy^2+dy+e=0$ が表す図形を，THEME 60 で学んだ2次曲線を（x 軸方向に k，y 軸方向に l だけ）平行移動したものとして理解できる．

POINT **191** 2次曲線と直線の位置関係

2次曲線と直線との共有点の個数は，2，1，0 のどれかである．それは，2次曲線の方程式と直線の方程式を連立したものの，実数解の個数である．だから，連立方程式から導かれる2次方程式の判別式から，それを知ることができる．

2次曲線と直線との共有点がちょうど1個あるとき，（「放物線とその軸と平行な直線」「双曲線とその漸近線と平行な直線」という例外の場合を除いて）2次曲線と直線は接している．

平面上に定点Fと Fを通らない定直線 l があるとする. e を正の定数として,
$$\mathrm{PF} : \mathrm{PH} = e : 1$$
をみたす点Pの軌跡は,

$$\begin{cases} 0 < e < 1 & \text{のときは} \quad 楕円 \\ e = 1 & \text{のときは} \quad 放物線 \\ 1 < e & \text{のときは} \quad 双曲線 \end{cases}$$

である. e の値をこの2次曲線の**離心率**といい, 定直線 l を**準線**という. また, この2次曲線が楕円か双曲線であるときはFは2つある焦点のうちの1つであり, 放物線であるときはただ1つの焦点である.

EXERCISE 61 ●2次曲線のとらえかた

問1 (1) 双曲線 $\dfrac{x^2}{3} - \dfrac{y^2}{6} = 1$ を, x 軸方向に -1, y 軸方向に 2, 平行移動して得られる双曲線の方程式を求めよ.

(2) 点 $(4, 3)$ を焦点とし, y 軸を準線とする放物線の方程式を求めよ.

(3) 長軸・短軸が x 軸・y 軸に平行で, x 軸と y 軸の両方に接し, 点 $(-6, 2)$ を頂点とする楕円は2つある. その両方の方程式を求めよ.

問2 次の方程式が表す図形が何かを答え, 楕円か双曲線であればその焦点の座標を, 放物線であれば焦点の座標と準線の方程式を求めよ.

(1) $x^2 + 4x + 2y + 2 = 0$

(2) $3x^2 + y^2 - 12x + 6y + 15 = 0$

(3) $x^2 - \dfrac{1}{4} y^2 + y = 0$

問3 双曲線 $x^2 - 4y^2 = 16$ と直線 $y = x + k$ が共有点を持たないのは, 定数 k の値がどのような範囲にあるときか.

問4 点 $(5, 0)$ からの距離と y 軸からの距離の比が $2 : 3$ である点の軌跡は, 楕円, 放物線, 双曲線のうちどれか. また, その焦点の座標をすべて求めよ.

解答 問1 (1) $\dfrac{(x+1)^2}{3}-\dfrac{(y-2)^2}{6}=1$.

(2) 求める放物線は,点 $(2, 3)$ を頂点とする. そして
これは, 点 $(2, 0)$ を焦点, 直線 $x=-2$ を準線とす
る放物線 $y^2=8x$ を, x 軸方向に 2, y 軸方向に 3,
平行移動したものである. よって, その方程式は
$(y-3)^2=8(x-2)$ である.

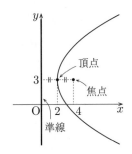

(3) 頂点が 4 点 $(-6, 2)$, $(0, 2)$, $(-3, 0)$, $(-3, 4)$
である場合は, 中心が点 $(-3, 2)$ で, 求める方程式
は $\dfrac{(x+3)^2}{9}+\dfrac{(y-2)^2}{4}=1$ である.

頂点が 4 点 $(-6, 2)$, $(-6, 0)$, $(0, 1)$, $(-12, 1)$ である場合は, 中心が
点 $(-6, 1)$ で, 求める方程式は $\dfrac{(x+6)^2}{36}+\dfrac{(y-1)^2}{1}=1$ である.

問2 (1) 与えられた方程式は $(x+2)^2+2y-2=0$, すなわち
$(x+2)^2=-2(y-1)$ と同値. これは放物線 $x^2=-2y$ (この焦点は点
$\left(0, -\dfrac{1}{2}\right)$, 準線は直線 $y=\dfrac{1}{2}$) を x 軸方向に -2, y 軸方向に 1, 平行移動し
た**放物線**で, その焦点は点 $\left(-2, \dfrac{1}{2}\right)$, 準線は直線 $y=\dfrac{3}{2}$ である.

(2) 与えられた方程式は $3(x-2)^2+(y+3)^2=6$, すなわち
$\dfrac{(x-2)^2}{2}+\dfrac{(y+3)^2}{6}=1$ と同値. これは楕円 $\dfrac{x^2}{2}+\dfrac{y^2}{6}=1$ (この焦点は 2 点
$(0, 2)$, $(0, -2)$) を x 軸方向に 2, y 軸方向に -3, 平行移動した**楕円**で, そ
の焦点は 2 点 $(2, -1)$, $(2, -5)$ である.

(3) 与えられた方程式は $\dfrac{x^2}{1}-\dfrac{(y-2)^2}{4}=-1$ と同値. これは双曲線
$\dfrac{x^2}{1}-\dfrac{y^2}{4}=-1$ (この焦点は 2 点 $(0, \sqrt{3})$, $(0, -\sqrt{3})$) を y 軸方向に 2 だけ
平行移動した**双曲線**で, その焦点は 2 点 $(0, 2+\sqrt{3})$, $(0, 2-\sqrt{3})$ である.

問3 $x^2-4y^2=16$ と $y=x+k$ を連立して y を消去
すると $x^2-4(x+k)^2=16$, すなわち
$3x^2+8kx+4k^2+16=0$ …① となる. 共有点がない
のは, ①が実数解を持たないときである. それは①の
判別式が負のとき, つまり $(4k)^2-3(4k^2+16)<0$ の
とき, すなわち $-2\sqrt{3}<k<2\sqrt{3}$ のときである.

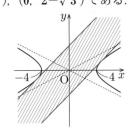

問 4 点 (x, y) について，点 $(5, 0)$ からの距離は $\sqrt{(x-5)^2+y^2}$，y 軸からの距離は $|x|$ である．求める軌跡の方程式は $\sqrt{(x-5)^2+y^2} : |x| = 2 : 3$，つまり $3\sqrt{(x-5)^2+y^2} = 2|x|$，すなわち

$9((x-5)^2+y^2) = 4x^2$ である．これを整理すると

$\dfrac{(x-9)^2}{36} + \dfrac{y^2}{20} = 1$ となる．これは，楕円

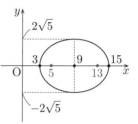

$\dfrac{x^2}{36} + \dfrac{y^2}{20} = 1$（この焦点は 2 点 $(4, 0)$，$(-4, 0)$ である）を x 軸方向に 9 だけ平行移動した**楕円**であり，その焦点は 2 点 $(\mathbf{13}, \mathbf{0})$，$(\mathbf{5}, \mathbf{0})$ である．

➕ PLUS 　2 次曲線上の点 (x_0, y_0) を接点とする接線の方程式を求めるには，接線の方程式を $y = m(x-x_0)+y_0$ とおき（ただしこれだと y 軸に平行な接線はとらえそこねるので注意），これと 2 次曲線の方程式を連立して x の 2 次方程式を作り，それが重解を持つことから定数 m の値を決めるのが 1 つの方法です．これにより次の結果が得られます：

楕円 $\dfrac{x^2}{a^2} + \dfrac{y^2}{b^2} = 1$ については 　　　接線の方程式は 　$\dfrac{x_0 x}{a^2} + \dfrac{y_0 y}{b^2} = 1$,

双曲線 $\dfrac{x^2}{a^2} - \dfrac{y^2}{b^2} = \pm 1$ については 　接線の方程式は 　$\dfrac{x_0 x}{a^2} - \dfrac{y_0 y}{b^2} = \pm 1$,

放物線 $y^2 = 4px$ については 　　　　　接線の方程式は 　$y_0 y = 2p(x+x_0)$.

THEME

62 曲線の媒介変数表示

> **GUIDANCE** これまで数学 Ⅰ・Ａ・Ⅱ・Ｂで学んできた座標平面上の曲線は，y が x の関数であるときのそのグラフ（放物線 $y=x^2-x$ など）や，x と y の方程式のグラフ（円 $x^2+y^2=1$ など）であった．しかし，実は，このようにとらえられる曲線以外にも，さまざまな曲線がある．ここではいろいろな曲線の把握に非常に有効な手法，媒介変数表示を学ぶ．図形の世界が劇的に開ける．

POINT 193 曲線の媒介変数表示

2つの関数 f, g を考える．変数 t に対して，座標平面上の点 $P(f(t), g(t))$ をとる．t がある範囲（$a \leqq t \leqq b$ など）を動くと，点 P も動く．このとき，点 P が描く軌跡を C として，「曲線 C は

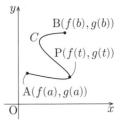

$$\begin{cases} x=f(t) \\ y=g(t) \end{cases} (a \leqq t \leqq b)$$

と媒介変数表示される」といい，t を媒介変数（パラメーター）という．

POINT 194 媒介変数の消去

曲線 C が $\begin{cases} x=f(t) \\ y=g(t) \end{cases}$ と媒介変数表示されているとする．ここで，2つの等式 $x=f(t)$, $y=g(t)$ を連立して t を消去できるならば，そのときは曲線 C 上の点の座標が必ずみたす方程式を作れる．たとえば $C : \begin{cases} x=t^2+1 \\ y=t-2 \end{cases}$ のとき，$y=t-2$ から得られる $t=y+2$ を $x=t^2+1$ に代入して $x=(y+2)^2+1$，すなわち $x-1=(y+2)^2$ が得られるが，これが C の方程式であり，C が放物線であることがわかる．

媒介変数を消去するときには，媒介変数の値が元来どのような範囲を動き得るのだったかを踏まえ，点 (x, y) が存在し得る範囲を把握する必要がある．

たとえば $C : \begin{cases} x=t^2+1 \\ y=t-2 \end{cases} (0 \leqq t \leqq 4)$ であれば，y の変域は $0-2 \leqq y \leqq 4-2$，つまり $-2 \leqq y \leqq 2$ であるから，C は放物線 $x-1=(y+2)^2$ のうち $-2 \leqq y \leqq 2$ の部分だけの曲線である．

また，媒介変数はいつでもうまく消去できるわけではない．

● 円 $x^2+y^2=r^2$（ただし r は正の定数）は

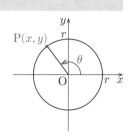

$$\begin{cases} x=r\cos\theta \\ y=r\sin\theta \end{cases}$$ と媒介変数表示される.

● 楕円 $\dfrac{x^2}{a^2}+\dfrac{y^2}{b^2}=1$（$a$, b は正の定数）は

$$\begin{cases} x=a\cos\theta \\ y=b\sin\theta \end{cases}$$ と媒介変数表示される.

● 双曲線 $\dfrac{x^2}{a^2}-\dfrac{y^2}{b^2}=1$（$a$, b は正の定数）は $\begin{cases} x=\dfrac{a}{\cos\theta} \\ y=b\tan\theta \end{cases}$ と媒介変数表示

される.

● 円が定直線上をすべらずに回転して
進むとき，円上の1定点が描く曲線を
サイクロイドという．円の半径を a,
定直線を x 軸とし，1定点が原点にあ
る状態から円が進みはじめるとすると，

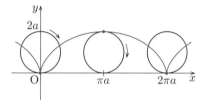

このサイクロイドは $\begin{cases} x=a(\theta-\sin\theta) \\ y=a(1-\cos\theta) \end{cases}$ と媒介変数表示される．ここで媒

介変数 θ は，円が原点に接した状態からの，円の回転角を表している.

● m, n を自然数とする．媒介変数表示 $\begin{cases} x=\sin m\theta \\ y=\sin n\theta \end{cases}$ が表す曲線を**リサー**

ジュ曲線という．その形は m, n の値によって決まる.

● a を正の定数とする．媒介変数表示 $\begin{cases} x=a\cos^3\theta \\ y=a\sin^3\theta \end{cases}$

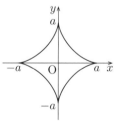

が表す曲線を**アステロイド**という．これは媒介変
数 θ を消去して，方程式 $x^{\frac{2}{3}}+y^{\frac{2}{3}}=a^{\frac{2}{3}}$ が表す曲線で
あるともいえる.

※ 1つの曲線を媒介変数表示する方法はいろいろあり

得る．たとえば双曲線 $\dfrac{x^2}{a^2}-\dfrac{y^2}{b^2}=1$ のうち $x>0$ である部分は，

$$\begin{cases} x=a\cdot\dfrac{c^t+c^{-t}}{2} \\ y=b\cdot\dfrac{c^t-c^{-t}}{2} \end{cases}$$ （ただし c は正の定数）

と媒介変数表示することも可能である．EXERCISE 62 **問3** を参照.

曲線 $C_0 : \begin{cases} x = f(t) \\ y = g(t) \end{cases}$ を x 軸方向に p, y 軸方向に q, 平行移動させた曲線 C

は $C : \begin{cases} x = f(t) + p \\ y = g(t) + q \end{cases}$ と媒介変数表示される.

EXERCISE 62 ●曲線の媒介変数表示

問1 xy 平面上の放物線 $y = 2x^2 - 8tx$ の頂点をPとする. t の値がすべ
ての実数を動くときにPが描く軌跡を C とする.

(1) t を媒介変数として, C の媒介変数表示を求めよ.

(2) C の方程式を求めよ.

(3) もし, t の値の動く範囲が $-2 \leqq t \leqq 2$ だとすると, C はどのような曲
線か.

問2 媒介変数表示 $\begin{cases} x = 5^t + 5^{-t} \\ y = \dfrac{1}{2}(5^t - 5^{-t}) \end{cases}$ から t を消去して, この曲線上の点

の座標 (x, y) が必ずみたす方程式を求めよ (ヒント：x^2 と $(2y)^2$ を計算し
てみる).

問3 中心が点 $(1, 0)$ で半径が 1 の円から, 原点 $(0, 0)$ を除いた曲線を C
とする. 原点を通る直線 $y = tx$ と C の交点を $\mathrm{P}(X, Y)$ とする. X, Y を
t で表すことにより, t を媒介変数とする C の媒介変数表示を求めよ.

問4 図は, 媒介変数表示 $\begin{cases} x = \sin 2\theta \\ y = \sin n\theta \end{cases}$ で表される

リサージュ曲線である. 自然数 n の値を求めよ.

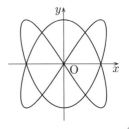

解答 **問1** (1) 放物線の方程式は $y = 2(x - 2t)^2 - 8t^2$ と変形できるから,

その頂点Pの座標は $(2t, -8t^2)$ である. よって, $\begin{cases} \boldsymbol{x = 2t} \\ \boldsymbol{y = -8t^2} \end{cases}$ が C の媒介変

数表示である.

(2) (1)の結果から t を消去する. $x = 2t$ から得られる $t = \dfrac{x}{2}$ を $y = -8t^2$ に

代入して，$y=-8\left(\dfrac{x}{2}\right)^2$，すなわち $y=-2x^2$ を得る．一方，t がすべての実数を値にとるとき $x=2t$ もすべての実数を値にとる．よって $C : \boldsymbol{y=-2x^2}$ である．

(3) $x=2t$ のとき，t の変域が $-2\leqq t\leqq 2$ であれば，x の変域は $-4\leqq x\leqq 4$ である．よって，C は**放物線 $\boldsymbol{y=-2x^2}$ のうち $\boldsymbol{-4\leqq x\leqq 4}$ の範囲にある部分**である．

問2 $x=5^t+5^{-t}$ かつ $y=\dfrac{1}{2}(5^t-5^{-t})$ のとき，$x^2=25^t+2+25^{-t}$，

$(2y)^2=25^t-2+25^{-t}$ であるから，$x^2-(2y)^2=4$，つまり $\boldsymbol{x^2-4y^2=4}$ が成り立つ．これが求める方程式である．なお，この媒介変数表示が表す曲線は，双曲線 $x^2-4y^2=4$ のうち $x>0$ である部分である．

問3 $(X-1)^2+Y^2=1$ と $Y=tX$ が成り立つ．これを連立して Y を消去し，整理すると

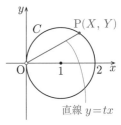

$X((1+t^2)X-2)=0$，つまり $X=0$ または $X=\dfrac{2}{1+t^2}$

を得る．$X=0$ とはならない（そのとき $(X,\ Y)=(0,\ 0)$ だが，Pは原点ではないはずだから）ので $X=\dfrac{2}{1+t^2}$，よって，$Y=tX=\dfrac{2t}{1+t^2}$ である．

直線 $y=tx$

以上より，C の媒介変数表示として $\begin{cases} x=\dfrac{2}{1+t^2} \\[2mm] y=\dfrac{2t}{1+t^2} \end{cases}$ がとれる．

問4 θ が 0 から 2π まで動けば，$(x,\ y)=(\sin 2\theta,\ \sin n\theta)$ として現れうるものはすべて現れる．そこで，$0\leqq\theta\leqq 2\pi$ での点 $(\sin 2\theta,\ \sin n\theta)$ の動きを曲線を観察して追跡すると，原点からはじまり，x 軸方向に2往復，y 軸方向に3往復して，原点に帰ってきているとわかる．一方，$\sin 2\theta$ の値が2往復する間に $\sin n\theta$ の値は n 往復する．よって，$\boldsymbol{n=3}$ である．

➕PLUS 　媒介変数を時刻にたとえると，媒介変数表示は時刻ごとの動点の位置を表し，その表す曲線は動点の通った道筋だと考えられます．

THEME

63 極座標と極方程式

GUIDANCE 平面上の点の位置を表す座標のしくみは，直交するx軸，y軸を用いるもの（直交座標）だけではない．数学や自然科学でよく用いられる極座標は，1定点から見たときの点までの距離と方向を用いて点の位置を表すものである．極座標を用いて曲線の方程式を表すこともできる．

POINT 197 極座標

平面上に定点Oと定半直線 OX をとる．このとき，O 以外の点Pに対して，半直線 OP を動径という．線分 OP の長さrと，OX から動径までの回転角θの組(r, θ)により，P の位置を表せる．(r, θ)をP の極座標といい，rを OP の長さ，大きさといい，θをP の偏角という．また，定点Oを極，半直線 OX を始線という．O の偏角は定義しない．

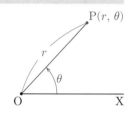

POINT 198 極座標と直交座標

直交するx軸，y軸を用いた座標を直交座標という．xy平面で，原点Oを極，x軸の正の部分を始線とした極座標を考えられる．O 以外の点Pの直交座標が(x, y)，極座標が(r, θ)だとすると，

$$x = r\cos\theta, \quad y = r\sin\theta$$

および

$$r = \sqrt{x^2 + y^2}, \quad \begin{cases} \cos\theta = \dfrac{x}{r} \\ \sin\theta = \dfrac{y}{r} \end{cases}$$

が成り立つ．

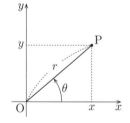

POINT 199 極方程式

以下，極座標が設定された平面を考える．この平面上の曲線Cについて，rとθについての方程式が

$\begin{cases} \text{P}(r, \theta) \text{が}C\text{上にあれば}(r, \theta)\text{がその方程式をみたし，} \\ \text{P}(r, \theta) \text{が}C\text{上になければ}(r, \theta)\text{がその方程式をみたさない} \end{cases}$

という性質を持つとき，この方程式は C を表す極方程式であるという（ただし，✚PLUSの項も参照）.

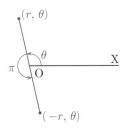

極座標 $(r,\ \theta)$ を考えるとき，本来，r は線分の長さだから $r<0$ となることは考えないが，曲線の極方程式を考えるときは，$r<0$ のとき $(r,\ \theta)$ は $(|r|,\ \theta+\pi)$ を意味すると約束すると便利であることが多い．このように考えたときも，$x=r\cos\theta$，$y=r\sin\theta$ は成り立つ.

また，$r=0$ となる点は極Oのみだが，極は極座標を用いるときには特殊な点で，極方程式に対しても難しい立場にある．以下の極方程式に関する記述では，極については深い考察を述べていない.

POINT **200** 曲線の極方程式の例

曲線の極方程式を求める方法として，次の2つがある.
〔1〕 曲線の持つ図形的な意味を考えて求める
〔2〕 直交座標での方程式をまず求め，それに $x=r\cos\theta$，$y=r\sin\theta$ を代入する

● 極を中心とする半径 a の円の極方程式は $r=a$.

● 極Oと異なる点Aの極座標が $(a,\ \alpha)$ のとき，極方程式 $\theta=\alpha$ は，直線 OA を表す.

● 極方程式 $r=2\cos\theta$ が表す図形は，極座標 $(1,\ 0)$ の点を中心とする半径 1の円 C である．これは次の2通りの考え方でわかる.

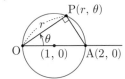

〔1〕 極座標 $(2,\ 0)$ の点をAとすると，点 $P(r,\ \theta)$ が C 上にあることは $\angle$OPA が直角であるかまたはPがAと一致することと同値で，さらにそれは（OA＝2 に注意して）$r=2\cos\theta$ と同値である.

〔2〕 直交座標を POINT 198 のように導入すると C の方程式は $(x-1)^2+y^2=1$ である．これに $x=r\cos\theta$，$y=r\sin\theta$ を代入して整理すると，$r^2=2r\cos\theta$ を得る．$r=0$ は極を表すので，$r\neq0$ として両辺を r で割ると，$r=2\cos\theta$ を得る.

● 極方程式 $r\cos(\theta-\alpha)=a$ （a，α は定数）は，極座標 $(a,\ \alpha)$ の定点をAとして，OA に垂直でAを通る直線を表す．その理由については EXERCISE 63 問**2**を参照.

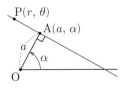

● 始線の延長と直交し，極Oからの距離が d である直線を l とする．Oを焦点，l を準線とする，離心率 e の2次曲線の極方程式は，$r=\dfrac{ed}{1-e\cos\theta}$ である．

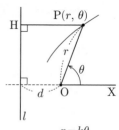

● k を正の定数とする．極方程式 $r=k\theta$ が表す曲線を，**アルキメデスの渦巻線**という．

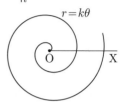

$r=k\theta$

● n を自然数とする．極方程式 $r=\sin n\theta$ が表す曲線を，**正葉曲線**という．n が偶数のときと奇数のときで様子が異なるので注意．

θが0から 2π まで動くとき，点 $(r,\ \theta)$ は，曲線全体を
$\begin{cases} n \text{が偶数のときは1周} \\ n \text{が奇数のときは2周} \end{cases}$
している．

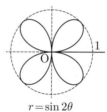

$r=\sin 2\theta$

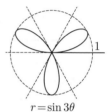

$r=\sin 3\theta$

● a を正の定数とする．極方程式 $r=a(1+\cos\theta)$ が表す曲線を**カージオイド（心臓形）**という．

カージオイドは，1つの定円に外接するように同じ半径の動円をすべらないように転がしたときの，動円上の1点の軌跡としても得られ，媒介変数表示も可能である．

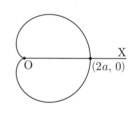

EXERCISE 63 ●極座標と極方程式

以下，xy 平面に，原点 $O(0,\ 0)$ を極，x 軸の正の部分を始線とする極座標を設定して考える．

問1 (1) 直交座標が次のようである点の極座標を求めよ．ただし，動径の大きさは正数，偏角の大きさは0以上 2π 未満とせよ．

(a) $(-3,\ 3)$　　(b) $(2\sqrt{3},\ 2)$　　(c) $(0,\ -5)$

(2) 極座標が次のようである点の直交座標を求めよ．

(a) $\left(6,\ \dfrac{\pi}{3}\right)$　　(b) $(7,\ \pi)$　　(c) $\left(-\sqrt{2},\ -\dfrac{5}{4}\pi\right)$

問2 a, α は $a>0$, $0\leqq\alpha<2\pi$ をみたす定数とする．極座標 (a, α) の点をAとする．OAと垂直でAを通る直線を m とする．このとき，m 上にある点Pの極座標 (r, θ)（ただし $r>0$ とする）は，極方程式 $r\cos(\theta-\alpha)=a$ をみたすことを，次の2通りの方法でそれぞれ示せ．ただし，PとAは異なるとしてよい．

(1) 直角三角形 $\triangle$OAP と $\angle$POA に注目する．

(2) m の方程式を直交座標を用いて表し，それに $x=r\cos\theta$，$y=r\sin\theta$ を代入する．

解答 **問1** (1) (a) $\left(3\sqrt{2}, \dfrac{3}{4}\pi\right)$　　(b) $\left(4, \dfrac{\pi}{6}\right)$　　(c) $\left(5, \dfrac{3}{2}\pi\right)$

(2) (a) $(3, 3\sqrt{3})$　　(b) $(-7, 0)$　　(c) 極座標 $\left(\sqrt{2}, -\dfrac{5}{4}\pi+\pi\right)$ と同じ点を表す．答えは $(1, -1)$．

問2 (1) $\mathrm{OP}\cos\angle\mathrm{POA}=\mathrm{OA}$ である．$\angle$POA は $\theta-\alpha$ か $-(\theta-\alpha)$ かだが，どちらにせよ $\cos\angle\mathrm{POA}=\cos(\theta-\alpha)$ である．これと OP$=r$，OA$=a$ より，$r\cos(\theta-\alpha)=a$ である．

(2) Aの直交座標は $(a\cos\alpha, a\sin\alpha)$ である．m の方程式は $\cos\alpha(x-a\cos\alpha)+\sin\alpha(y-a\sin\alpha)=0$，つまり $(\cos\alpha)x+(\sin\alpha)y=a$ である．これに $x=r\cos\theta$，$y=r\sin\theta$ を代入すると $r(\cos\alpha\cos\theta+\sin\alpha\sin\theta)=a$ となり，加法定理を用いて $r\cos(\theta-\alpha)=a$ を得る．

✛PLUS 次ページからの複素数平面の学習では，点や図形を極座標の発想でとらえることが，非常に重要になります．

ところで，極方程式で平面上の図形を表すときには，「1つの点を表すのに適する極座標が1つではない」ことに起因するやっかいさがあります．たとえば，極方程式 $r=\dfrac{\theta}{2\pi}$ は極Oからはじまり極座標が $(1, 2\pi)$ である点Aを通るアルキメデスの渦巻線を表す……というのは普通のことなのですが，点Aの極座標は $(1, 0)$ だとも考えられ，そうすると，この極座標は $r=\dfrac{\theta}{2\pi}$ をみたしていません．同じことは，極方程式 $r=1$ が表す図形（Oを中心とする半径1の円）の上に，極座標が $(-1, 0)$ の点があるのだが……というようにも生じます．

共通テストを受験する人が深刻に考えなければならない問題ではないでしょうが，面倒な話であるのは確かです．POINT 199 での極方程式の説明は，直観的にわかりやすいように書いたのですが，厳密には上述のことを考え合わせるべきでしょう．

THEME
64 複素数平面と複素数の演算

🏛 **GUIDANCE**　すべての実数は一直線上に並んでいると考えられた（数直線）. これと同じように, THEME 1 で学んだ複素数は, すべて一平面上にあると考えられる. この平面 —— 複素数平面 —— 上では, 複素数の演算（四則と複素共役）は図形的な意味をもって現れる. 以下, THEME 1 で述べた複素数についての基本事項を見直してから進んでほしい.

POINT 201 複素数平面

複素数 $z=x+yi$（x, y は実数）に, 座標平面上の点 (x, y) を対応させると, すべての複素数と座標平面上のすべての点がもれなく 1 対 1 対応する. このように考えた座標平面を複素数平面（複素平面）という. 複素数 z に対応する点の名前が P であるときこれを $P(z)$ と書くが, 簡単に点 z ということもある.

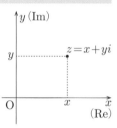

複素数平面の x 軸を実軸, y 軸を虚軸といい, 図示のとき記号 Re, Im をつけて表すことがある.

POINT 202 複素共役について

複素数 $z=x+yi$（x, y は実数）に対し, それと共役な複素数（複素共役）は $\bar{z}=x-yi$ である. 4 点 z, $\bar{z}$, $-z$, $-\bar{z}$ は図に示すように, 実軸, 原点, 虚軸に関して対称の位置にある.

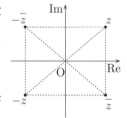

$\dfrac{z+\bar{z}}{2}=x$, $\dfrac{z-\bar{z}}{2i}=y$ だから, z の実部は $\dfrac{z+\bar{z}}{2}$, z の虚部は $\dfrac{z-\bar{z}}{2i}$ と表される. したがって,

z が実数　$\Longleftrightarrow$ $z-\bar{z}=0 \Longleftrightarrow z=\bar{z}$,

z が純虚数　$\Longleftrightarrow$ $z+\bar{z}=0$ かつ $z\neq0$

が成り立つ.

さらに, 一般に以下のことが成立する（〔3〕では $w\neq0$ とする）.

〔1〕 $\overline{z\pm w}=\bar{z}\pm\bar{w}$（複号同順）　〔2〕 $\overline{zw}=\bar{z}\,\bar{w}$　〔3〕 $\overline{\left(\dfrac{z}{w}\right)}=\dfrac{\bar{z}}{\bar{w}}$

POINT **203** 複素数の加減と実数倍の図形的意味

● 一般に，2点 z，w と原点 O，そして点 $z+w$ や点 $z-w$ の位置関係は図のようになり，平行四辺形がえがかれる（頂点や辺が重なって平行四辺形がつぶれることもある）．

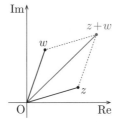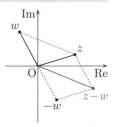

● k が実数のとき，点 Q(kz) は，2点 O(0)，P(z)（ただし $z \neq 0$ とする）を結ぶ直線上にある．$k>0$ ならばQはOに関してPと同じ側にあり，$k<0$ ならばQはOに関してPと反対側にある．いずれにせよ，OQ$=|k|$OP である．

※POINT 203 は，THEME 53 の POINT 161，162 と関連が深い．

POINT **204** 複素数の絶対値

実数 x の絶対値とは，数直線上での点 P(x) と原点 O(0) との距離であった．これと同じように，複素数平面上での点 P(z) と原点 O(0) との距離を複素数 z の絶対値といい，記号で $|z|$ と表す．$z=x+yi$（x，y は実数）のとき，$|z|=\sqrt{x^2+y^2}$ である．また，一般に，複素数 z に対して次のことが成り立つ．

〔1〕 $|z| \geqq 0$，等号は $z=0$ のときのみ成立する

〔2〕 $|\bar{z}|=|z|$

〔3〕 $|z|^2=z\bar{z}$

また，2点 z，w の距離は $|z-w|$ に等しい（$|w-z|$ とも等しい）．

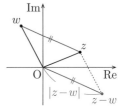

4点 O, $z-w$, z, w は平行四辺形の頂点をなす

POINT **205** 複素数の極形式

0でない複素数 z に対し，$|z|=r$ とし，線分 Oz（2点 O，z を結ぶ線分）が実軸の正の部分からの回転角を θ とすると，$z=r(\cos\theta+i\sin\theta)$ が成り立つ．θ を z の偏角といい，記号で $\arg z$ と書く．0でない複素数をその絶対値 $r=|z|$，偏角 $\theta=\arg z$ を用いて $z=r(\cos\theta+i\sin\theta)$ と表したものを，z の極形式という．

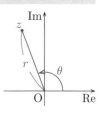

一般に，$|\bar{z}|=|z|$，$\arg\bar{z}=-\arg z$ が成り立つ．

なお，0の偏角は定まらず，0の極形式は考えないものとする．

$z=r(\cos\theta+i\sin\theta)$, $w=s(\cos\varphi+i\sin\varphi)$ のとき,

$zw=rs(\cos(\theta+\varphi)+i\sin(\theta+\varphi))$,

$$\frac{z}{w}=\frac{r}{s}(\cos(\theta-\varphi)+i\sin(\theta-\varphi))$$

が成り立つ(2つ目の等式については $w\neq0$, したがって $s\neq0$ とする). これを極形式で表された複素数の等式とみると,一般に

$|zw|=|z||w|$ かつ $\arg(zw)=\arg z+\arg w$,

$\left|\dfrac{z}{w}\right|=\dfrac{|z|}{|w|}$ かつ $\arg\left(\dfrac{z}{w}\right)=\arg z-\arg w$

が成り立つとわかる.

EXERCISE 64 ●複素数平面と複素数の演算

問 1 複素数平面上の3点 O(0), A($2+i$), B($-1+3i$) を考える.

(1) 3点 O, A, B が一直線上にないことを確かめよ.

(2) 四角形 OAPB が平行四辺形になるように点 P を定めよ.

(3) (2)のとき,OP と AB の交点を M として,OM の長さを求めよ.

問 2 次の複素数を極形式で表せ.ただし,偏角は 0 以上 2π 未満とせよ.

(1) $5+5\sqrt{3}\,i$ (2) $2-2i$ (3) -7

問 3 2つの複素数 z, w は $|z|=1$, $\arg z=\dfrac{\pi}{4}$, $|w|=1$, $\arg w=\dfrac{\pi}{6}$ をみたす.

(1) z, w の値を求めよ.

(2) $\dfrac{z}{w}$ を計算することにより,$\cos\dfrac{\pi}{12}$, $\sin\dfrac{\pi}{12}$ の値を求めよ.

問 4 0 でない複素数 z について,$\left|\dfrac{1}{z}\right|$ を $|z|$ の式で,$\arg\left(\dfrac{1}{z}\right)$ を $\arg z$ の式で,それぞれ表せ.

解答 **問 1** (1) $-1+3i=k(2+i)$ となる実数 k が存在しないことを確かめればよい.実際,これは $-1+3i=2k+ki$, つまり $-1=2k$ かつ $3=k$ のときだけ成り立つが,そうなるような実数 k は存在しない.

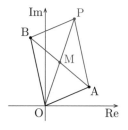

(2) $(2+i)+(-1+3i)=1+4i$ より,**P($1+4i$)** と定め

ればよい.

(3) $\mathrm{OM}=\dfrac{1}{2}\mathrm{OP}$ である. 一方, $\mathrm{OP}=|1+4i|=\sqrt{1^2+4^2}=\sqrt{17}$. だから,

$\mathrm{OM}=\dfrac{1}{2}\sqrt{17}$.

問2 (1) $10\left(\cos\dfrac{\pi}{3}+i\sin\dfrac{\pi}{3}\right)$ (2) $2\sqrt{2}\left(\cos\dfrac{7}{4}\pi+i\sin\dfrac{7}{4}\pi\right)$

(3) $7(\cos\pi+i\sin\pi)$ ($-7(\cos 0+i\sin 0)$ は極形式ではない)

問3 (1) $z=\dfrac{\sqrt{2}}{2}+\dfrac{\sqrt{2}}{2}i,\ \ w=\dfrac{\sqrt{3}}{2}+\dfrac{1}{2}i$.

(2) $\dfrac{z}{w}=\dfrac{\sqrt{2}+\sqrt{2}\,i}{\sqrt{3}+i}=\dfrac{(\sqrt{2}+\sqrt{2}\,i)(\sqrt{3}-i)}{(\sqrt{3}+i)(\sqrt{3}-i)}=\dfrac{\sqrt{6}+\sqrt{2}}{4}+\dfrac{\sqrt{6}-\sqrt{2}}{4}i$ …①

である. 一方, $\left|\dfrac{z}{w}\right|=\dfrac{|z|}{|w|}=\dfrac{1}{1}=1$ かつ

$\arg\left(\dfrac{z}{w}\right)=\arg z-\arg w=\dfrac{\pi}{4}-\dfrac{\pi}{6}=\dfrac{\pi}{12}$ だから, $\dfrac{z}{w}$ の極形式は

$\dfrac{z}{w}=\cos\dfrac{\pi}{12}+i\sin\dfrac{\pi}{12}$ である. これと①を見比べて, $\cos\dfrac{\pi}{12}=\dfrac{\sqrt{6}+\sqrt{2}}{4}$,

$\sin\dfrac{\pi}{12}=\dfrac{\sqrt{6}-\sqrt{2}}{4}$ がわかる.

問4 $\left|\dfrac{1}{z}\right|=\dfrac{|1|}{|z|}=\dfrac{1}{|z|}$, $\arg\left(\dfrac{1}{z}\right)=\arg 1-\arg z=0-\arg z=-\arg z$.

✚PLUS　虚数を含む「複素数」に現実性を感じられなかった人も, 実在感を十分に持てる平面の上に複素数があるのだと思うと, 存在を納得しやすいでしょう. そして, 複素数は平面上にただ「ある」だけではなく, 四則演算という数の特質が図形的な意味をはっきり持つように, 幾何学的にも「ある」のです.

65 複素数平面上の点の移動・変換

GUIDANCE 　等式 $w=z\alpha$ は「z と α との積が w だ」ということだが，別に「z に α をかけると w になる」とも読める．つまり，「α をかける」という "作用" が働いて，z が w に変化したと見るのだ．この見かたを複素数平面上で考えると，点 z を点 w へとうつす移動や変換を，複素数の演算により理解できる．

POINT 207 加法と平行移動

　複素数 $z=x+yi$，$\alpha=a+bi$（x, y, a, b は実数）に対して $w=z+\alpha$ とすると，$w=(x+a)+(y+b)i$ である．よって，このとき，点 w は点 z を実軸方向に a，虚軸方向に b，平行移動したものである．

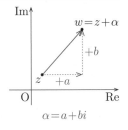

POINT 208 乗法と拡大縮小，回転移動

　$|z|=r$, $\arg z=\theta$ である複素数 z と $|\alpha|=s$，$\arg\alpha=\varphi$ である複素数 α に対して，$w=z\alpha$ とすると，$|w|=rs$，$\arg w=\theta+\varphi$ である．よって，このとき，点 w は点 z に対して「原点中心の s 倍の拡大縮小」と「原点中心の角 φ の回転」を続けて（どちらが先でも同じ）行ったものである．

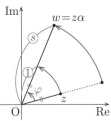

　特に，$|u|=1$ である複素数 u を用いると，$w=zu$ のとき，点 w は点 z を原点中心に $\arg u$ だけ回転させた点である．

POINT 209 複素共役と対称移動

　POINT 202 でも見た通り，点 $\bar{z}$ は，点 z を実軸に関して対称移動させて得られる点である．

POINT 210 累乗，ド・モアブルの定理

　$|z|=r$, $\arg z=\theta$ である複素数 z について，z^n（n は自然数）は 1 に z を n 個かけたものであるから，絶対値が $|1|=1$ の r^n 倍，偏角が $\arg 1=0$ に $n\theta$ を加えたものである複素数である．すなわち $|z^n|=r^n$，$\arg(z^n)=n\theta$ である．

極形式で書くと

$$(r(\cos\theta+i\sin\theta))^n=r^n(\cos n\theta+i\sin n\theta)$$

である．特に $|z|=1$，すなわち $r=1$ のときはこの等式は

$$(\cos\theta+i\sin\theta)^n=\cos n\theta+i\sin n\theta$$

となるが，これを**ド・モアブルの定理**という

POINT 211 複素数の累乗根

以下，n は自然数とする．

$u^n=1$ をみたす複素数 u を **1 の n 乗根**という．u が 1 の n 乗根であるとき，$|u|$ は「n 乗すると 1 になる正数」だから 1，$\arg u$ は「n 倍すると 2π の整数倍になる角」だから $\dfrac{2\pi}{n}$ の整数倍である．そのような n としては

$$\cos\left(\frac{2\pi}{n}\cdot k\right)+i\sin\left(\frac{2\pi}{n}\cdot k\right)\ (k=0,\ 1,\ 2,\ \cdots,\ n-1)$$

の n 個があり得る．これが 1 の n 乗根の全体である．これらは複素数平面上では単位円に内接する正 n 角形の頂点をなす（頂点の 1 つは点 1 である）．

$\zeta=\cos\dfrac{2\pi}{n}+i\sin\dfrac{2\pi}{n}$ とおくと，これらは 1，ζ，ζ^2，$\cdots$，ζ^{n-1} と表される．

複素数 β に対し，$z^n=\beta$ をみたす複素数 z を **β の n 乗根**という．$\beta\neq0$ のとき，β の n 乗根は n 個あり，その 1 つを γ とするとその全体は γ，$\zeta\gamma$，$\zeta^2\gamma$，$\cdots$，$\zeta^{n-1}\gamma$ と表される．これらの表す複素数平面上の点は，原点を中心とする半径が $|\beta|^{\frac{1}{n}}$ の円に内接する，正 n 角形の頂点をなす．

EXERCISE 65 ●複素数平面上の点の移動・変換

問 1 複素数平面上に 3 点 O(0)，A(z)，B(w) があり，△OAB は図のような直角三角形である．

(1) 長さの比 OA : OB を求めよ．また，∠BOA を弧度法で表せ．

(2) w を z の式で表せ．

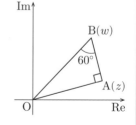

問 2 (1) 絶対値が 2，偏角が 10° の複素数 z について，z^9 の値を求めよ．

(2) 1 の 8 乗根をすべて求めよ．

問 3 以下の文章の空欄に，適切な実数（ $\boxed{サ}$, $\boxed{シ}$ 以外），数式（ $\boxed{サ}$, $\boxed{シ}$ ）を補え．

$w=4\sqrt{2}\,(-1+i)$ の 3 乗根，すなわち $z^3=w$ をみたす z をすべて求めよう．

まず， $|w|=\boxed{ア}$ ， $\arg w=\boxed{イ}$ である（ただし $\boxed{イ}$ には 0 以上 2π 未満の実数を補え）．したがって， $z^3=w$ となるのは， $|z|=\boxed{ウ}$ であり， $\arg z$ は（ 0 以上 2π 未満で小さい順に並べると） $\boxed{エ}$ ， $\boxed{エ}+\boxed{オ}$ ， $\boxed{エ}+2\times\boxed{オ}$ のどれかであるときである．

ここで，絶対値が 1，偏角が $\boxed{オ}$ の複素数を ω とすると， $\omega=\boxed{カ}+\boxed{キ}\,i$ であり， ω は 1 の $\boxed{ク}$ 乗根の 1 つである．

w の 3 乗根のうち偏角が $\boxed{エ}$ であるものを α とし，ほかの 2 つを β ， γ とする． $\alpha=\boxed{ケ}+\boxed{コ}\,i$ である．そして β ， γ は α ， ω を用いて $\boxed{サ}$ ， $\boxed{シ}$ と表される．これより， w の 3 乗根は $\boxed{ケ}+\boxed{コ}\,i$ ， $\boxed{ス}+\boxed{セ}\,i$ ， $\boxed{ソ}+\boxed{タ}\,i$ だとわかる．これらが表す複素数平面上の 3 点は，原点を中心とする半径 $\boxed{チ}$ の円に内接する正三角形の頂点をなす．

問 4 複素数平面上の 2 点 α ， β は，2 点 0， $1+\sqrt{3}\,i$ を結ぶ直線に関して線対称の位置にある．

(1) 2 点 α ， β をそれぞれ原点を中心に $-\dfrac{\pi}{3}$ 回転させた点を α' ， β' とする． α' ， β' を α ， β で表せ．

(2) β' と α' の位置関係から両者の間に成り立つ関係式を作り，それをもとに， β を α で表せ．

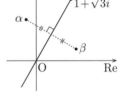

解答　**問 1** (1) $\mathrm{OA}:\mathrm{OB}=\sqrt{3}:2$ ． $\angle\mathrm{BOA}=\dfrac{\pi}{6}$ ．

(2) w は z と比べて絶対値が $\dfrac{2}{\sqrt{3}}$ 倍，偏角が $\dfrac{\pi}{6}$ 大きい．よって，

$$w=z\cdot\frac{2}{\sqrt{3}}\Bigl(\cos\frac{\pi}{6}+i\sin\frac{\pi}{6}\Bigr),\ \ \text{つまり}\ \ \boldsymbol{w=z\cdot\frac{2}{\sqrt{3}}\Bigl(\frac{\sqrt{3}}{2}+\frac{1}{2}i\Bigr)}$$

$$=\boldsymbol{z\Bigl(1+\frac{1}{\sqrt{3}}i\Bigr)}\ \text{が成り立っている．}$$

問 2 (1) z^9 の絶対値は $2^9=512$ ，偏角は $9\times10°=90°$ であるから， $\boldsymbol{z^9=512i}$ ．

(2) $\cos\Bigl(\dfrac{2\pi}{8}k\Bigr)+i\sin\Bigl(\dfrac{2\pi}{8}k\Bigr)$ $(k=0,\ 1,\ \cdots,\ 7)$ ，すなわち

$$1, \quad \frac{1+i}{\sqrt{2}}, \quad i, \quad \frac{-1+i}{\sqrt{2}}, \quad -1, \quad \frac{-1-i}{\sqrt{2}}, \quad -i, \quad \frac{1-i}{\sqrt{2}}.$$

問3 ア：8 イ：$\dfrac{3}{4}\pi$ ウ：2 エ：$\dfrac{1}{4}\pi$ オ：$\dfrac{2}{3}\pi$ カ：$-\dfrac{1}{2}$

キ：$\dfrac{\sqrt{3}}{2}$ ク：3 ケ：$\sqrt{2}$ コ：$\sqrt{2}$ サ：$\alpha\omega$ シ：$\alpha\omega^2$

（サ，シは順番を問わない） ス：$\dfrac{\sqrt{2}\,(-1-\sqrt{3}\,)}{2}$ セ：$\dfrac{\sqrt{2}\,(-1+\sqrt{3}\,)}{2}$

ソ：$\dfrac{\sqrt{2}\,(-1+\sqrt{3}\,)}{2}$ タ：$\dfrac{\sqrt{2}\,(-1-\sqrt{3}\,)}{2}$ （ス・セとソ・タは順番を問わない） チ：2

問4 (1) $\cos\left(-\dfrac{\pi}{3}\right)+i\sin\left(-\dfrac{\pi}{3}\right)=\dfrac{1}{2}-\dfrac{\sqrt{3}}{2}i$ に注意して，

$$\alpha'=\left(\dfrac{1}{2}-\dfrac{\sqrt{3}}{2}i\right)\alpha, \quad \beta'=\left(\dfrac{1}{2}-\dfrac{\sqrt{3}}{2}i\right)\beta.$$

(2) 2点 0, $1+\sqrt{3}\,i$ を結ぶ直線を 0 を中心に $-\dfrac{\pi}{3}$ 回転させた直線は実軸である．だから2点 α', β' は実軸に関して線対称の位置にある．よって，$\beta'=\overline{\alpha'}$ である．

これに(1)の結果を代入して $\left(\dfrac{1}{2}-\dfrac{\sqrt{3}}{2}i\right)\beta=\overline{\left(\dfrac{1}{2}-\dfrac{\sqrt{3}}{2}i\right)\alpha}$，すなわち

$\dfrac{1-\sqrt{3}\,i}{2}\beta=\dfrac{1+\sqrt{3}\,i}{2}\overline{\alpha}$ が成り立つ．ゆえに，

$$\beta=\dfrac{1+\sqrt{3}\,i}{1-\sqrt{3}\,i}\overline{\alpha}=\dfrac{(1+\sqrt{3}\,i)(1+\sqrt{3}\,i)}{(1-\sqrt{3}\,i)(1+\sqrt{3}\,i)}\overline{\alpha}=\dfrac{-1+\sqrt{3}\,i}{2}\overline{\alpha}.$$

✚PLUS **問4** (2)の結果 $\beta=\dfrac{-1+\sqrt{3}\,i}{2}\overline{\alpha}$ は，$\dfrac{-1+\sqrt{3}\,i}{2}$ の絶対値が 1，偏角が $\dfrac{2\pi}{3}$ であるので，「点 α を実軸に関して対称移動したあと，さらに原点中心に $\dfrac{2\pi}{3}$ 回転させたものが点 β である」と語っています．問題文に指定された移動と一見異なりますが，実はこれでも，結果は同じになるのですね．それが複素数の計算によって示されたのです．

THEME 66　複素数平面上の図形と計算

🏠 **GUIDANCE**　複素数の絶対値は複素数平面上の距離と関係し，加減は平行移動に，乗除は拡大縮小と回転移動に，複素共役は対称移動に関係する．これほどまでに複素数の「計算」が複素数平面上の幾何に関係しているのであれば，平面図形の考察に複素数が役立つのはもはや当然だろう．

POINT 212　座標平面としての複素数平面

複素数平面は座標平面であるから，CHAPTER 2 で学んだ座標平面上の図形に関することは，すべて複素数平面上でも通用する．たとえば

- 2 点 A(α)，B(β) を $m:n$ に内分する点を P(z)，$m:n$ に外分する点を Q(w) とすると，$z = \dfrac{n\alpha + m\beta}{m+n}$，$w = \dfrac{-n\alpha + m\beta}{m-n}$.

- 3 点 A(α)，B(β)，C(γ) を頂点とする三角形の重心を G(g) とすると，$g = \dfrac{\alpha + \beta + \gamma}{3}$.

など．一般に，$z = x + yi$（x, y は実数）として，z のかわりに直交座標である x, y を用いて計算することもいつでもできる（得策かどうかは別問題）.

POINT 213　複素共役に関する有用な公式

複素数平面上の 2 点 A(α)，B(β) の距離は $|\beta - \alpha|$ で与えられる．複素数平面上で距離を考えるために複素数の絶対値を考えることは多い．そこで計算を進める上で大切な公式が，$|z|^2 = z\bar{z}$，$|z| = \sqrt{z\bar{z}}$ である．

また，複素数 z の実部が $\dfrac{z + \bar{z}}{2}$ で，虚部が $\dfrac{z - \bar{z}}{2i}$ で与えられることも知っておくとよい．

POINT 214　原点以外の点を中心とした回転

点 α を中心として点 β を角 θ だけ回転させた点を点 γ とする．3 点を一斉に，α が O に重なるように平行移動させると，β は $\beta - \alpha$ に，γ は $\gamma - \alpha$ に重なる．そして $\beta - \alpha$ を原点を中心として θ だけ回転させれば $\gamma - \alpha$ に重なる．したがって，$\gamma - \alpha = (\beta - \alpha)(\cos\theta + i\sin\theta)$，

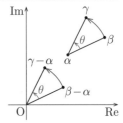

すなわち $\gamma=(\beta-\alpha)(\cos\theta+i\sin\theta)+\alpha$ が成り立つ.

POINT 215 複素数平面上の直線の把握

複素数平面上の直線 l について，点 z がその上にあるための条件を等式（方程式）で表す方法には，以下のようなものがある.

〔1〕 座標平面上の直線として l の（x，y の）方程式を求め，必要に応じてそれを $z=x+yi$，$\bar{z}=x-yi$ を用いて z，$\bar{z}$ の方程式に改める.

〔2〕 l を「2 点 $A(\alpha)$，$B(\beta)$ から等距離にある点の集合，すなわち AB の**垂直二等分線**」と見れば，点 z が l 上にある条件は $|z-\alpha|=|z-\beta|$ である.

〔3〕 l をよりわかりやすい別の直線（実軸に垂直な直線など）に移動や拡大縮小を施したものとして理解する.

POINT 216 複素数平面上の円の把握

複素数平面上の円 C について，点 z がその上にあるための条件を等式（方程式）で表す方法には，以下のようなものがある.

〔1〕 点 c を中心とする半径 r の円の方程式は $|z-c|=r$，あるいは $|z-c|^2=r^2$ すなわち $(z-c)\overline{(z-c)}=r^2$ である.

〔2〕 2 点 $A(\alpha)$，$B(\beta)$ からの距離の比が $m:n$（m，n は正の定数で $m\neq n$）である点の集合は円である（**アポロニウスの円**）. この円上に点 z がある条件は $|z-\alpha|:|z-\beta|=m:n$，すなわち $m|z-\beta|=n|z-\alpha|$ である.

EXERCISE 66 ●複素数平面上の図形と計算

問1 2 点 $A(2-i)$，$B(4+3i)$ に対して，$\triangle ABC$ が正三角形になるように点 $C(z)$ をとりたい. 適する z の値（2 つある）を求めよ.

問2 2 点 $A(2)$，$B(2i)$ を結ぶ直線を l とし，l 上に点 $P(z)$ をとると，等式 $(1-i)z+(1+i)\bar{z}=4$ が成り立つことを，以下の 3 通りの方法で証明せよ.

(1) 複素数平面を xy 座標平面と見なし，x，y を用いて l の方程式を作る.

(2) l が 2 点 $O(0)$，$C(2+2i)$ を結ぶ線分の垂直二等分線であることを用いる.

(3) 実軸に垂直で点 $\sqrt{2}$ を通る直線 m を考え，l 上の点がすべて，m 上の点を原点中心に $\dfrac{\pi}{4}$ だけ回転すると得られることを用いる.

問**3**　点 K$(4i)$ を中心とする半径 2 の円を C とし，C 上に点 P(z) をとる
と，等式 $z\bar{z}+4iz-4i\bar{z}+12=0$ が成り立つことを，以下の 3 通りの方法
で証明せよ．

(1)　複素数平面を xy 座標平面と見なし，x, y を用いて C の方程式を作る．

(2)　KP$=2$ という条件を z で表す．

(3)　2 点 A(0)，B$(3i)$ をとると，PA：PB$=2:1$ となることを認めて計
算を進める．

解答　問**1**　A を中心に B を $\dfrac{\pi}{3}$ または $-\dfrac{\pi}{3}$ だけ
回転すると C に重なるようにすればよく，それには

$$z=\Big((4+3i)-(2-i)\Big)\Big(\cos\Big(\pm\dfrac{\pi}{3}\Big)+i\sin\Big(\pm\dfrac{\pi}{3}\Big)\Big)$$
$$\quad+(2-i)$$
$$=(2+4i)\Big(\dfrac{1}{2}\pm\dfrac{\sqrt{3}}{2}i\Big)+(2-i)$$
$$=(3\mp2\sqrt{3})+(1\pm\sqrt{3})i$$

とすればよい（複号同順）．

　答えは $(3-2\sqrt{3})+(1+\sqrt{3})i$ と $(3+2\sqrt{3})+(1-\sqrt{3})i$．

問**2**　(1)　l は 2 点 $(2, 0)$，$(0, 2)$ を通る直線で，その方程式は $x+y=2$ であ

る．一方，$z=x+yi$，$\bar{z}=x-yi$ より，$x=\dfrac{z+\bar{z}}{2}$，$y=\dfrac{z-\bar{z}}{2i}$ である．よっ

て，$\dfrac{z+\bar{z}}{2}+\dfrac{z-\bar{z}}{2i}=2$ が成り立つ．この両辺を 2 倍して，$\dfrac{1}{i}=-i$ に注意

すると，$(z+\bar{z})-i(z-\bar{z})=4$，すなわち $(1-i)z+(1+i)\bar{z}=4$ を得る．

(2)　$|z-0|=|z-(2+2i)|$ が成り立つ．よって，$|z|^2=|z-2-2i|^2$，すなわち
$z\bar{z}=(z-2-2i)\overline{(z-2-2i)}$，つまり $z\bar{z}=(z-2-2i)(\bar{z}-2+2i)$ が成り立つ．
これは $z\bar{z}=z\bar{z}+(-2+2i)z+(-2-2i)\bar{z}+8$ と計算できる．整理して
$(1-i)z+(1+i)\bar{z}=4$ を得る．

(3)　l 上の点 z を原点を中心に $-\dfrac{\pi}{4}$ 回転すると m 上にうつる．よって，

$$z\Big(\cos\Big(-\dfrac{\pi}{4}\Big)+i\sin\Big(-\dfrac{\pi}{4}\Big)\Big)=\dfrac{1-i}{\sqrt{2}}z \text{ の実部は } \sqrt{2} \text{ に等しい．だから，}$$

$$\dfrac{\dfrac{1-i}{\sqrt{2}}z+\overline{\Big(\dfrac{1-i}{\sqrt{2}}z\Big)}}{2}=\sqrt{2}, \text{ つまり } (1-i)z+(1+i)\bar{z}=4 \text{ が成り立つ．}$$

問3 (1) C は点 $\mathrm{K}(0,\ 4)$ を中心とする半径 2 の円で，その方程式は
$x^2+(y-4)^2=4$，すなわち $x^2+y^2-8y+12=0$ である．これに
$x^2+y^2=|z|^2=z\bar{z}$ と $y=\dfrac{z-\bar{z}}{2i}=-\dfrac{z-\bar{z}}{2}i$ を代入して，
$z\bar{z}+4iz-4i\bar{z}+12=0$ を得る．

(2) $\mathrm{KP}=|z-4i|$ だから，$|z-4i|=2$，よって，$|z-4i|^2=4$ である．これと
$|z-4i|^2=(z-4i)\overline{(z-4i)}=(z-4i)(\bar{z}+4i)=z\bar{z}+4iz-4i\bar{z}+16$ より，
$z\bar{z}+4iz-4i\bar{z}+12=0$ を得る．

(3) $|z-0|:|z-3i|=2:1$ より $2|z-3i|=|z|$，よって，$4|z-3i|^2=|z|^2$ である．これは $4(z-3i)\overline{(z-3i)}=z\bar{z}$，すなわち $4(z-3i)(\bar{z}+3i)=z\bar{z}$ と書きかえられる．これを整理して，$z\bar{z}+4iz-4i\bar{z}+12=0$ を得る．

➕PLUS **問2**，**問3** の設定と逆に，「$(1-i)z+(1+i)\bar{z}=4$ をみたす点 z の軌跡は？」「方程式 $z\bar{z}+4iz-4i\bar{z}+12=0$ が表す図形は？」と問われたときは，上記の計算 (のうちどれか) を逆にたどることになります．ぜひ考えてみてください．

67 複素数平面上で図形を考察する

GUIDANCE 複素数は「数」であると同時に「平面上の点」であり，2つの実数の組である「平面座標」でもある．さらに，絶対値と偏角を持つので「極座標」でもある．このような多面性を利用して，ほかの方法とは一味違う図形の考察ができるのが，複素数平面である．

POINT 217 複素数平面上の関数による図形の変換

2つの複素数変数 z，w が関数 f によって $w = f(z)$ と表される関係を持っているとする．点 z がある図形 F 上を動くとき，点 w もある図形 G を描いて動く．

f と F を知ると G を知ることができるが，その方法として，計算を主としたものと，図形的意味を考えるものとがあり，どちらも有効であることが多い．

たとえば，$w = (1+i)z$ で，F が原点Oを中心とする半径1の円である場合を考えよう．計算を用いれば，$z = \dfrac{w}{1+i}$ に注意して

$$w \in G \iff \frac{w}{1+i} \in F \iff \left| \frac{w}{1+i} \right| = 1 \iff \frac{|w|}{|1+i|} = 1 \iff \frac{|w|}{\sqrt{2}} = 1$$

$$\iff |w| = \sqrt{2}$$

であるから，G は原点Oを中心とする半径 $\sqrt{2}$ の円だとわかる（この考え方は，POINT 44〔2〕で述べた軌跡の方程式の求め方と同じである）．一方，$1+i$ の絶対値が $\sqrt{2}$，偏角が $\dfrac{\pi}{4}$ であることを考えると，点

w は点 z を原点中心に $\sqrt{2}$ 倍拡大して $\dfrac{\pi}{4}$ 回転させた

点であるから，点 z が円 F 上をくまなく動くとき，点 w が原点Oを中心とする半径 $\sqrt{2}$ の円の上をくまなく動くことはただちにわかる．

O 中心に $\sqrt{2}$ 倍，
$\dfrac{\pi}{4}$ 回転

POINT 218 複素数平面上の角

複素数の計算結果の偏角に注目することによって，複素数平面上の図形の角について情報を得られる．以下，複素数平面上の相異なる点を考える．

- 異なる2点 A(α), B(β) について，半直線 AB の実軸正の向きからの回転角は，$\arg(\beta-\alpha)$ に等しい.

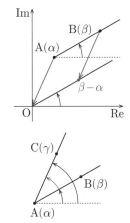

- 異なる3点 A(α), B(β), C(γ) について，∠BAC（半直線 AB を点 A を中心として回転して半直線 AC に重なる向きに測るものとする）は

$$\arg(\gamma-\alpha)-\arg(\beta-\alpha)=\arg\frac{\gamma-\alpha}{\beta-\alpha} \text{ に等しい.}$$

- 異なる3点 A(α), B(β), C(γ) について，

$$3点が一直線上にある \iff \arg\frac{\gamma-\alpha}{\beta-\alpha} \text{ が0か}$$
$$\pi \text{ に等しい}$$
$$\iff \frac{\gamma-\alpha}{\beta-\alpha} \text{ が実数,}$$

および

$$AB\perp AC \iff \arg\frac{\gamma-\alpha}{\beta-\alpha} \text{ が } \frac{\pi}{2} \text{ か } \frac{3\pi}{2} \text{ に等しい}$$
$$\iff \frac{\gamma-\alpha}{\beta-\alpha} \text{ が純虚数}$$

が成り立つ.

EXERCISE 67 ●複素数平面上で図形を考察する

問1 点 z が原点を中心とする半径1の円 C 上をくまなく動くとき，$w=\dfrac{z+2}{i}$ で定められる点 w の描く軌跡 D を求めよ（計算によっても，図形的意味を考えてもよい）.

問2 原点 O(0) と異なる複素数平面上の点 P(z) に対して，点 Q(w) を条件

Q は半直線 OP 上にあり，OP・OQ=1 である

により定める.

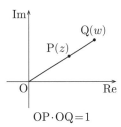

(1) w を z の式で表せ．また，z を w の式で表せ.

(2) 点 P(z) が点2を中心とする半径1の円 C_1 上をくまなく動くとき，点 Q(w) が描く軌跡 G_1 を求めよ.

(3) 点 P(z) が点1を中心とする半径1の円から原点 O(0) を除いた図形 C_2 上をくまなく動くとき，点 Q(w) が描く軌跡 G_2 を求めよ.

問3 3点 A($1+8i$), B($3+2i$), C($5+6i$) について，∠BAC を求めよ.

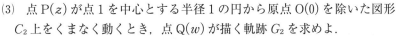

問 4 相異なる 3 点 $A_1(\alpha_1)$, $B_1(\beta_1)$, $C_1(\gamma_1)$ と, 相異なる 3 点 $A_2(\alpha_2)$, $B_2(\beta_2)$, $C_2(\gamma_2)$ について, $\dfrac{\gamma_1-\alpha_1}{\beta_1-\alpha_1}=\dfrac{\gamma_2-\alpha_2}{\beta_2-\alpha_2}$ であれば $\triangle A_1B_1C_1 \backsim \triangle A_2B_2C_2$ であることを証明せよ.

解答 **問 1** 〈解 1〉 $z=iw-2$ である. $|z|=1$ であれば $|iw-2|=1$, よって, $|i(w+2i)|=1$, $|i||w+2i|=1$ で, ゆえに, $|w+2i|=1$ である. 逆に, $|w+2i|=1$ であれば $|z|=1$ である. このことと, C を表す方程式が $|z|=1$ であることから, D を表す方程式は $|w+2i|=1$ である. だから, D は**点 $-2i$ を中心とする半径 1 の円**である.

〈解 2〉 $w=\dfrac{z+2}{i}$ より, 点 w は点 z を実軸方向に 2 だけ平行移動させ, さらに, 原点を中心に $\arg\left(\dfrac{1}{i}\right)=-\dfrac{\pi}{2}$ だけ回転させた点である. C 上のすべての点 z についてこの移動を考えることにより, D が**点 $-2i$ を中心とする半径 1 の円**だとわかる.

問 2 (1) z の絶対値を r, 偏角を θ とすると, w の絶対値は $\dfrac{1}{r}$, 偏角は θ である.

一方, $\overline{z}$ の絶対値は r, 偏角は $-\theta$ であるから, その逆数 $\dfrac{1}{\overline{z}}$ の絶対値は $\dfrac{1}{r}$, 偏角は θ である. よって, w と $\dfrac{1}{\overline{z}}$ は絶対値も偏角も一致しているから等しく, $\boldsymbol{w=\dfrac{1}{\overline{z}}}$ である. よって $\overline{w}=\dfrac{1}{z}$, したがって $\boldsymbol{z=\dfrac{1}{\overline{w}}}$ である.

(2) $Q(w)\in G_1 \iff$ 点 $\dfrac{1}{\overline{w}}\in C_1 \iff \left|\dfrac{1}{\overline{w}}-2\right|=1 \iff \left|\dfrac{1-2\overline{w}}{\overline{w}}\right|=1$

$\iff |1-2\overline{w}|=|\overline{w}| \iff |1-2\overline{w}|^2=|\overline{w}|^2 \iff (1-2\overline{w})(1-2w)=\overline{w}w$

$\iff 1-2w-2\overline{w}+3w\overline{w}=0 \iff w\overline{w}-\dfrac{2}{3}w-\dfrac{2}{3}\overline{w}+\dfrac{1}{3}=0$

$\iff w\overline{w}-\dfrac{2}{3}w-\dfrac{2}{3}\overline{w}+\dfrac{4}{9}=\dfrac{1}{9} \iff \left(w-\dfrac{2}{3}\right)\left(\overline{w}-\dfrac{2}{3}\right)=\dfrac{1}{9}$

$\iff \left|w-\dfrac{2}{3}\right|^2=\dfrac{1}{9} \iff \left|w-\dfrac{2}{3}\right|=\dfrac{1}{3}$

である. よって, G_1 は**中心が点 $\dfrac{2}{3}$ で半径が $\dfrac{1}{3}$ の円**である.

(3) 以下，$z \neq 0$ とする．このとき $w \neq 0$ である．

$$Q(w) \in G_2 \iff \text{点} \frac{1}{w} \in C_2 \iff \left| \frac{1}{w} - 1 \right| = 1$$

$$\iff \left| \frac{1 - \overline{w}}{\overline{w}} \right| = 1 \iff |1 - \overline{w}| = |\overline{w}| \iff |\overline{1 - w}| = |\overline{w}| \iff |1 - w| = |w|$$

$\iff$「点 w と点 1 の距離と，点 w と点 O の距離とが，等しい」

である．よって，G_2 は 2 点 O，1 を結ぶ線分の垂線二等分線，すなわち，

点 $\dfrac{1}{2}$ を通り実軸に垂線である直線である．

問 3 図をかいてみると，半直線 AB を正の向きに回転させて半直線 AC に重ねるときの回転角が求める $\angle$BAC だとわかる．よって

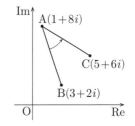

$$\angle \text{BAC} = \arg \frac{(5+6i)-(1+8i)}{(3+2i)-(1+8i)} = \arg \frac{4-2i}{2-6i}$$

$$= \arg \frac{2-i}{1-3i} = \arg \frac{(2-i)(1+3i)}{(1-3i)(1+3i)}$$

$$= \arg \frac{5+5i}{10} = \arg \frac{1+i}{2}$$

$$= \arg(1+i) - \arg 2 = \frac{\pi}{4} - 0 = \frac{\pi}{4}.$$

問 4 $\dfrac{\gamma_1 - \alpha_1}{\beta_1 - \alpha_1} = \dfrac{\gamma_2 - \alpha_2}{\beta_2 - \alpha_2}$ とする．まず，$\left| \dfrac{\gamma_1 - \alpha_1}{\beta_1 - \alpha_1} \right| = \left| \dfrac{\gamma_2 - \alpha_2}{\beta_2 - \alpha_2} \right|$，つまり

$\dfrac{|\gamma_1 - \alpha_1|}{|\beta_1 - \alpha_1|} = \dfrac{|\gamma_2 - \alpha_2|}{|\beta_2 - \alpha_2|}$ だから $\dfrac{A_1 C_1}{A_1 B_1} = \dfrac{A_2 C_2}{A_2 B_2}$ $\cdots$① である．次に，

$\arg \dfrac{\gamma_1 - \alpha_1}{\beta_1 - \alpha_1} = \arg \dfrac{\gamma_2 - \alpha_2}{\beta_2 - \alpha_2}$ だから $\angle B_1 A_1 C_1 = \angle B_2 A_2 C_2$ $\cdots$② である．①，②は，$\triangle A_1 B_1 C_1$ と $\triangle A_2 B_2 C_2$ が，対応する 2 辺の長さの比とその間の角が等しいことを示している．よって，$\triangle A_1 B_1 C_1 \backsim \triangle A_2 B_2 C_2$ である．

➕PLUS $w = f(z)$ のとき，2 点 z，w を関係づけている関数 f は，数の「計算」のルールでもあり，図形の「移動・変換」のルールでもあります．この二面性が，複素数平面上で関数を考えることの面白さです．

また，複素数平面は「角」に強いしくみを持つ平面です．単なる座標平面で考えるよりも，複素数平面では，乗除を用いてより鮮やかに角を考察できます．

$a^2+b^2=c^2$ をみたす自然数の三つ組 $(a,\ b,\ c)$（これをピタゴラストリプレットという）を調べるのに，円のある媒介変数表示が役立つ.

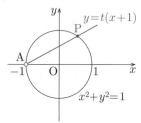

座標平面上に円 $x^2+y^2=1$ と，その上にある点 A$(-1,\ 0)$ を通り傾きが t の直線を考え，円と直線との A でない交点を P とする. 直線の方程式は $y=t(x+1)$ である. これと $x^2+y^2=1$ とを連立して解いて，P の座標は $\left(\dfrac{1-t^2}{1+t^2},\ \dfrac{2t}{1+t^2}\right)$ とわかる. この表示が，円 $x^2+y^2=1$ から 1 点 A$(-1,\ 0)$ を除いた曲線の，媒介変数表示になっている（なお，これと同等のことを EXERCISE 62 **問3** で考えているので，参照されたい）.

ここで特に，t が $0<t<1$ をみたす有理数である場合を考えよう. このとき P は第 1 象限にある. P から x 軸に下ろした垂線の足を H とすると，△OPH は ∠H=90° の直角三角形である. その 3 辺の長さの比は，$t=\dfrac{n}{m}$（$m,\ n$ は自然数で $m>n$）とすると

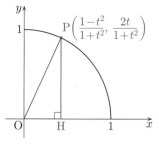

$$\begin{aligned}\text{OH}:\text{PH}:\text{OP}&=\frac{1-t^2}{1+t^2}:\frac{2t}{1+t^2}:1\\&=(1-t^2):2t:(1+t^2)\\&=\left(1-\frac{n^2}{m^2}\right):2\cdot\frac{n}{m}:\left(1+\frac{n^2}{m^2}\right)\\&=(m^2-n^2):2mn:(m^2+n^2)\end{aligned}$$

である.

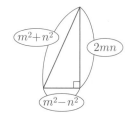

これで，t が $0<t<1$ をみたす有理数であるとき，△OPH は 3 辺の長さが整数比である直角三角形になることがわかった. 逆に，3 辺の長さが整数比である直角三角形は，その比が適切な自然数 $m,\ n$ により $(m^2-n^2):2mn:(m^2+n^2)$ と表され，その直角三角形は $t=\dfrac{n}{m}$ のときの △OPH と相似であることが，証明できる.

さらに少し考えると，ピタゴラストリプレット $(a,\ b,\ c)$ は，自然数 $m,\ n$（ただし $m>n$）により $(a,\ b,\ c)=(m^2-n^2,\ 2mn,\ m^2+n^2)$ と表されるもので尽くされることが証明できる. このように，曲線の考察が整数の問題の解決に役立つ.

xy 座標平面で図形を表す式を作ると，一般に，x, y の 2 文字が必要になる．ところが複素数平面上では，$z=x+yi$ により 1 文字の z が (x, y) を内包する（これが"複素"，要素が 2 つある，の語源である）ことから，図形を z 1 文字で表せることがある．たとえば単位円は，xy 平面上では $x^2+y^2=1$，複素数平面上では $|z|=1$（あるいは $z\bar{z}=1$）で表される．

複素数平面上の 3 点 α, β, γ が正三角形の頂点となる条件についての次の定理は有名である．これは，3 点の図形的性質が 1 つの等式で表され切っているということで，単なる座標平面だけしか知らない人には得がたい境地である．

定理 複素数平面上の相異なる 3 点 α, β, γ について，これらが正三角形の頂点となることと，$\alpha^2+\beta^2+\gamma^2-\alpha\beta-\alpha\gamma-\beta\gamma=0$ が成り立つことは，同値である．

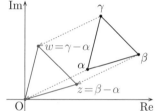

〈**証明**〉 $z=\beta-\alpha$, $w=\gamma-\alpha$ とおく．$\triangle\alpha\beta\gamma$ を $-\alpha$ に相当する分だけ平行移動したものが $\triangle 0zw$ である．

このことに注意して，

$\triangle\alpha\beta\gamma$ が正三角形 $\Longleftrightarrow$ $\triangle 0zw$ が正三角形

$\Longleftrightarrow$ 辺 $0z$ を点 0 を中心に $\pm\dfrac{\pi}{3}$ 回転させると辺 $0w$ に重なる

$\Longleftrightarrow$ $w=\left(\cos\left(\pm\dfrac{\pi}{3}\right)+i\sin\left(\pm\dfrac{\pi}{3}\right)\right)z$（複号同順）

$\Longleftrightarrow$ $w=\dfrac{1\pm\sqrt{3}\,i}{2}z$

$\Longleftrightarrow$ $2w-z=\pm\sqrt{3}\,iz$ $\Longleftrightarrow$ $(2w-z)^2=-3z^2$

$\Longleftrightarrow$ $4z^2-4zw+4w^2=0$ $\Longleftrightarrow$ $z^2-zw+w^2=0$

$\Longleftrightarrow$ $(\beta-\alpha)^2-(\beta-\alpha)(\gamma-\alpha)+(\gamma-\alpha)^2=0$

$\Longleftrightarrow$ $\alpha^2+\beta^2+\gamma^2-\alpha\beta-\alpha\gamma-\beta\gamma=0$

が得られる．

等式 $\alpha^2+\beta^2+\gamma^2-\alpha\beta-\alpha\gamma-\beta\gamma=0$ は $\dfrac{1}{2}\left((\alpha-\beta)^2+(\alpha-\gamma)^2+(\beta-\gamma)^2\right)=0$ と書き換えられるが，これは，実数だけしか認めない立場からは（α, β, γ が相異なるならば）成立し得ないことである．改めて，この定理が複素数平面ならではのものだとわかる．

→ 解答は p.274

CHAPTER 1 **方程式・式と証明**

1-1 k を実数とし，x の整式 $P(x)$ を
$$P(x)=x^4+(k-1)x^2+(6-2k)x+3k$$
とする.

(1) $k=0$ とする．このとき
$$P(x)=x(x^3-x+\boxed{ア})$$
である．また，$P(-2)=\boxed{イ}$ である．これらのことにより，$P(x)$ は
$$P(x)=x(x+\boxed{ウ})(x^2-2x+3)$$
と因数分解できる.

また，方程式 $P(x)=0$ の虚数解は $\boxed{エ}\pm\sqrt{\boxed{オ}}\,i$ である.

(2) $k=3$ とすると，$P(x)$ を x^2-2x+3 で割ることにより
$$P(x)=(x^2+\boxed{カ}\,x+\boxed{キ})(x^2-2x+3)$$
が成り立つことがわかる.

(3) (1)，(2)の結果を踏まえると，次の**予想**が立てられる.

予想

k がどのような実数であっても，$P(x)$ は x^2-2x+3 で割り切れる.

この**予想**が正しいとすると，ある実数 m，n に対して
$$P(x)=(x^2+mx+n)(x^2-2x+3)$$
が成り立つ．この式の x^3 の係数に着目することにより，$m=\boxed{ク}$ が得られる．また，定数項に着目することにより，$n=k$ が得られる.

このとき，実際に
$$(x^2+\boxed{ク}\,x+k)(x^2-2x+3)=x^4+(k-1)x^2+(6-2k)x+3k$$
が成り立つことが計算により確かめられ，この**予想**が正しいことがわかる.

(4) 方程式 $P(x)=0$ が実数解をもたないような k の値の範囲は
$$k>\boxed{ケ}$$
である.

（2021 年 共通テスト 第 1 日程 (1/17) 数学 II）

1-2 k, l, m を実数とし，x の整式 $P(x)=x^4+kx^2+lx+m$ を考える．

(1) $P(x)$ は $x+1$ で割り切れるとする．このとき，因数定理により，$P(\boxed{\text{アイ}})=0$ が成り立つから，m は k，l を用いて

$$m=\boxed{\text{ウ}}k+l-\boxed{\text{エ}} \quad\cdots\cdots\cdots\cdots\cdots\cdots\cdots\cdots ①$$

と表される．また，$P(x)$ を $x+1$ で割ったときの商を $Q(x)$ とすると

$$Q(x)=x^3-x^2+(k+\boxed{\text{オ}})x-k+l-\boxed{\text{カ}}$$

である．

(2) $P(x)$ は $(x+1)^2$ で割り切れるとする．このとき，(1)で求めた $Q(x)$ は $x+1$ で割り切れる．このことと①により，l，m は k を用いて

$$l=\boxed{\text{キ}}k+\boxed{\text{ク}},\quad m=k+\boxed{\text{ケ}}$$

と表される．また，$P(x)$ を $(x+1)^2$ で割ったときの商を $R(x)$ とすると

$$R(x)=x^2-\boxed{\text{コ}}x+k+\boxed{\text{サ}}$$

である．

以下の(3)，(4)では，$P(x)$ は $(x+1)^2$ で割り切れるとする．

(3) $R(x)$ を(2)で求めた 2 次式とし，2 次方程式 $R(x)=0$ の判別式を D とする．このとき，$P(x)$ がつねに 0 以上の値をとることは，D の値が $\boxed{\text{シ}}$ であることと同値であり，これは，$k+\boxed{\text{ス}}$ の値が $\boxed{\text{セ}}$ であることと同値である．

$\boxed{\text{シ}}$，$\boxed{\text{セ}}$ の解答群(同じものを繰り返し選んでもよい.)

⓪ 負	① 0 以下	② 0	
③ 正	④ 0 以上		

(4) t を実数とする．4 次方程式 $P(x)=0$ が虚数解 $t+3i$，$t-3i$ をもつとき，$t=\boxed{\text{ソ}}$，$k=\boxed{\text{タ}}$ である．

(2021 年 共通テスト 第 2 日程 (1/31) 数学Ⅱ)

2-1 a は $a>1$ を満たす定数とする. また, 座標平面上に点 M$(2,\ -1)$ がある. M と異なる点 P$(s,\ t)$ に対して, 点Qを, 3点 M, P, Q がこの順に同一直線上に並び, 線分 MQ の長さが線分 MP の長さの a 倍となるようにとる.

(1) 点Pは線分 MQ を $1:(\boxed{ア}-\boxed{イ})$ に内分する. よって, 点Qの座標を $(x,\ y)$ とすると

$$s=\frac{x+\boxed{ウエ}-\boxed{オ}}{\boxed{カ}},\quad t=\frac{y-\boxed{キ}+\boxed{ク}}{\boxed{ケ}}$$

である.

(2) 座標平面上に原点Oを中心とする半径 1 の円 C がある. 点Pが C 上を動くとき, 点Qの軌跡を考える.

点Pが C 上にあるとき

$$s^2+t^2=1$$

が成り立つ.

点Qの座標を $(x,\ y)$ とすると, $x,\ y$ は

$$(x+\boxed{コサ}-\boxed{シ})^2+(y-\boxed{ス}+\boxed{セ})^2=\boxed{ソ}^2 \qquad\cdots\cdots①$$

を満たすので, 点Qは $(-\boxed{コサ}+\boxed{シ},\ \boxed{ス}-\boxed{セ})$ を中心とする半径 $\boxed{ソ}$ の円上にある.

(3) k を正の定数とし, 直線 $l:x+y-k=0$ と円 $C:x^2+y^2=1$ は接しているとする. このとき, $k=\sqrt{\boxed{タ}}$ である.

点Pが l 上を動くとき, 点 Q$(x,\ y)$ の軌跡の方程式は

$$x+y+(\boxed{チ}-\sqrt{\boxed{ツ}})a-\boxed{テ}=0 \qquad\cdots\cdots②$$

であり, 点Qの軌跡は l と平行な直線である.

(4) (2)の①が表す円を C_a, (3)の②が表す直線を l_a とする. C_a の中心と l_a の距離は $\boxed{ト}$ であり, C_a と l_a は $\boxed{ナ}$.

$\boxed{ト}$ の解答群

⓪ $a+1$	① $a-1$	② a
③ $\dfrac{\sqrt{2}}{2}a$	④ $\dfrac{\sqrt{2}}{2}(a+1)$	⑤ $\dfrac{\sqrt{2}}{2}(a-1)$
⑥ $\dfrac{2+\sqrt{2}}{2}a$	⑦ $\dfrac{2-\sqrt{2}}{2}a$	

⓪ a の値によらず，2点で交わる

① a の値によらず，接する

② a の値によらず，共有点をもたない

③ a の値によらず共有点をもつが，a の値によって，2点で交わる場合と接する場合がある

④ a の値によって，共有点をもつ場合と共有点をもたない場合がある

(2021 年 共通テスト 第 1 日程 (1/17) 数学 II)

2-2 100 g ずつ袋詰めされている食品 A と B がある．1 袋あたりのエネルギーは食品 A が 200 kcal，食品 B が 300 kcal であり，1 袋あたりの脂質の含有量は食品 A が 4 g，食品 B が 2 g である．

(1) 太郎さんは，食品 A と B を食べるにあたり，エネルギーは 1500 kcal 以下に，脂質は 16 g 以下に抑えたいと考えている．食べる量 (g) の合計が最も多くなるのは，食品 A と B をどのような量の組合せで食べるときかを調べよう．ただし，一方のみを食べる場合も含めて考えるものとする．

(i) 食品 A を x 袋分，食品 B を y 袋分だけ食べるとする．このとき，x, y は次の条件①，②を満たす必要がある．

摂取するエネルギー量についての条件 　 ア 　 …………①

摂取する脂質の量についての条件 　 イ 　 …………②

ア ， イ に当てはまる式を，次の各解答群のうちから一つずつ選べ．

ア の解答群

⓪ $200x + 300y \leqq 1500$ 　 ① $200x + 300y \geqq 1500$

② $300x + 200y \leqq 1500$ 　 ③ $300x + 200y \geqq 1500$

イ の解答群

⓪ $2x + 4y \leqq 16$ 　 ① $2x + 4y \geqq 16$

② $4x + 2y \leqq 16$ 　 ③ $4x + 2y \geqq 16$

(ii) x, y の値と条件①，②の関係について正しいものを，次の ⓪〜③ のうちから二つ選べ．ただし，解答の順序は問わない． ウ ， エ

⓪ $(x, y) = (0, 5)$ は条件①を満たさないが，条件②は満たす．

① $(x, y) = (5, 0)$ は条件①を満たすが，条件②は満たさない．

② $(x, y) = (4, 1)$ は条件①も条件②も満たさない．

③ $(x, y) = (3, 2)$ は条件①と条件②をともに満たす．

(iii) 条件①，②をともに満たす (x, y) について，食品AとBを食べる量の合計の最大値を二つの場合で考えてみよう.

食品 A, B が 1 袋を小分けにして食べられるような食品のとき，すなわち x, y のとり得る値が実数の場合，食べる量の合計の最大値は オカキ g である．このときの (x, y) の組は，

$$(x, y) = \left(\frac{ク}{ケ}, \frac{コ}{サ} \right)$$

である．

次に，食品 A, B が 1 袋を小分けにして食べられないような食品のとき，すなわち x, y のとり得る値が整数の場合，食べる量の合計の最大値は シスセ g である．このときの (x, y) の組は ソ 通りある.

(2) 花子さんは，食品AとBを合計 600 g 以上食べて，エネルギーは 1500 kcal 以下にしたい．脂質を最も少なくできるのは，食品 A, B が 1 袋を小分けにして食べられない食品の場合，Aを タ 袋，Bを チ 袋食べるときで，そのときの脂質は ツテ g である.

(2018 年　共通テスト　試行調査　数学Ⅱ・数学B)

3-1 (1) 次の**問題A**について考えよう.

> **問題A** 関数 $y=\sin\theta+\sqrt{3}\cos\theta$ $\left(0\leqq\theta\leqq\dfrac{\pi}{2}\right)$ の最大値を求めよ.

$$\sin\frac{\pi}{\boxed{\text{ア}}}=\frac{\sqrt{3}}{2},\quad \cos\frac{\pi}{\boxed{\text{ア}}}=\frac{1}{2}$$

であるから，三角関数の合成により

$$y=\boxed{\text{イ}}\sin\left(\theta+\frac{\pi}{\boxed{\text{ア}}}\right)$$

と変形できる．よって，y は $\theta=\dfrac{\pi}{\boxed{\text{ウ}}}$ で最大値 $\boxed{\text{エ}}$ をとる.

(2) p を定数とし，次の**問題B**について考えよう.

> **問題B** 関数 $y=\sin\theta+p\cos\theta$ $\left(0\leqq\theta\leqq\dfrac{\pi}{2}\right)$ の最大値を求めよ.

(i) $p=0$ のとき，y は $\theta=\dfrac{\pi}{\boxed{\text{オ}}}$ で最大値 $\boxed{\text{カ}}$ をとる.

(ii) $p>0$ のときは，加法定理

$$\cos(\theta-\alpha)=\cos\theta\cos\alpha+\sin\theta\sin\alpha$$

を用いると

$$y=\sin\theta+p\cos\theta=\sqrt{\boxed{\text{キ}}}\cos(\theta-\alpha)$$

と表すことができる．ただし，α は

$$\sin\alpha=\frac{\boxed{\text{ク}}}{\sqrt{\boxed{\text{キ}}}},\quad \cos\alpha=\frac{\boxed{\text{ケ}}}{\sqrt{\boxed{\text{キ}}}},\quad 0<\alpha<\frac{\pi}{2}$$

を満たすものとする．このとき，y は $\theta=\boxed{\text{コ}}$ で最大値 $\sqrt{\boxed{\text{サ}}}$ をとる.

(iii) $p<0$ のとき，y は $\theta=\boxed{\text{シ}}$ で最大値 $\boxed{\text{ス}}$ をとる.

> $\boxed{\text{キ}}$～$\boxed{\text{ケ}}$, $\boxed{\text{サ}}$, $\boxed{\text{ス}}$ の解答群（同じものを繰り返し選んでもよい.）
>
> | | | |
> |---|---|---|
> | ⓪ -1 | ① 1 | ② $-p$ |
> | ③ p | ④ $1-p$ | ⑤ $1+p$ |
> | ⑥ $-p^2$ | ⑦ p^2 | ⑧ $1-p^2$ |
> | ⑨ $1+p^2$ | ⓐ $(1-p)^2$ | ⓑ $(1+p)^2$ |

> $\boxed{\text{コ}}$, $\boxed{\text{シ}}$ の解答群（同じものを繰り返し選んでもよい.）
>
> | | | |
> |---|---|---|
> | ⓪ 0 | ① α | ② $\dfrac{\pi}{2}$ |

（2021 年 共通テスト 第 1 日程 (1/17) 数学Ⅱ・数学B）

3-2 Oを原点とする座標平面上に，点 A$(0, -1)$ と，中心がOで半径が1の円 C がある．円 C 上に y 座標が正である点Pをとり，線分 OP と x 軸の正の部分とのなす角を θ $(0<\theta<\pi)$ とする．また，円 C 上に x 座標が正である点Qを，つねに $\angle POQ = \dfrac{\pi}{2}$ となるようにとる．次の問いに答えよ．

(1) P，Q の座標をそれぞれ θ を用いて表すと

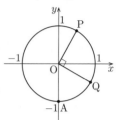

$$P(\boxed{\ \text{ア}\ }, \boxed{\ \text{イ}\ })$$
$$Q(\boxed{\ \text{ウ}\ }, \boxed{\ \text{エ}\ })$$

である．$\boxed{\ \text{ア}\ }$〜$\boxed{\ \text{エ}\ }$ に当てはまるものを，次の ⓪〜⑤ のうちから一つずつ選べ．ただし，同じものを繰り返し選んでもよい．

⓪ $\sin\theta$　　① $\cos\theta$　　② $\tan\theta$

③ $-\sin\theta$　　④ $-\cos\theta$　　⑤ $-\tan\theta$

(2) θ は $0<\theta<\pi$ の範囲を動くものとする．このとき線分 AQ の長さ l は θ の関数である．関数 l のグラフとして最も適当なものを，次の ⓪〜⑨ のうちから一つ選べ．

$\boxed{\ \text{オ}\ }$

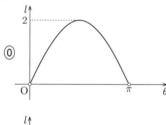

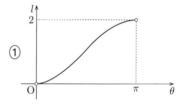

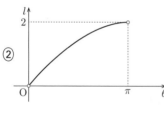

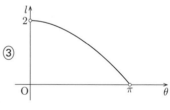

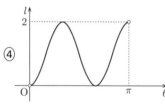

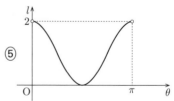

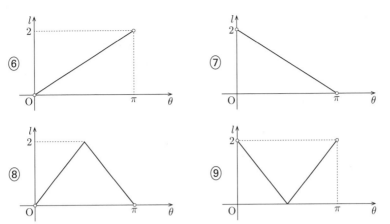

（2018 年 共通テスト 試行調査 数学Ⅱ・数学B）

3-3 (1) 下の図の点線は $y=\sin x$ のグラフである．(i), (ii)の三角関数のグラフが実線で正しくかかれているものを，下の ⓪〜⑨ のうちから一つずつ選べ．ただし，同じものを選んでもよい．

(i) $y=\sin 2x$ 　ア　　(ii) $y=\sin\left(x+\dfrac{3}{2}\pi\right)$ 　イ

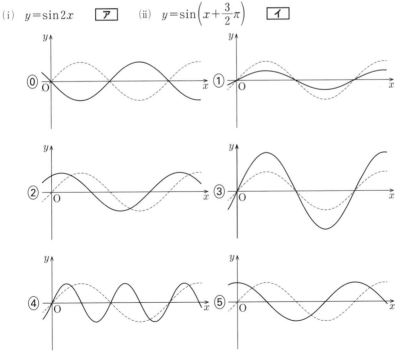

（次のページに続く）

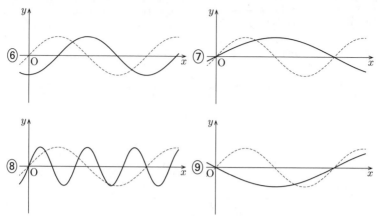

(2) 次の図はある三角関数のグラフである. その関数の式として正しいものを, 下の
⓪〜⑦のうちから**すべて選べ**. ウ

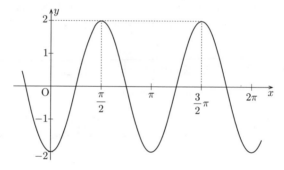

⓪ $y = 2\sin\left(2x + \dfrac{\pi}{2}\right)$ ① $y = 2\sin\left(2x - \dfrac{\pi}{2}\right)$

② $y = 2\sin 2\left(x + \dfrac{\pi}{2}\right)$ ③ $y = \sin 2\left(2x - \dfrac{\pi}{2}\right)$

④ $y = 2\cos\left(2x + \dfrac{\pi}{2}\right)$ ⑤ $y = 2\cos 2\left(x - \dfrac{\pi}{2}\right)$

⑥ $y = 2\cos 2\left(x + \dfrac{\pi}{2}\right)$ ⑦ $y = \cos 2\left(2x - \dfrac{\pi}{2}\right)$

(2017 年 共通テスト 試行調査 数学Ⅱ・数学B)

CHAPTER 4

指数関数・対数関数

4-1 (1) $\log_{10}2=0.3010$ とする．このとき，$10^{\boxed{ア}}=2$，$2^{\boxed{イ}}=10$ となる．$\boxed{ア}$，$\boxed{イ}$ に当てはまるものを，次の⓪〜⑧のうちから一つずつ選べ．ただし，同じものを選んでもよい．

⓪ 0

① 0.3010

② -0.3010

③ 0.6990

④ -0.6990

⑤ $\dfrac{1}{0.3010}$

⑥ $-\dfrac{1}{0.3010}$

⑦ $\dfrac{1}{0.6990}$

⑧ $-\dfrac{1}{0.6990}$

(2) 次のようにして**対数ものさしA**を作る.

--- **対数ものさしA** ---

2以上の整数nのそれぞれに対して，1の目盛りから右に $\log_{10}n$ だけ離れた場所にnの目盛りを書く．

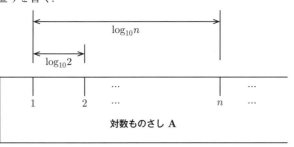

(i) **対数ものさしA**において，3の目盛りと4の目盛りの間隔は，1の目盛りと2の目盛りの間隔 $\boxed{ウ}$．$\boxed{ウ}$ に当てはまるものを，次の⓪〜②のうちから一つ選べ．

⓪ より大きい　　① に等しい　　② より小さい

また，次のようにして**対数ものさしB**を作る.

--- **対数ものさしB** ---

2以上の整数nのそれぞれに対して，1の目盛りから左に $\log_{10}n$ だけ離れた場所にnの目盛りを書く．

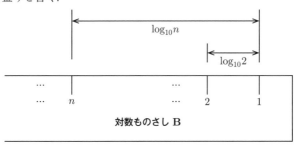

(ii) 次の図のように，**対数ものさしAの2の目盛りと対数ものさしBの1の目盛り**を合わせた．このとき，**対数ものさしBの**b**の目盛りに対応する対数ものさしAの目盛り**はaになった．

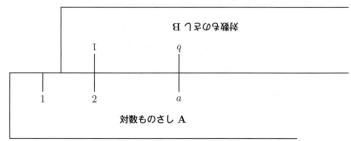

aとbの関係について，いつでも成り立つ式を，次の⓪～③のうちから一つ選べ．

エ

⓪ $a=b+2$ ① $a=2b$

② $a=\log_{10}(b+2)$ ③ $a=\log_{10}2b$

さらに，次のようにして**ものさしC**を作る．

— ものさしC —

自然数nのそれぞれに対して，0の目盛りから左に$n\log_{10}2$だけ離れた場所にnの目盛りを書く．

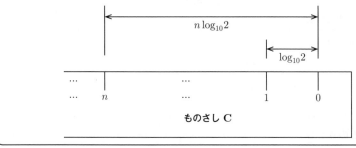

(iii) 次の図のように**対数ものさしA**の1の目盛りと**ものさしC**の0の目盛りを合わせた．このとき，**ものさしC**の c の目盛りに対応する**対数ものさしA**の目盛りは d になった．

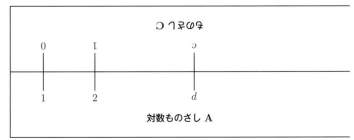

c と d の関係について，いつでも成り立つ式を，次の ⓪〜③ のうちから一つ選べ．
$\boxed{\text{オ}}$

⓪ $d=2c$ ① $d=c^2$

② $d=2^c$ ③ $c=\log_{10}d$

(iv) **対数ものさしA**と**対数ものさしB**の目盛りを一度だけ合わせるか，**対数ものさしA**と**ものさしC**の目盛りを一度だけ合わせることにする．このとき，適切な箇所の目盛りを読み取るだけで実行できるものを，次の ⓪〜⑤ のうちから**すべて**選べ． $\boxed{\text{カ}}$

⓪ 17 に 9 を足すこと．

① 23 から 15 を引くこと．

② 13 に 4 をかけること．

③ 63 を 9 で割ること．

④ 2 を 4 乗すること．

⑤ $\log_2 64$ の値を求めること．

（2018年 共通テスト 試行調査 数学Ⅱ・数学B）

4-2 (1) $\log_{10}10=\boxed{\text{ア}}$ である．また，$\log_{10}5$，$\log_{10}15$ をそれぞれ $\log_{10}2$ と $\log_{10}3$ を用いて表すと

$$\log_{10}5=\boxed{\text{イ}}\log_{10}2+\boxed{\text{ウ}}$$
$$\log_{10}15=\boxed{\text{エ}}\log_{10}2+\log_{10}3+\boxed{\text{オ}}$$

となる．

(2) 太郎さんと花子さんは，15^{20} について話している．

以下では，$\log_{10}2=0.3010$，$\log_{10}3=0.4771$ とする．

> 太郎：15^{20} は何桁の数だろう．
> 花子：15 の 20 乗を求めるのは大変だね．$\log_{10}15^{20}$ の整数部分に着目してみようよ．

$\log_{10}15^{20}$ は

$$\boxed{\text{カキ}}<\log_{10}15^{20}<\boxed{\text{カキ}}+1$$

を満たす．よって，15^{20} は $\boxed{\text{クケ}}$ 桁の数である．

> 太郎：15^{20} の最高位の数字も知りたいね．だけど，$\log_{10}15^{20}$ の整数部分にだけ着目してもわからないな．
> 花子：$N\cdot10^{\boxed{\text{カキ}}}<15^{20}<(N+1)\cdot10^{\boxed{\text{カキ}}}$ を満たすような正の整数 N に着目してみたらどうかな．

$\log_{10}15^{20}$ の小数部分は $\log_{10}15^{20}-\boxed{\text{カキ}}$ であり

$$\log_{10}\boxed{\text{コ}}<\log_{10}15^{20}-\boxed{\text{カキ}}<\log_{10}(\boxed{\text{コ}}+1)$$

が成り立つので，15^{20} の最高位の数字は $\boxed{\text{サ}}$ である．

(2021 年 共通テスト 第 2 日程 (1/31) 数学Ⅱ・数学B)

4-3 a を 1 でない正の実数とする．(i)〜(iii)のそれぞれの式について，正しいものを，下の ⓪〜③ のうちから一つずつ選べ．ただし，同じものを繰り返し選んでもよい．

(i) $\sqrt[4]{a^3}\times a^{\frac{2}{3}}=a^2$ $\boxed{\text{ア}}$

(ii) $\dfrac{(2a)^6}{(4a)^2}=\dfrac{a^3}{2}$ $\boxed{\text{イ}}$

(iii) $4(\log_2 a-\log_4 a)=\log_{\sqrt{2}}a$ $\boxed{\text{ウ}}$

⓪ 式を満たす a の値は存在しない．
① 式を満たす a の値はちょうど一つである．
② 式を満たす a の値はちょうど二つである．
③ どのような a の値を代入しても成り立つ式である．

(2017 年 共通テスト 試行調査 数学Ⅱ・数学B)

CHAPTER 5 微分と積分

5-1 (1) 座標平面上で，次の二つの2次関数のグラフについて考える．

$$y = 3x^2 + 2x + 3 \qquad \cdots\cdots\cdots\cdots\cdots\cdots\cdots\cdots ①$$

$$y = 2x^2 + 2x + 3 \qquad \cdots\cdots\cdots\cdots\cdots\cdots\cdots\cdots ②$$

①，②の2次関数のグラフには次の**共通点**がある．

> ── **共通点** ──
> ・y 軸との交点の y 座標は $\boxed{\text{ア}}$ である．
> ・y 軸との交点における接線の方程式は $y = \boxed{\text{イ}}x + \boxed{\text{ウ}}$ である．

次の ⓪～⑤ の2次関数のグラフのうち，y 軸との交点における接線の方程式が $y = \boxed{\text{イ}}x + \boxed{\text{ウ}}$ となるものは $\boxed{\text{エ}}$ である．

$\boxed{\text{エ}}$ の解答群

⓪ $y = 3x^2 - 2x - 3$		① $y = -3x^2 + 2x - 3$
② $y = 2x^2 + 2x - 3$		③ $y = 2x^2 - 2x + 3$
④ $y = -x^2 + 2x + 3$		⑤ $y = -x^2 - 2x + 3$

a, b, c を0でない実数とする．

曲線 $y = ax^2 + bx + c$ 上の点 $(0, \boxed{\text{オ}})$ における接線を l とすると，その方程式は $y = \boxed{\text{カ}}x + \boxed{\text{キ}}$ である．

接線 l と x 軸との交点の x 座標は $\dfrac{\boxed{\text{クケ}}}{\boxed{\text{コ}}}$ である．

a, b, c が正の実数であるとき，曲線 $y = ax^2 + bx + c$ と接線 l および直線 $x = \dfrac{\boxed{\text{クケ}}}{\boxed{\text{コ}}}$ で囲まれた図形の面積を S とすると

$$S = \frac{ac^{\boxed{\text{サ}}}}{\boxed{\text{シ}}b^{\boxed{\text{ス}}}} \qquad \cdots\cdots\cdots\cdots\cdots\cdots\cdots\cdots ③$$

である．

③において，$a = 1$ とし，S の値が一定となるように正の実数 b, c の値を変化させる．このとき，b と c の関係を表すグラフの概形は $\boxed{\text{セ}}$ である．

$\boxed{\text{セ}}$ については，最も適当なものを，次の ⓪～⑤ のうちから一つ選べ．

⓪
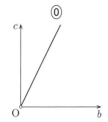

①
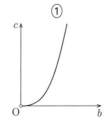

②
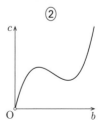

（次のページに続く）

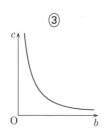
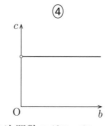
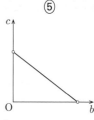

(2) 座標平面上で，次の三つの 3 次関数のグラフについて考える．

$$y=4x^3+2x^2+3x+5 \quad \cdots\cdots\cdots\cdots\cdots\cdots\cdots④$$
$$y=-2x^3+7x^2+3x+5 \quad \cdots\cdots\cdots\cdots\cdots⑤$$
$$y=5x^3-x^2+3x+5 \quad \cdots\cdots\cdots\cdots\cdots\cdots⑥$$

④，⑤，⑥の 3 次関数のグラフには次の**共通点**がある．

> ―― **共通点** ――
> ・y 軸との交点の y 座標は $\boxed{\text{ソ}}$ である．
> ・y 軸との交点における接線の方程式は $y=\boxed{\text{タ}}x+\boxed{\text{チ}}$ である．

a，b，c，d を 0 でない実数とする．

曲線 $y=ax^3+bx^2+cx+d$ 上の点 $(0,\boxed{\text{ツ}})$ における接線の方程式は
$y=\boxed{\text{テ}}x+\boxed{\text{ト}}$ である．

次に，$f(x)=ax^3+bx^2+cx+d$，$g(x)=\boxed{\text{テ}}x+\boxed{\text{ト}}$ とし，$f(x)-g(x)$ について
考える．

$h(x)=f(x)-g(x)$ とおく．a，b，c，d が正の実数であるとき，$y=h(x)$ のグラフ
の概形は $\boxed{\text{ナ}}$ である．

$y=f(x)$ のグラフと $y=g(x)$ のグラフの共有点の x 座標は $\dfrac{\boxed{\text{ニヌ}}}{\boxed{\text{ネ}}}$ と $\boxed{\text{ノ}}$ である．

また，x が $\dfrac{\boxed{\text{ニヌ}}}{\boxed{\text{ネ}}}$ と $\boxed{\text{ノ}}$ の間を動くとき，$|f(x)-g(x)|$ の値が最大となるのは，

$x=\dfrac{\boxed{\text{ハヒフ}}}{\boxed{\text{ヘホ}}}$ のときである．

$\boxed{\text{ナ}}$ については，最も適当なものを，次の ⓪～⑤ のうちから一つ選べ．

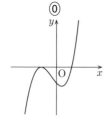
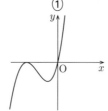
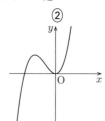

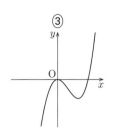

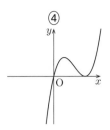

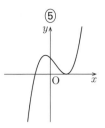

(2021 年 共通テスト 第 1 日程 (1/17) 数学 II・数学 B)

5-2 a を定数とする．関数 $f(x)$ に対し，$S(x)=\int_a^x f(t)\,dt$ とおく．このとき，関数 $S(x)$ の増減から $y=f(x)$ のグラフの概形を考えよう．

(1) $S(x)$ は 3 次関数であるとし，$y=S(x)$ のグラフは次の図のように，2 点 $(-1,\,0)$，$(0,\,4)$ を通り，点 $(2,\,0)$ で x 軸に接しているとする．

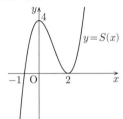

このとき，
$$S(x)=(x+\boxed{\text{ア}})(x-\boxed{\text{イ}})^{\boxed{2}}$$
である．$S(a)=\boxed{\text{エ}}$ であるから，a を負の定数とするとき，$a=\boxed{\text{オカ}}$ である．

関数 $S(x)$ は $x=\boxed{\text{キ}}$ を境に増加から減少に移り，$x=\boxed{\text{ク}}$ を境に減少から増加に移っている．したがって，関数 $f(x)$ について，$x=\boxed{\text{キ}}$ のとき $\boxed{\text{ケ}}$ であり，$x=\boxed{\text{ク}}$ のとき $\boxed{\text{コ}}$ である．また，$\boxed{\text{キ}}<x<\boxed{\text{ク}}$ の範囲では $\boxed{\text{サ}}$ である．

$\boxed{\text{ケ}}$，$\boxed{\text{コ}}$，$\boxed{\text{サ}}$ については，当てはまるものを，次の ⓪〜④ のうちから一つずつ選べ．ただし，同じものを繰り返し選んでもよい．

⓪ $f(x)$ の値は 0   ① $f(x)$ の値は正   ② $f(x)$ の値は負

③ $f(x)$ は極大   ④ $f(x)$ は極小

$y=f(x)$ のグラフの概形として最も適当なものを，次の ⓪〜⑤ のうちから一つ選べ． シ

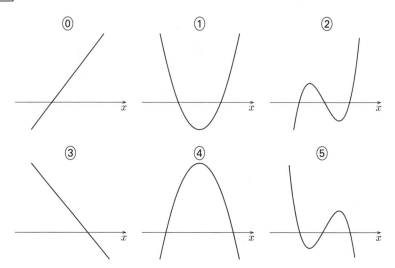

(2) (1)からわかるように，関数 $S(x)$ の増減から $y=f(x)$ のグラフの概形を考えることができる．

$a=0$ とする．次の ⓪〜④ は $y=S(x)$ のグラフの概形と $y=f(x)$ のグラフの概形の組である．このうち，$S(x)=\displaystyle\int_0^x f(t)\,dt$ の関係と**矛盾するもの**を二つ選べ． ス

⓪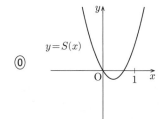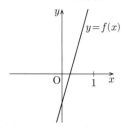

①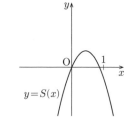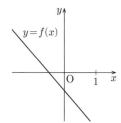

②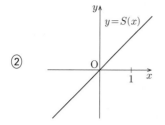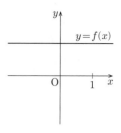

③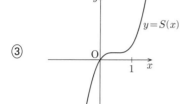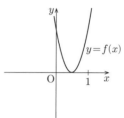

④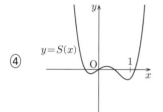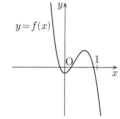

(2017 年 共通テスト 試行調査 数学Ⅱ・数学B)

6-1　太郎さんは和室の畳を見て，畳の敷き方が何通りあるかに興味を持った．ちょうど手元にタイルがあったので，畳をタイルに置き換えて，数学的に考えることにした．

縦の長さが 1，横の長さが 2 の長方形のタイルが多数ある．それらを縦か横の向きに，隙間も重なりもなく敷き詰めるとき，その敷き詰め方をタイルの「配置」と呼ぶ．

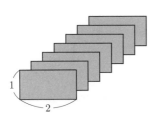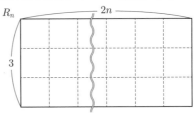

上の図のように，縦の長さが 3，横の長さが $2n$ の長方形を R_n とする．$3n$ 枚のタイルを用いた R_n 内の配置の総数を r_n とする．

$n=1$ のときは，下の図のように $r_1=3$ である．

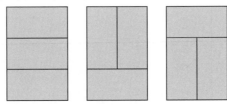

また，$n=2$ のときは，下の図のように $r_2=11$ である．

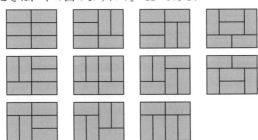

(1)　太郎さんは次のような図形 T_n 内の配置を考えた．

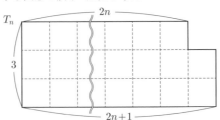

$(3n+1)$ 枚のタイルを用いた T_n 内の配置の総数を t_n とする．$n=1$ のときは，$t_1=\boxed{\text{ア}}$ である．

さらに，太郎さんは T_n 内の配置について，右下隅（すみ）のタイルに注目して次のような図をかいて考えた．

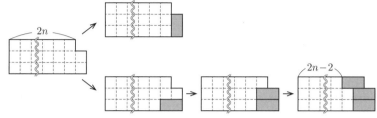

この図から，2 以上の自然数 n に対して

$$t_n = Ar_n + Bt_{n-1}$$

が成り立つことがわかる．ただし，$A=\boxed{\text{イ}}$，$B=\boxed{\text{ウ}}$ である．

以上から，$t_2=\boxed{\text{エオ}}$ であることがわかる．

同様に，R_n の右下隅のタイルに注目して次のような図をかいて考えた．

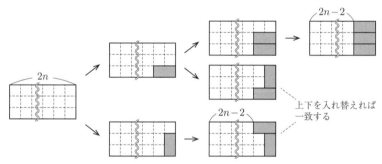

上下を入れ替えれば一致する

この図から，2 以上の自然数 n に対して

$$r_n = Cr_{n-1} + Dt_{n-1}$$

が成り立つことがわかる．ただし，$C=\boxed{\text{カ}}$，$D=\boxed{\text{キ}}$ である．

(2) 畳を縦の長さが 1，横の長さが 2 の長方形とみなす．縦の長さが 3，横の長さが 6 の長方形の部屋に畳を敷き詰めるとき，敷き詰め方の総数は $\boxed{\text{クケ}}$ である．

また，縦の長さが 3，横の長さが 8 の長方形の部屋に畳を敷き詰めるとき，敷き詰め方の総数は $\boxed{\text{コサシ}}$ である．

（2021 年 共通テスト 第 2 日程 (1/31) 数学 II・数学 B）

6-2 太郎さんと花子さんは，数列の漸化式に関する**問題 A**，**問題 B** について話している．二人の会話を読んで，下の問いに答えよ．

(1)

> **問題A** 次のように定められた数列 $\{a_n\}$ の一般項を求めよ．
> $$a_1=6, \quad a_{n+1}=3a_n-8 \quad (n=1, 2, 3, \cdots)$$

> 花子：これは前に授業で学習した漸化式の問題だね．まず，k を定数として，
> $a_{n+1}=3a_n-8$ を $a_{n+1}-k=3(a_n-k)$ の形に変形するといいんだよね．
> 太郎：そうだね．そうすると公比が 3 の等比数列に結びつけられるね．

(i) k の値を求めよ． $k=\boxed{\text{ア}}$

(ii) 数列 $\{a_n\}$ の一般項を求めよ． $a_n=\boxed{\text{イ}}\cdot\boxed{\text{ウ}}^{n-1}+\boxed{\text{エ}}$

(2)

> **問題B** 次のように定められた数列 $\{b_n\}$ の一般項を求めよ．
> $$b_1=4, \quad b_{n+1}=3b_n-8n+6 \quad (n=1, 2, 3, \cdots)$$

> 花子：求め方の方針が立たないよ．
> 太郎：そういうときは，$n=1, 2, 3$ を代入して具体的な数列の様子をみてみよう．
> 花子：$b_2=10$, $b_3=20$, $b_4=42$ となったけど…．
> 太郎：階差数列を考えてみたらどうかな．

数列 $\{b_n\}$ の階差数列 $\{p_n\}$ を，$p_n=b_{n+1}-b_n$ $(n=1, 2, 3, \cdots)$ と定める．

(i) p_1 の値を求めよ． $p_1=\boxed{\text{オ}}$

(ii) p_{n+1} を p_n を用いて表せ． $p_{n+1}=\boxed{\text{カ}}p_n-\boxed{\text{キ}}$

(iii) 数列 $\{p_n\}$ の一般項を求めよ． $p_n=\boxed{\text{ク}}\cdot\boxed{\text{ケ}}^{n-1}+\boxed{\text{コ}}$

(3) 二人は**問題B**について引き続き会話をしている．

> 太郎：解ける道筋はついたけれど，漸化式で定められた数列の一般項の求め方は一通りではないと先生もおっしゃっていたし，他のやり方も考えてみようよ．
> 花子：でも，授業で学習した問題は，**問題A**のタイプだけだよ．
> 太郎：では，**問題A**の式変形の考え方を**問題B**に応用してみようよ．**問題B**の漸化式
> $b_{n+1}=3b_n-8n+6$ を，定数 s, t を用いて
> $$\boxed{\text{サ}}=3(\boxed{\text{シ}})$$
> の式に変形してはどうかな．

（ i ） $q_n=\boxed{シ}$ とおくと，太郎さんの変形により数列 $\{q_n\}$ が公比 3 の等比数列とわかる．

　　　このとき，$\boxed{サ}$，$\boxed{シ}$ に当てはまる式を，次の ⓪～③ のうちから一つずつ選べ．

　　　ただし，同じものを選んでもよい．

⓪ b_n+sn+t

① $b_{n+1}+sn+t$

② $b_n+s(n+1)+t$

③ $b_{n+1}+s(n+1)+t$

（ ii ） s，t の値を求めよ．　　$s=\boxed{スセ}$，$t=\boxed{ソ}$

(4) **問題 B** の数列は，(2)の方法でも(3)の方法でも一般項を求めることができる．数列 $\{b_n\}$ の一般項を求めよ．　　$b_n=\boxed{タ}^{\,n-1}+\boxed{チ}\,n-\boxed{ツ}$

(5) 次のように定められた数列 $\{c_n\}$ がある．

$$c_1=16,\quad c_{n+1}=3c_n-4n^2-4n-10 \qquad (n=1,\ 2,\ 3,\ \cdots)$$

　　数列 $\{c_n\}$ の一般項を求めよ．

$$c_n=\boxed{テ}\cdot\boxed{ト}^{\,n-1}+\boxed{ナ}\,n^2+\boxed{ニ}\,n+\boxed{ヌ}$$

（2018 年 共通テスト 試行調査 数学Ⅱ・数学B）

7-1 以下の問題を解答するにあたっては，必要に応じて 179 ページの正規分布表を用いてもよい.

ある大学には，多くの留学生が在籍している．この大学の留学生に対して学習や生活を支援する留学生センターでは，留学生の日本語の学習状況について関心を寄せている．

(1) この大学では，留学生に対する授業として，以下に示す三つの日本語学習コースがある．

初級コース：1週間に 10 時間の日本語の授業を行う
中級コース：1週間に 8 時間の日本語の授業を行う
上級コース：1週間に 6 時間の日本語の授業を行う

すべての留学生が三つのコースのうち，いずれか一つのコースのみに登録することになっている．留学生全体における各コースに登録した留学生の割合は，それぞれ

初級コース：20 %, 中級コース：35 %, 上級コース： ア イ %

であった．ただし，数値はすべて正確な値であり，四捨五入されていないものとする．

この留学生の集団において，一人を無作為に抽出したとき，その留学生が1週間に受講する日本語学習コースの授業の時間数を表す確率変数を X とする．X の平均（期待値）は $\dfrac{\boxed{ウエ}}{2}$ であり，X の分散は $\dfrac{\boxed{オカ}}{20}$ である．

次に，留学生全体を母集団とし，a 人を無作為に抽出したとき，初級コースに登録した人数を表す確率変数を Y とすると，Y は二項分布に従う．このとき，Y の平均 $E(Y)$ は

$$E(Y) = \frac{\boxed{キ}}{\boxed{ク}}$$

である．

また，上級コースに登録した人数を表す確率変数を Z とすると，Z は二項分布に従う．Y, Z の標準偏差をそれぞれ $\sigma(Y)$, $\sigma(Z)$ とすると

$$\frac{\sigma(Z)}{\sigma(Y)} = \frac{\boxed{ケ}\sqrt{\boxed{コサ}}}{\boxed{シ}}$$

である．

ここで，$a = 100$ としたとき，無作為に抽出された留学生のうち，初級コースに登録した留学生が 28 人以上となる確率を p とする．$a = 100$ は十分大きいので，Y は近似的に正規分布に従う．このことを用いて p の近似値を求めると，$p = \boxed{ス}$ である．

$\boxed{ス}$ については，最も適当なものを，次の ⓪〜⑤ のうちから一つ選べ．

⓪ 0.002	① 0.023	② 0.228
③ 0.477	④ 0.480	⑤ 0.977

(2) 40 人の留学生を無作為に抽出し，ある 1 週間における留学生の日本語学習コース以外の日本語の学習時間 (分) を調査した．ただし，日本語の学習時間は母平均 m，母分散 σ^2 の分布に従うものとする．

　母分散 σ^2 を 640 と仮定すると，標本平均の標準偏差は $\boxed{セ}$ となる．調査の結果，40 人の学習時間の平均値は 120 であった．標本平均が近似的に正規分布に従うとして，母平均 m に対する信頼度 95 % の信頼区間を $C_1 \leqq m \leqq C_2$ とすると

$$C_1 = \boxed{ソタチ}.\boxed{ツテ}, \quad C_2 = \boxed{トナニ}.\boxed{ヌネ}$$

である．

(3) (2)の調査とは別に，日本語の学習時間を再度調査することになった．そこで，50 人の留学生を無作為に抽出し，調査した結果，学習時間の平均値は 120 であった．

　母分散 σ^2 を 640 と仮定したとき，母平均 m に対する信頼度 95 % の信頼区間を $D_1 \leqq m \leqq D_2$ とすると，$\boxed{ノ}$ が成り立つ．

　一方，母分散 σ^2 を 960 と仮定したとき，母平均 m に対する信頼度 95 % の信頼区間を $E_1 \leqq m \leqq E_2$ とする．このとき，$D_2 - D_1 = E_2 - E_1$ となるためには，標本の大きさを 50 の $\boxed{ハ}.\boxed{ヒ}$ 倍にする必要がある．

$\boxed{ノ}$ の解答群

⓪ $D_1 < C_1$ かつ $D_2 < C_2$	① $D_1 < C_1$ かつ $D_2 > C_2$	
② $D_1 > C_1$ かつ $D_2 < C_2$	③ $D_1 > C_1$ かつ $D_2 > C_2$	

(2021 年 共通テスト 第 2 日程 (1/31) 数学 II・数学 B)

チャレンジテスト

7-2 以下の問題を解答するにあたっては，必要に応じて 179 ページの正規分布表を用いてもよい．

　ジャガイモを栽培し販売している会社に勤務する花子さんは，A 地区と B 地区で収穫されるジャガイモについて調べることになった．

(1) A 地区で収穫されるジャガイモには 1 個の重さが 200 g を超えるものが 25 % 含まれることが経験的にわかっている．花子さんは A 地区で収穫されたジャガイモから 400 個を無作為に抽出し，重さを計測した．そのうち，重さが 200 g を超えるジャガイモの個数を表す確率変数を Z とする．このとき Z は二項分布 $B(400, \ 0.\boxed{アイ})$ に従うから，Z の平均 (期待値) は $\boxed{ウエオ}$ である．

(2)　Z を(1)の確率変数とし，A 地区で収穫されたジャガイモ 400 個からなる標本において，重さが 200 g を超えていたジャガイモの標本における比率を $R=\dfrac{Z}{400}$ とする．このとき，R の標準偏差は $\sigma(R)=\boxed{\text{カ}}$ である．

標本の大きさ 400 は十分に大きいので，R は近似的に正規分布 $N(0.\boxed{\text{アイ}},(\boxed{\text{カ}})^2)$ に従う．

したがって，$P(R \geqq x)=0.0465$ となるような x の値は $\boxed{\text{キ}}$ となる．ただし，$\boxed{\text{キ}}$ の計算においては $\sqrt{3}=1.73$ とする．

$\boxed{\text{カ}}$ の解答群

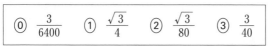

⓪　$\dfrac{3}{6400}$　　①　$\dfrac{\sqrt{3}}{4}$　　②　$\dfrac{\sqrt{3}}{80}$　　③　$\dfrac{3}{40}$

$\boxed{\text{キ}}$ については，最も適当なものを，次の ⓪～③ のうちから一つ選べ．

⓪　0.209　　①　0.251　　②　0.286　　③　0.395

(3)　B 地区で収穫され，出荷される予定のジャガイモ 1 個の重さは 100 g から 300 g の間に分布している．B 地区で収穫され，出荷される予定のジャガイモ 1 個の重さを表す確率変数を X とするとき，X は連続型確率変数であり，X のとり得る値 x の範囲は $100 \leqq x \leqq 300$ である．

花子さんは，B 地区で収穫され，出荷される予定のすべてのジャガイモのうち，重さが 200 g 以上のものの割合を見積もりたいと考えた．そのために花子さんは，X の確率密度関数 $f(x)$ として適当な関数を定め，それを用いて割合を見積もるという方針を立てた．

B 地区で収穫され，出荷される予定のジャガイモから 206 個を無作為に抽出したところ，重さの標本平均は 180 g であった．図 1 はこの標本のヒストグラムである．

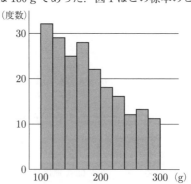

図 1　ジャガイモの重さのヒストグラム

花子さんは図1のヒストグラムにおいて，重さ x の増加とともに度数がほぼ一定の割合で減少している傾向に着目し，X の確率密度関数 $f(x)$ として，1次関数

$$f(x)=ax+b \quad (100\leqq x\leqq 300)$$

を考えることにした．ただし，$100\leqq x\leqq 300$ の範囲で $f(x)\geqq 0$ とする．

　このとき，$P(100\leqq X\leqq 300)=\boxed{\text{ク}}$ であることから

$$\boxed{\text{ケ}}\cdot 10^4 a+\boxed{\text{コ}}\cdot 10^2 b=\boxed{\text{ク}} \qquad\cdots\cdots\cdots\cdots\text{①}$$

である．

　花子さんは，X の平均（期待値）が重さの標本平均 180 g と等しくなるように確率密度関数を定める方法を用いることにした．

　連続型確率変数 X のとり得る値 x の範囲が $100\leqq x\leqq 300$ で，その確率密度関数が $f(x)$ のとき，X の平均（期待値）m は

$$m=\int_{100}^{300} x f(x)\,dx$$

で定義される．この定義と花子さんの採用した方法から

$$m=\frac{26}{3}\cdot 10^6 a+4\cdot 10^4 b=180 \qquad\cdots\cdots\cdots\cdots\text{②}$$

となる．①と②により，確率密度関数は

$$f(x)=-\boxed{\text{サ}}\cdot 10^{-5}x+\boxed{\text{シス}}\cdot 10^{-3} \qquad\cdots\cdots\cdots\cdots\text{③}$$

と得られる．このようにして得られた③の $f(x)$ は，$100\leqq x\leqq 300$ の範囲で $f(x)\geqq 0$ を満たしており，確かに確率密度関数として適当である．

　したがって，この花子さんの方針に基づくと，B 地区で収穫され，出荷される予定のすべてのジャガイモのうち，重さが 200 g 以上のものは $\boxed{\text{セ}}$ ％あると見積もることができる．

$\boxed{\text{セ}}$ については，最も適当なものを，次の ⓪〜③ のうちから一つ選べ．

| ⓪ 33 | ① 34 | ② 35 | ③ 36 |

（2022 年 共通テスト 本試験（1/16）数学Ⅱ・数学B）

7-3　以下の問題を解答するにあたっては，必要に応じて 179 ページの正規分布表を用いてもよい．

　花子さんは，マイクロプラスチックと呼ばれる小さなプラスチック片（以下，MP）による海洋中や大気中の汚染が，環境問題となっていることを知った．花子さんたち 49 人は，面積が 50 a（アール）の砂浜の表面にある MP の個数を調べるため，それぞれが無作為に選んだ 20 cm 四方の区画の表面から深さ 3 cm までをすくい，MP の個数を研究所で数えてもらうことにした．そして，この砂浜の 1 区画あたりの MP の個数を確率変数 X として考えることにした．

このとき，X の母平均を m，母標準偏差を σ とし，標本 49 区画の 1 区画あたりの MP の個数の平均値を表す確率変数を $\overline{X}$ とする．

花子さんたちが調べた 49 区画では，平均値が 16，標準偏差が 2 であった．

⑴ 砂浜全体に含まれる MP の全個数 M を推定することにする．

花子さんは，次の**方針**で M を推定することとした．

> **― 方針 ―**
>
> 砂浜全体には 20 cm 四方の区画が 125000 個分あり，$M = 125000 \times m$ なので，M を $W = 125000 \times \overline{X}$ で推定する．

確率変数 $\overline{X}$ は，標本の大きさ 49 が十分に大きいので，平均 **ア**，標準偏差 **イ** の正規分布に近似的に従う．

そこで，**方針**に基づいて考えると，確率変数 W は平均 **ウ**，標準偏差 **エ** の正規分布に近似的に従うことがわかる．

このとき，X の母標準偏差 σ は標本の標準偏差と同じ $\sigma = 2$ と仮定すると，M に対する信頼度 95 % の信頼区間は

$$\boxed{\textbf{オカキ}} \times 10^4 \leqq M \leqq \boxed{\textbf{クケコ}} \times 10^4$$

となる．

ア の解答群

⓪	m	①	$4m$	②	$7m$	③	$16m$	④	$49m$
⑤	X	⑥	$4X$	⑦	$7X$	⑧	$16X$	⑨	$49X$

イ の解答群

⓪	σ	①	2σ	②	4σ	③	7σ	④	49σ
⑤	$\dfrac{\sigma}{2}$	⑥	$\dfrac{\sigma}{4}$	⑦	$\dfrac{\sigma}{7}$	⑧	$\dfrac{\sigma}{49}$		

ウ の解答群

⓪	$\dfrac{16}{49}m$	①	$\dfrac{4}{7}m$	②	$49m$	③	$\dfrac{125000}{49}m$
④	$125000m$	⑤	$\dfrac{16}{49}\overline{X}$	⑥	$\dfrac{4}{7}\overline{X}$	⑦	$49\overline{X}$
⑧	$\dfrac{125000}{49}\overline{X}$	⑨	$125000\overline{X}$				

$\boxed{\text{エ}}$ の解答群

⓪ $\dfrac{\sigma}{49}$	① $\dfrac{\sigma}{7}$	② 49σ	③ $\dfrac{125000}{49}\sigma$
④ $\dfrac{31250}{7}\sigma$	⑤ $\dfrac{125000}{7}\sigma$	⑥ 31250σ	⑦ 62500σ
⑧ 125000σ	⑨ 250000σ		

(2) 研究所が昨年調査したときには，1区画あたりの MP の個数の母平均が 15，母標準偏差が 2 であった．今年の母平均 m が昨年とは異なるといえるかを，有意水準 5% で仮説検定をする．ただし，母標準偏差は今年も $\sigma = 2$ とする．

まず，帰無仮説は「今年の母平均は $\boxed{\text{サ}}$」であり，対立仮説は「今年の母平均は $\boxed{\text{シ}}$」である．

次に，帰無仮説が正しいとすると，$\overline{X}$ は平均 $\boxed{\text{ス}}$，標準偏差 $\boxed{\text{セ}}$ の正規分布に近似的に従うため，確率変数 $Z = \dfrac{\overline{X} - \boxed{\text{ス}}}{\boxed{\text{セ}}}$ は標準正規分布に近似的に従う．

花子さんたちの調査結果から求めた Z の値を z とすると，標準正規分布において確率 $P(Z \leqq -|z|)$ と確率 $P(Z \geqq |z|)$ の和は 0.05 よりも $\boxed{\text{ソ}}$ ので，有意水準 5% で今年の母平均 m は昨年と $\boxed{\text{タ}}$．

$\boxed{\text{サ}}$，$\boxed{\text{シ}}$ の解答群（同じものを繰り返し選んでもよい．）

⓪ $\overline{X}$ である	① m である
② 15 である	③ 16 である
④ $\overline{X}$ ではない	⑤ m ではない
⑥ 15 ではない	⑦ 16 ではない

$\boxed{\text{ス}}$，$\boxed{\text{セ}}$ の解答群（同じものを繰り返し選んでもよい．）

⓪ $\dfrac{4}{49}$	① $\dfrac{2}{7}$	② $\dfrac{16}{49}$	③ $\dfrac{4}{7}$	④ 2
⑤ $\dfrac{15}{7}$	⑥ 4	⑦ 15	⑧ 16	

$\boxed{\text{ソ}}$ の解答群

⓪ 大きい	① 小さい

$\boxed{\text{タ}}$ の解答群

⓪ 異なるといえる	① 異なるとはいえない

（令和 7 年度　大学入学共通テスト　試作問題　数学Ⅱ，数学 B，数学 C）

8-1　Oを原点とする座標空間に2点 A$(-1, 2, 0)$, B$(2, p, q)$ がある. ただし, $q>0$ とする. 線分 AB の中点Cから直線 OA に引いた垂線と直線 OA の交点Dは, 線分 OA を $9:1$ に内分するものとする. また, 点Cから直線 OB に引いた垂線と直線 OB の交点 Eは, 線分 OB を $3:2$ に内分するものとする.

(1) 点Bの座標を求めよう.

$$|\overrightarrow{OA}|^2 = \boxed{\text{ア}} \text{ である. また, } \overrightarrow{OD} = \frac{\boxed{\text{イ}}}{\boxed{\text{ウエ}}}\overrightarrow{OA} \text{ であることにより,}$$

$$\overrightarrow{CD} = \frac{\boxed{\text{オ}}}{\boxed{\text{カ}}}\overrightarrow{OA} - \frac{\boxed{\text{キ}}}{\boxed{\text{ク}}}\overrightarrow{OB} \text{ と表される. } \overrightarrow{OA} \perp \overrightarrow{CD} \text{ から}$$

$$\overrightarrow{OA} \cdot \overrightarrow{OB} = \boxed{\text{ケ}} \quad \cdots\cdots\cdots\cdots\cdots\cdots\cdots\cdots\cdots ①$$

である. 同様に, $\overrightarrow{CE}$ を $\overrightarrow{OA}$, $\overrightarrow{OB}$ を用いて表すと, $\overrightarrow{OB} \perp \overrightarrow{CE}$ から

$$|\overrightarrow{OB}|^2 = 20 \quad \cdots\cdots\cdots\cdots\cdots\cdots\cdots\cdots\cdots ②$$

を得る.

　①と②, および $q>0$ から, Bの座標は $(2, \boxed{\text{コ}}, \sqrt{\boxed{\text{サ}}})$ である.

(2) 3点 O, A, B の定める平面を α とし, 点 $(4, 4, -\sqrt{7})$ をGとする. また, α 上に点 H を $\overrightarrow{GH} \perp \overrightarrow{OA}$ と $\overrightarrow{GH} \perp \overrightarrow{OB}$ が成り立つようにとる. $\overrightarrow{OH}$ を $\overrightarrow{OA}$, $\overrightarrow{OB}$ を用いて表そう.

　Hが α 上にあることから, 実数 s, t を用いて

$$\overrightarrow{OH} = s\overrightarrow{OA} + t\overrightarrow{OB}$$

と表される. よって

$$\overrightarrow{GH} = \boxed{\text{シ}}\overrightarrow{OG} + s\overrightarrow{OA} + t\overrightarrow{OB}$$

である. これと, $\overrightarrow{GH} \perp \overrightarrow{OA}$ および $\overrightarrow{GH} \perp \overrightarrow{OB}$ が成り立つことから,

$$s = \frac{\boxed{\text{ス}}}{\boxed{\text{セ}}}, \quad t = \frac{\boxed{\text{ソ}}}{\boxed{\text{タチ}}} \text{ が得られる. ゆえに}$$

$$\overrightarrow{OH} = \frac{\boxed{\text{ス}}}{\boxed{\text{セ}}}\overrightarrow{OA} + \frac{\boxed{\text{ソ}}}{\boxed{\text{タチ}}}\overrightarrow{OB}$$

となる. また, このことから, H は $\boxed{\text{ツ}}$ であることがわかる.

$\boxed{\text{ツ}}$ の解答群

- ⓪　三角形 OAC の内部の点
- ①　三角形 OBC の内部の点
- ②　点 O, C と異なる, 線分 OC 上の点
- ③　三角形 OAB の周上の点
- ④　三角形 OAB の内部にも周上にもない点

（2021 年　共通テスト　第 2 日程 (1/31)　数学 II・数学 B）

8-2 平面上の点Oを中心とする半径1の円周上に、3点 A、B、C があり、$\overrightarrow{\text{OA}} \cdot \overrightarrow{\text{OB}} = -\dfrac{2}{3}$ および $\overrightarrow{\text{OC}} = -\overrightarrow{\text{OA}}$ を満たすとする。t を $0 < t < 1$ を満たす実数とし、線分 AB を $t : (1-t)$ に内分する点をPとする。また、直線 OP 上に点Qをとる。

(1) $\cos \angle \text{AOB} = \dfrac{\boxed{\text{アイ}}}{\boxed{\text{ウ}}}$ である。

また、実数 k を用いて、$\overrightarrow{\text{OQ}} = k\overrightarrow{\text{OP}}$ と表せる。したがって

$$\overrightarrow{\text{OQ}} = \boxed{\text{エ}}\,\overrightarrow{\text{OA}} + \boxed{\text{オ}}\,\overrightarrow{\text{OB}} \quad \cdots\cdots\cdots\cdots\cdots ①$$
$$\overrightarrow{\text{CQ}} = \boxed{\text{カ}}\,\overrightarrow{\text{OA}} + \boxed{\text{キ}}\,\overrightarrow{\text{OB}}$$

となる。

$\overrightarrow{\text{OA}}$ と $\overrightarrow{\text{OP}}$ が垂直となるのは、$t = \dfrac{\boxed{\text{ク}}}{\boxed{\text{ケ}}}$ のときである。

$\boxed{\text{エ}} \sim \boxed{\text{キ}}$ の解答群（同じものを繰り返し選んでもよい。）

⓪ kt	① $(k-kt)$	② $(kt+1)$
③ $(kt-1)$	④ $(k-kt+1)$	⑤ $(k-kt-1)$

以下、$t \neq \dfrac{\boxed{\text{ク}}}{\boxed{\text{ケ}}}$ とし、$\angle \text{OCQ}$ が直角であるとする。

(2) $\angle \text{OCQ}$ が直角であることにより、(1)の k は

$$k = \dfrac{\boxed{\text{コ}}}{\boxed{\text{サ}}\,t - \boxed{\text{シ}}} \quad \cdots\cdots\cdots\cdots\cdots\cdots ②$$

となることがわかる。

平面から直線 OA を除いた部分は、直線 OA を境に二つの部分に分けられる。そのうち、点Bを含む部分を D_1、含まない部分を D_2 とする。また、平面から直線 OB を除いた部分は、直線 OB を境に二つの部分に分けられる。そのうち、点Aを含む部分を E_1、含まない部分を E_2 とする。

・$0 < t < \dfrac{\boxed{\text{ク}}}{\boxed{\text{ケ}}}$ ならば、点Qは $\boxed{\text{ス}}$。

・$\dfrac{\boxed{\text{ク}}}{\boxed{\text{ケ}}} < t < 1$ ならば、点Qは $\boxed{\text{セ}}$。

$\boxed{\text{ス}}$、$\boxed{\text{セ}}$ の解答群（同じものを繰り返し選んでもよい。）

⓪ D_1 に含まれ、かつ E_1 に含まれる
① D_1 に含まれ、かつ E_2 に含まれる
② D_2 に含まれ、かつ E_1 に含まれる
③ D_2 に含まれ、かつ E_2 に含まれる

(3) 太郎さんと花子さんは，点Pの位置と $|\overrightarrow{OQ}|$ の関係について考えている.

$t = \dfrac{1}{2}$ のとき，①と②により，$|\overrightarrow{OQ}| = \sqrt{\boxed{ソ}}$ とわかる.

太郎：$t \neq \dfrac{1}{2}$ のときにも，$|\overrightarrow{OQ}| = \sqrt{\boxed{ソ}}$ となる場合があるかな.

花子：$|\overrightarrow{OQ}|$ を t を用いて表して，$|\overrightarrow{OQ}| = \sqrt{\boxed{ソ}}$ を満たす t の値について考えればいいと思うよ.

太郎：計算が大変そうだね.

花子：直線 OA に関して，$t = \dfrac{1}{2}$ のときの点Qと対称な点をRとしたら，

$|\overrightarrow{OR}| = \sqrt{\boxed{ソ}}$ となるよ.

太郎：$\overrightarrow{OR}$ を $\overrightarrow{OA}$ と $\overrightarrow{OB}$ を用いて表すことができれば，t の値が求められそうだね.

直線 OA に関して，$t = \dfrac{1}{2}$ のときの点Qと対称な点をRとすると

$$\overrightarrow{CR} = \boxed{タ}\,\overrightarrow{CQ}$$
$$= \boxed{チ}\,\overrightarrow{OA} + \boxed{ツ}\,\overrightarrow{OB}$$

となる.

$t \neq \dfrac{1}{2}$ のとき，$|\overrightarrow{OQ}| = \sqrt{\boxed{ソ}}$ となる t の値は $\dfrac{\boxed{テ}}{\boxed{ト}}$ である.

（2022 年　共通テスト　本試験 (1/16) 数学 II・数学 B）

CHAPTER 9

平面上の曲線・複素数平面

9-1 a, b, c, d, f を実数とし，x, y の方程式

$ax^2+by^2+cx+dy+f=0$

について，この方程式が表す座標平面上の図形をコンピュータソフトを用いて表示させる．ただし，このコンピュータソフトでは a, b, c, d, f の値は十分に広い範囲で変化させられるものとする．

a, b, c, d, f の値を $a=2$, $b=1$, $c=-8$, $d=-4$, $f=0$ とすると図1のように楕円が表示された．

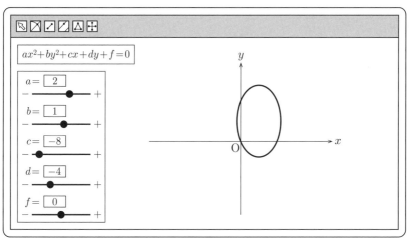

図1

方程式 $ax^2+by^2+cx+dy+f=0$ の a, c, d, f の値は変えずに，b の値だけを $b≧0$ の範囲で変化させたとき，座標平面上には $\boxed{ア}$．

$\boxed{ア}$ の解答群

⓪	つねに楕円のみが現れ，円は現れない
①	楕円，円が現れ，他の図形は現れない
②	楕円，円，放物線が現れ，他の図形は現れない
③	楕円，円，双曲線が現れ，他の図形は現れない
④	楕円，円，双曲線，放物線が現れ，他の図形は現れない
⑤	楕円，円，双曲線，放物線が現れ，また他の図形が現れることもある

（令和7年度　大学入学共通テスト　試作問題　数学Ⅱ，数学B，数学C）

9-2 太郎さんと花子さんは，複素数 w を一つ決めて，w, w^2, w^3, … によって複素数平面上に表されるそれぞれの点 A_1, A_2, A_3, … を表示させたときの様子をコンピュータソフトを用いて観察している．ただし，点 w は実軸より上にあるとする．つまり，w の偏角を $\arg w$ とするとき，$w \neq 0$ かつ $0 < \arg w < \pi$ を満たすとする．

図1，図2，図3は，w の値を変えて点 A_1, A_2, A_3, …, A_{20} を表示させたものである．ただし，観察しやすくするために，図1，図2，図3の間では，表示範囲を変えている．

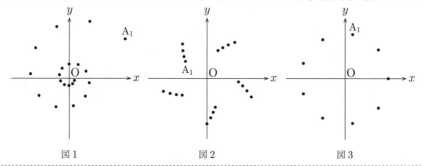

図1　　　　　　　図2　　　　　　　図3

太郎：w の値によって，A_1 から A_{20} までの点の様子もずいぶんいろいろなパターンがあるね．あれ，図3は点が20個ないよ．

花子：ためしに A_{30} まで表示させても図3は変化しないね．同じところを何度も通っていくんだと思う．

太郎：図3に対して，A_1, A_2, A_3, … と線分で結んで点をたどってみると図4のようになったよ．なるほど，A_1 に戻ってきているね．

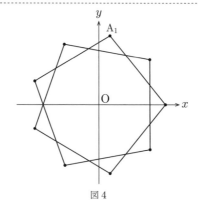

図4

図 4 をもとに，太郎さんは，A_1，A_2，A_3，… と点をとっていって再び A_1 に戻る場合に，点を順に線分で結んでできる図形について一般に考えることにした．すなわち，A_1 と A_n が重なるような n があるとき，線分 A_1A_2，A_2A_3，…，$A_{n-1}A_n$ をかいてできる図形について考える．このとき，$w = w^n$ に着目すると，$|w| = \boxed{\text{イ}}$ であることがわかる．また，次のことが成り立つ．

・$1 \leqq k \leqq n-1$ に対して $A_kA_{k+1} = \boxed{\text{ウ}}$ であり，つねに一定である．
・$2 \leqq k \leqq n-1$ に対して $\angle A_{k+1}A_kA_{k-1} = \boxed{\text{エ}}$ であり，つねに一定である．ただし，$\angle A_{k+1}A_kA_{k-1}$ は，線分 A_kA_{k+1} を線分 A_kA_{k-1} に重なるまで回転させた角とする．

花子さんは，$n = 25$ のとき，すなわち，A_1 と A_{25} が重なるとき，A_1 から A_{25} までを順に線分で結んでできる図形が，正多角形になる場合を考えた．このような w の値は全部で $\boxed{\text{オ}}$ 個である．また，このような正多角形についてどの場合であっても，それぞれの正多角形に内接する円上の点を z とすると，z はつねに $\boxed{\text{カ}}$ を満たす．

$\boxed{\text{ウ}}$ の解答群

$\textcircled{0}\ \ |w+1|$　　　$\textcircled{1}\ \ |w-1|$　　　$\textcircled{2}\ \ |w|+1$　　　$\textcircled{3}\ \ |w|-1$

$\boxed{\text{エ}}$ の解答群

$\textcircled{0}\ \ \arg w$　　$\textcircled{1}\ \ \arg(-w)$　　$\textcircled{2}\ \ \arg\dfrac{1}{w}$　　$\textcircled{3}\ \ \arg\left(-\dfrac{1}{w}\right)$

$\boxed{\text{カ}}$ の解答群

$\textcircled{0}\ \ |z| = 1$　　　　　　$\textcircled{1}\ \ |z-w| = 1$　　　　　$\textcircled{2}\ \ |z| = |w+1|$

$\textcircled{3}\ \ |z| = |w-1|$　　　$\textcircled{4}\ \ |z-w| = |w+1|$　　$\textcircled{5}\ \ |z-w| = |w-1|$

$\textcircled{6}\ \ |z| = \dfrac{|w+1|}{2}$　　$\textcircled{7}\ \ |z| = \dfrac{|w-1|}{2}$

（令和 7 年度　大学入学共通テスト　試作問題　数学 II，数学 B，数学 C）

チャレンジテスト解答

CHAPTER 1 **方程式・式と証明**

1-1 解答 (1) ア：6 イ：0 ウ：2

エ±$\sqrt{オ}$ i：1±$\sqrt{2}$ i

(2) x^2+カ$x+$キ：x^2+2x+3

(3) ク：2

(4) ケ：1

💡アドバイス はじめに与えられた $P(x)$ の式はやや複雑そうだが，(1)では $k=0$，(2)では $k=3$ と状況が限定されているので，素直に $k=0$ や $k=3$ を代入して考えればよい．そこからは，代入計算，因数定理を用いた因数分解，多項式の割り算，2次方程式を解く，とすべて基本的なことばかりで易しい．

(3)では，予想を立ててそれを検証する．問題文の指示に従い計算を進めていけば答えは得られるが，「(1)，(2)の結果からこの予想が立てられる」という全体の流れは意識できるとよい．

解説 (1) $k=0$ のとき
$$P(x)=x^4-x^2+6x=x(x^3-x+6)$$
であり，
$$P(-2)=(-2)\cdot(-8+2+6)=0$$
である．よって，因数定理より，$P(x)$ は $x+2$ で割り切れる．実際，x^3-x+6 を $x+2$ で割る計算を実行して，
$$P(x)=x(x+2)(x^2-2x+3)$$
を得る．したがって，$P(x)=0$ の解は $x=0$ の解と $x+2=0$ の解と $x^2-2x+3=0$ の解で，このうち虚数解は $x^2-2x+3=0$ の解，$x=1\pm\sqrt{2}\,i$ のみである．

(2) $k=3$ のとき
$$P(x)=x^4+2x^2+9$$
である．これを x^2-2x+3 で割ると商が x^2+2x+3 で余りが 0 だから，

$$
\begin{array}{r}
x^2+2x+3 \\
x^2-2x+3\overline{)x^4+2x^2+9} \\
\underline{x^4-2x^3+3x^2} \\
2x^3-x^2 \\
\underline{2x^3-4x^2+6x} \\
3x^2-6x+9 \\
\underline{3x^2-6x+9} \\
0
\end{array}
$$

$$P(x)=(x^2+2x+3)(x^2-2x+3)$$
である．なおこの結果は
$$\begin{aligned}P(x)&=(x^4+6x^2+9)-4x^2\\&=(x^2+3)^2-(2x)^2\\&=(x^2+3+2x)(x^2+3-2x)\end{aligned}$$
としても得られる．

(3) $(x^2+mx+n)(x^2-2x+3)$ を展開すると，x^3 の項は
$$x^2\cdot(-2x)+mx\cdot x^2=(m-2)x^3$$
となり，定数項は $n\cdot3=3n$ となる．だから，$P(x)=(x^2+mx+n)(x^2-2x+3)$ であるとすると，両辺の x^3 の項と定数項に注目して，
$$0=m-2 \text{ かつ } 3k=3n,$$
すなわち $m=2$ かつ $n=k$ でなければならない．そして
$$(x^2+2x+k)(x^2-2x+3)=P(x) \quad\cdots①$$
は成立する．

(4) ①より，$P(x)=0$ の解は，$x^2+2x+k=0$ の解と $x^2-2x+3=0$ の解である．後者の解 $x=1\pm\sqrt{2}\,i$ は実数解ではない．だから，$P(x)=0$ が実数解を持たないのは $x^2+2x+k=0$ が実数解を持たないときで，それは判別式が負のとき，つまり $2^2-4\cdot1\cdot k<0$，すなわち $k>1$ のときである．

補説 「穴埋め」という共通テストの形式上，計算や推論を横着に省略して正答だけ得ることが可能なときもある．たとえば(1)で，「$P(-2)=$イ を根拠として $P(x)$ の因数分解ができるのだから，話の展開からして $P(-2)=0$，だから $P(x)$ は $x+2$ で割り切れ

る，ってことだろう」と推測して，横着に $\boxed{イ}$ は 0，$\boxed{ウ}$ は 2 と決めつけてしまう，などである．しかし，解き終わったあとで「ああこういうことだったのだな」と振り返るならばともかく，はじめからこんな便法を狙っているようでは，数学の力はなかなか伸びない．問題文の誘導通りに計算して考えても大した手間にはならないのだから，素直にそうするのがよいだろう．

(3)で $\boxed{ク}$ に答えるには，$P(x)$ を x^2-2x+3 で割る計算を，具体的に筆算でおこなってもよい．しかし問題文の通り，等式の両辺の項の係数を見比べることも有効で大切なテクニックであり，必ず習得すべきものである．

1-2 解答 (1) アイ：-1　ウ，エ：$-$，1
オ，カ：1，1
(2) キ $k+$ ク：$2k+4$　ケ：3　コ，サ：2，3
(3) シ：①　ス：2　セ：④
(4) ソ：1　タ：7

▷ **アドバイス**　はじめに k，l，m と，3 つもの文字が現れるので，少々ややこしそうである．しかし落ち着いて全体を見ると，(1)で「$P(x)$ は $x+1$ で割り切れる」という条件が課されるため，まず m が消去される（m が k，l を用いて表される）こと，さらに(2)以降では「$P(x)$ は $(x+1)^2$ で割り切れる」という条件が課され，すべてが k だけで表されることがわかる．多項式の割り算の実行だけが少々面倒だが，そのほかは自然な話の流れに沿って困難なく進められるはずである．自信をもって取り組んでほしい．

解説 (1) $P(x)$ が $x+1$ で割り切れるならば，因数定理より $P(-1)=0$，すなわち
$$1+k-l+m=0$$
が成り立つ．よって，$m=-k+l-1$　…①
である．

このとき，$P(x)$ を $x+1$ で割る計算を実行すると，商は

$$
\begin{array}{r}
x^3-x^2+(k+1)x-k+l-1 \\
x+1\overline{\smash{)}\,x^4\quad+kx^2\quad\quad+lx+m} \\
\underline{x^4+x^3\quad\quad\quad\quad\quad} \\
-x^3+kx^2 \\
\underline{-x^3-\ x^2\quad\quad\quad} \\
(k+1)x^2\quad+lx \\
\underline{(k+1)x^2+(k+1)x\quad} \\
(-k+l-1)x+m \\
\underline{(-k+l-1)x+(-k+l-1)} \\
\boxed{1+k-l+m} \\
0\text{に等しい}
\end{array}
$$

$Q(x)=x^3-x^2+(k+1)x-k+l-1$　…②
である．

(2) $P(x)$ が $(x+1)^2$ で割り切れるならば，$Q(x)$ が $x+1$ で割り切れるので，$Q(-1)=0$，すなわち
$$-1-1-(k+1)-k+l-1=0$$
である．よって，$l=2k+4$ であり，これを①に代入して $m=k+3$ を得る．さらにこれを②に代入すると
$Q(x)=x^3-x^2+(k+1)x+k+3$ で，これを $x+1$ で割って

$$
\begin{array}{r}
x^2-2x+k+3 \\
x+1\overline{\smash{)}\,x^3-\ x^2+(k+1)x+k+3} \\
\underline{x^3+\ x^2\quad\quad\quad\quad\quad} \\
-2x^2+(k+1)x \\
\underline{-2x^2-\quad\quad 2x\quad\quad} \\
(k+3)x+k+3 \\
\underline{(k+3)x+k+3} \\
0
\end{array}
$$

$R(x)=x^2-2x+k+3$
を得る．

(3) $P(x)=(x+1)^2R(x)$ である．x が実数値をとるとき，$(x+1)^2$ は $x=-1$ のときだけ 0 に等しく，それ以外のときは正である．だから，つねに $P(x)\geqq0$ となることは，-1 以外のすべての x について $R(x)\geqq0$ となることと同値である．$R(x)$ が x^2 の係数が正の 2 次式であることを考える（2 次関数 $y=R(x)$ のグラフが下に凸の放物線であることを考える）と，これは $D\leqq0$，つまり $(-2)^2-4(k+3)\leqq0$，つまり $k+2\geqq0$ と同値である．

(4) $P(x)=0$，すなわち $(x+1)^2R(x)=0$ の解

は，$x=-1$ と，$R(x)=0$ の解である．
$x=-1$ は虚数解ではないので，$R(x)=0$ の解が $t+3i$，$t-3i$ であることになる．

$$R(t+3i)$$
$$=(t+3i)^2-2(t+3i)+k+3$$
$$=(t^2-2t+k-6)+(6t-6)i$$

で，$t^2-2t+k-6$，$6t-6$ は実数なので，$R(t+3i)=0$ となるのは
$$t^2-2t+k-6=0 \ \text{かつ} \ 6t-6=0,$$
すなわち $t=1$ かつ $k=7$ のときだけである．逆にこのとき，$R(x)=0$ は
$x^2-2x+10=0$ であり，この解は $x=1\pm3i$ で，問題の条件に適合する．

補説 $P(x)$ が $x+1$ で割り切れたとしても，$(x+1)^2$ で割り切れるとは限らない．逆に，$P(x)$ が $(x+1)^2$ で割り切れるならば，$x+1$ でも割り切れる．だから，(2)では(1)よりさらに状況が限定されていて，実際，(1)では k，l，m のうち1つの文字しか消去できなかったのが，(2)では2つを消去できている．このような議論の進み方を俯瞰する習慣を身につけると，数学の実力が大きく伸びる．

(4)では，2次方程式 $R(x)=0$ すなわち $x^2-2x+k+3=0$ が相異なる2つの虚数解 $t+3i$，$t-3i$ をもつということなので，2次方程式の解と係数の関係を用いて
$$(t+3i)+(t-3i)=2,$$
$$(t+3i)(t-3i)=k+3$$
という式を立ててもよい．

2-1 解答 (1)　アーイ：$a-1$

$$\dfrac{x+\text{ウエオ}}{\text{カ}}:\dfrac{x+2a-2}{a}$$

$$\dfrac{y-\text{キ}+\text{ク}}{\text{ケ}}:\dfrac{y-a+1}{a}$$

(2)　$x+$コサーシ：$x+2a-2$

$y-$ス$+$セ：$y-a+1$　　ソ^2：a^2

(3)　$\sqrt{\text{タ}}:\sqrt{2}$　　チー$\sqrt{\text{ツ}}:1-\sqrt{2}$　　テ：1

(4)　ト：②　ナ：①

アドバイス　　Pが定まるとQが定まり，Pが動くとQが動く．そこでPがある図形（C や l）上を動くと，Qは図形（C_a や l_a）をえがく．その様子を調べる問題である．このような問題では，P，Qの座標を表すために文字や式が多く現れ，混乱してしまう人もいるのだが，この問題では問題文で状況が非常にわかりやすく整理されていて，素直に指示に従えば容易に正しい道筋をたどれるようになっている．問題文を丁寧に読み，出題者の意図を素直に受け取ろう．

解説 (1)　PはMQを
$1:(a-1)$ に内分する
点であるから，
M$(2,\ -1)$，Q$(x,\ y)$
に対してPの x 座標，
y 座標は

$$s=\dfrac{(a-1)\cdot2+1\cdot x}{1+(a-1)}=\dfrac{x+2a-2}{a},$$

$$t=\dfrac{(a-1)\cdot(-1)+1\cdot y}{1+(a-1)}=\dfrac{y-a+1}{a}$$

である．

(2)　(1)の結果を $s^2+t^2=1$ に代入して
$$\left(\dfrac{x+2a-2}{a}\right)^2+\left(\dfrac{y-a+1}{a}\right)^2=1,$$ すなわち
$$(x+2a-2)^2+(y-a+1)^2=a^2 \quad \cdots①$$
が成り立つ．これは中心が点
$(-2a+2,\ a-1)$ で半径が a（これは正）の円を表す方程式である．点Qはこの円上にある．

(3) l の傾きは -1 なので, l と C が接するならばその接点の x 座標と y 座標は等しい. C 上でそのような点は 2 点

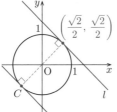

$\left(\dfrac{\sqrt{2}}{2},\ \dfrac{\sqrt{2}}{2}\right)$, $\left(-\dfrac{\sqrt{2}}{2},\ -\dfrac{\sqrt{2}}{2}\right)$ しかない. l の y 切片である k が正であることを考えると, 接点の座標は $\left(\dfrac{\sqrt{2}}{2},\ \dfrac{\sqrt{2}}{2}\right)$ で, $k=\sqrt{2}$ である.

P$(s,\ t)$ が l 上を動くとき, $s+t-\sqrt{2}=0$ が成り立つ. これに(1)の結果を代入して

$$\dfrac{x+2a-2}{a}+\dfrac{y-a+1}{a}-\sqrt{2}=0,\ \text{すなわち}$$

$$x+y+(1-\sqrt{2})a-1=0 \quad \cdots②$$

が成り立つ. これは (l と平行な) 直線を表す. 点Qはこの直線全体を動く.

(4) C_a の中心の点 $(-2a+2,\ a-1)$ と $l_a: x+y+(1-\sqrt{2})a-1=0$ との距離は

$$\dfrac{|(-2a+2)+(a-1)+(1-\sqrt{2})a-1|}{\sqrt{1^2+1^2}}$$

$$=\dfrac{|-\sqrt{2}\,a|}{\sqrt{2}}$$

$$=a\ (>0)$$

であり, これは C_a の半径に等しい. よって, C_a と l_a は a の値によらず接する.

補説 冒頭の問題文では「点Qを, …となるようにとる」と, M, P に対してQはこうだと述べているが, これを(1)では「点Pは線分MQを…内分する」と, M, Q に対するPの位置を述べるように, 読み換えている. このような操作は, 数学ではよく行うことなので, 慣れておきたい. ここではこうすることによって, s, t を x, y の式で表せて, この表し方が最後まで問題の解決に有効であった.

(4)では「C_a と l_a は a の値によらず接する」という結論が得られる. これについては次のようにも考えられる: C, l を M を中心として

a 倍に相似拡大したものが C_a, l_a である. C と l が接するのだから, C_a と l_a が接するのはもっともである.

(注) **2-1** の解答では, 解答欄に a を記入させています. 2024 年 3 月時点では, 2025 年からの共通テストにおいて, マークシートの欄に, a, b, c, …の表記がなくなります.

2-2 解答 (1) ア：⓪　イ：②

ウ, エ：①, ③　(解答の順序は問わない)

オカキ：575　$\dfrac{\text{ク}}{\text{ケ}}\dfrac{\text{コ}}{\text{サ}}$：$\dfrac{9}{4}$, $\dfrac{7}{2}$

シスセ：500　ソ：4

(2) タ, チ：3, 3　ツテ：18

💡 アドバイス 問題文中には「座標平面」や「領域」「図示」などの言葉はまったく見えないが, この問題は, 与えられた条件を座標平面上の領域として図示して考える問題である. このような考え方を事前に学んでいないと, 解決には非常に手間がかかるだろう.

1 袋を小分けできるときとそうでないときで話が変わることに注意. 小分けできるときには, 領域内のすべての点を考慮に入れてよいが, 小分けできないときは食品を 1 袋単位でしか食べられないので, 領域内の格子点しか考えに入れられない.

解説 (1) (i) エネルギー量について

$200x+300y\leqq1500$ …①　すなわち

$2x+3y\leqq15$ が, 脂質について

$4x+2y\leqq16$ …②　すなわち $2x+y\leqq8$

が必要である.

(ii) 正しいのは①と③である.

⓪は「$(x,\ y)=(0,\ 5)$ は条件①を満たさない」が正しくない.

②は「$(x,\ y)=(4,\ 1)$ は条件①を満たさない」が正しくない.

このような事情は, (iii)のように座標平面上に表すと見てわかりやすくなる.

チャレンジテスト解答

(iii)

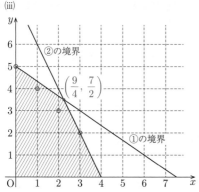

①かつ②かつ $x \geqq 0$ かつ $y \geqq 0$ を満たす点 (x, y) 全体は，図の青い部分である（境界も含む）．

いま，食べる量は
$$100x+100y=100(x+y) \, (\mathrm{g})$$
である．この値が一定であるような点全体は，傾き -1 の直線を描く．これを考えると，図の領域上の点で $100(x+y)$ の値を最も大きくするのは点 $\left(\dfrac{9}{4}, \dfrac{7}{2}\right)$ で，その最大値は $100\left(\dfrac{9}{4}+\dfrac{7}{2}\right)=575 \, (\mathrm{g})$ である．

しかし，x, y の値を整数に限定するならば，点 (x, y) は領域上の格子点（x 座標，y 座標とも整数の点）しかとれない．このときは，$100(x+y)$ の値を最大にするのは図中に示した4点で，そのとき $100(x+y)=500 \, (\mathrm{g})$ である．

(2)

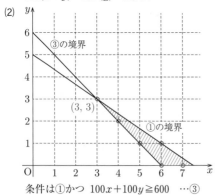

条件は①かつ $100x+100y \geqq 600$ …③

かつ $x \geqq 0$ かつ $y \geqq 0$ である．この範囲にある格子点 (x, y) は，図に示した6点である．脂質の量 $4x+2y$ が一定であるような点全体は，傾き -2 の直線を描く．これを考えると，図の6点のうち $4x+2y$ の値を最も小さくするのは点 $(3, 3)$ で，その最小値は $4 \cdot 3 + 2 \cdot 3 = 18 \, (\mathrm{g})$ である．

補説 (x, y) の満たすべき条件を座標平面上の領域として図示し，あとは考察するべき量（この問題では「食べる量」$100(x+y)$ や「脂質の量」$4x+2y$）に関する "等高線"（POINT 50）をかいて考える．このような考え方を答案として論述するとなるとけっこう手間がかかるのだが，共通テストでは（当面は）それは要求されないだろう．問題冊子の余白に丁寧に図をかき，それを見ながら，自分の頭の中で自分に対して論述すればそれで足りる．

3-1 解答 (1)　$\sin\dfrac{\pi}{\boxed{ア}}:\sin\dfrac{\pi}{3}$　イ：2

$\dfrac{\pi}{\boxed{ウ}}$，エ：$\dfrac{\pi}{6}$，2

(2)　$\dfrac{\pi}{\boxed{オ}}$，カ：$\dfrac{\pi}{2}$，1　キ：⑨　ク：①

ケ：③　コ，サ：①，⑨　シ，ス：②，①

💡アドバイス　$A\sin\theta+B\cos\theta$ の形の式を $C\sin(\theta+\alpha)$，あるいは $C\cos(\theta-\alpha)$ の形に直すこと（三角関数の合成または単振動の合成，POINT 64, 65）はもちろん大切な基本技術でありよく出題されるが，この問題の(2)のように A，B の部分が具体的な数値でないことは初歩のレベルでは珍しく，とまどった人もいただろう．合成のもともとの原理である加法定理（問題文にもはっきり書かれている）に立脚し，落ち着いて考えれば，大きく悩むことはない．自信をもって考えよう．

解説　(1)　$\sin\dfrac{\pi}{\boxed{ア}}=\dfrac{\sqrt{3}}{2}$ の $\boxed{ア}$ に当てはめて正しい等式を作れる 1 ケタの数は 3 しかない．このとき，$\cos\dfrac{\pi}{\boxed{ア}}=\dfrac{1}{2}$，すなわち $\cos\dfrac{\pi}{3}=\dfrac{1}{2}$ も成り立つ．これらを用いて

$$\sin\theta+\sqrt{3}\cos\theta$$
$$=2\left(\sin\theta\cdot\dfrac{1}{2}+\cos\theta\cdot\dfrac{\sqrt{3}}{2}\right)$$
$$=2\left(\sin\theta\cos\dfrac{\pi}{3}+\cos\theta\sin\dfrac{\pi}{3}\right)$$
$$=2\sin\left(\theta+\dfrac{\pi}{3}\right)$$

を得る．$y=2\sin\left(\theta+\dfrac{\pi}{3}\right)$ の値は $2\cdot 1=2$ を超えず，$y=2$ は $0\leq\theta\leq\dfrac{\pi}{2}$ の範囲では $\theta=\dfrac{\pi}{6}$ で達成される．よって，この範囲での y の最大値は 2 である．

(2)　(i)　$p=0$ のとき，$y=\sin\theta$ $\left(0\leq\theta\leq\dfrac{\pi}{2}\right)$ だから，y は $\theta=\dfrac{\pi}{2}$ で最大値 1 をとる．

(ii)　$\sin\theta+p\cos\theta$ を，$\cos(\theta-\alpha)=\cos\theta\cos\alpha+\sin\theta\sin\alpha$ が使えるように変形する．それには，2 つの式を見比べて，$\sin\alpha:\cos\alpha=1:p$ となるような α を持ち出せばよい．$p>0$ に注意して，図のように

$$\sin\alpha=\dfrac{1}{\sqrt{1+p^2}},$$
$$\cos\alpha=\dfrac{p}{\sqrt{1+p^2}}$$

となるように α $\left(\text{ただし } 0<\alpha<\dfrac{\pi}{2}\right)$ をとれば，

$$\sin\theta+p\cos\theta$$
$$=\sqrt{1+p^2}\left(\sin\theta\cdot\dfrac{1}{\sqrt{1+p^2}}+\cos\theta\cdot\dfrac{p}{\sqrt{1+p^2}}\right)$$
$$=\sqrt{1+p^2}(\sin\theta\sin\alpha+\cos\theta\cos\alpha)$$
$$=\sqrt{1+p^2}\cos(\theta-\alpha)$$

となる．

$y=\sqrt{1+p^2}\cos(\theta-\alpha)$ $\left(0\leq\theta\leq\dfrac{\pi}{2}\right)$ の最大値は，$\cos(\theta-\alpha)=1$，すなわち $\theta=\alpha$ のときに達成される y の値，$\sqrt{1+p^2}\cdot 1=\sqrt{1+p^2}$ である．

(iii)　$p<0$ のとき，$p\cos\theta$ $\left(0\leq\theta\leq\dfrac{\pi}{2}\right)$ は θ の増加につれて（$\cos\theta$ が減少するので）増加する．一方，$\sin\theta$ $\left(0\leq\theta\leq\dfrac{\pi}{2}\right)$ もそうである．よって，その和である $y=\sin\theta+p\cos\theta$ $\left(0\leq\theta\leq\dfrac{\pi}{2}\right)$ も，θ の増加につれて増加する．だから y は，$\theta=\dfrac{\pi}{2}$ のとき最大になる．その値は $1+p\cdot 0=1$ である．

補足　(2)の(iii)は，それまでの議論，特に(2)(ii)で得た等式

$$y=\sqrt{1+p^2}\cos(\theta-\alpha)$$

を用いて考えられないことはない（ただし α が第 2 象限の角になることが(ii)と異なるので注意する）のだが，$\theta-\alpha$ の変域を考慮する面倒

チャレンジテスト解答

がある上に，解説にも示した通り，そうする必要がない．このような状況判断は，短時間で試験問題に対するには大事なことなのだが，経験や練習なしで現場でパッとできるものではない．日頃の学習では，問題を解いたらそれで終わりにするのではなく，全体を振り返って「ほかのよりよい考え方はあったか？」と考え直す習慣を身につけたい．

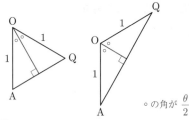

。の角が $\dfrac{\theta}{2}$

3-2 解答 (1) ア，イ：①，⑩

ウ，エ：⑩，④

(2) オ：②

💡アドバイス (1)のように，単位円周上の点の座標を回転角を用いて sin，cos で表すことは，三角関数の学習での最重要課題の1つである．必ずできてほしい．そのあとの(2)は，線分 AQ の長さ l を，A，Q の座標から計算して考えるのがもっとも普通の考え方だろう．

解説 (1) P の座標が $(\cos\theta,\ \sin\theta)$ であることは三角関数 cos，sin の定義そのものである．また，図を見て，Q の x 座標は P の y 座標と等しく，Q の y 座標は P の x 座標の符号を反転させたものだとわかる．よって，Q の座標は $(\sin\theta,\ -\cos\theta)$ である．

(2) $l=$ AQ

$= \sqrt{(\sin\theta-0)^2+\left(-\cos\theta-(-1)\right)^2}$

$= \sqrt{\sin^2\theta+\cos^2\theta-2\cos\theta+1}$

$= \sqrt{2-2\cos\theta}$

$= \sqrt{4\cdot\dfrac{1-\cos\theta}{2}} = \sqrt{4\cdot\sin^2\dfrac{\theta}{2}}$

$= 2\sin\dfrac{\theta}{2}$ （ここで $0<\dfrac{\theta}{2}<\dfrac{\pi}{2}$ より

$\sin\dfrac{\theta}{2}>0$ に注意する）

である．$l=2\sin\dfrac{\theta}{2}$ $(0<\theta<\pi)$ のグラフは②である．

なおこの結果は，図のように，二等辺三角形 OAQ を2つの合同な直角三角形に分けて，簡単に得ることもできる．

補説 (1)で，Q の座標を

$\left(\cos\left(\theta-\dfrac{\pi}{2}\right),\ \sin\left(\theta-\dfrac{\pi}{2}\right)\right)$ と書いてしまい，そこから三角関数の公式（POINT 53）を駆使してもよいだろう．ただ，単位円と2点P，Q を眺めれば，結果はすぐ見てとれる．

(2)については，「θ が0からπまで増えるとき，AQ の長さは0から2まで増え続ける」ということが直観できてしまえば，もうその時点であり得る選択肢は①と②と⑥しかない．これだけで正答の可能性が1つにしぼれるわけではないが，それでも選択肢を減らせれば，試験の現場ではかなり気が楽になる．

なお，$l=2\sin\dfrac{\theta}{2}$ を得るには，解説に示した2通りの考え方のほかにも，B(0，1)として，直角三角形 ABQ に注目する考え方もある $\left(\angle\text{ABQ}=\dfrac{\theta}{2}\right)$．

3-3 解答 (1) ア：④ イ：⑥

(2) ウ：①，⑤，⑥ （3つマークして正解）

💡アドバイス グラフの形の見極めは練習を軽視する人もいるが，案外難しいので，よく慣れておきたい．平行移動と，x 軸方向または y 軸方向への拡大，およびその組み合わせで理解できる．また，(2)のように「正しいものをすべて選べ」という問題は，答えてもそれが正しいと確信するのがなかなか大変である．以下の解説には，参考になりそうな考え方を述べた．

解説 (1) (i) $y=\sin 2x$ のグラフは，$y=\sin x$ のグラフ上の点すべてについて，その x 座標を $\dfrac{1}{2}$ 倍した点全体の集合であ

る．それは④である．

(ii) $y=\sin\left(x+\dfrac{3}{2}\pi\right)$ のグラフは，$y=\sin x$

のグラフを x 軸方向に $-\dfrac{3}{2}\pi$ だけ平行移

動させたものである．それは⑥である．

(i)，(ii)いずれについても，点線のグラフも
実線のグラフも，横方向に（かかれていない
ところでも）無限に続いていることに注意
せよ．

(2) 次のように考えると，短時間で自信をも
って答えられる．

- まず，③，⑦は $y=2$ となり得ない（sin，
cos の値は 1 以下だから）ので除外する．
- 次に，$x=0$ を代入してみて，$y=-2$ と
ならない⓪，②，④を除外する（なお，③，
⑦も再び除外できる）．
- 残りの①，⑤，⑥について，式変形をして
みると，どれも $y=-2\cos 2x$ となり，与
えられたグラフの式であることがわかる．
たとえば公式 $\sin\left(\theta-\dfrac{\pi}{2}\right)=-\cos\theta$，
$\cos(\theta\pm\pi)=-\cos\theta$ を用いればよい．

[補説] 関数の式を与えられてそのグラフをか
く（共通テストの形式では「かく」ではなく
「選ぶ」になるが）ことはもちろん重要だが，
グラフを与えられてその関数の式を立てる
（このとき，(2)のように，式の作り方はいろい
ろ生じ得る）こともまた重要である．式とグラ
フ，その双方を自在に行き来できて，はじめ
てすべてを理解できたと言えるだろう．

4-1 解答 (1) ア：① イ：⑤

(2) ウ：② エ：① オ：②

カ：②，③，④，⑤ （4つマークして正解）

💡 アドバイス $\log_{10}p+\log_{10}q=\log_{10}pq$，
$s\log_{10}2=\log_{10}2^s$ という対数の基本公式を応
用して，ものさしに目盛られた長さを用いて
数の計算を行う問題である．いまの受験生の
多くにとっては見慣れない題材であるだろう．
問題文をよく読みよく考えて，そこにこめら
れた数学的内容をゆっくり理解するしかない．
「対数ものさし」上の長さが対数であり，その
長さどうしの和，および，長さの定数倍が"積
の対数""累乗の対数"の意味を持つことが，最
大かつ唯一のポイントである．

解説 (1) 対数関数の定義より，
$\log_{10}2=0.3010$ は $10^{0.3010}=2$ を意味する．
そして，ここから $(10^{0.3010})^{\frac{1}{0.3010}}=2^{\frac{1}{0.3010}}$，す
なわち $10=2^{\frac{1}{0.3010}}$ を得る．

(2) (i) 3 の目盛りと 4 の目盛りの間隔は
$\log_{10}4-\log_{10}3=\log_{10}\dfrac{4}{3}$ であり，2 の目盛
りと 1 の目盛りの間隔は $\log_{10}2$ である．
$\log_{10}\dfrac{4}{3}<\log_{10}2$ だから，前者は後者より
小さい．

(ii) 対数ものさしAの 1 の目盛りと a の目
盛りの間隔が，対数ものさしAの 1 の目
盛りと 2 の目盛りの間隔と，対数ものさ
しBの 1 の目盛りと b の目盛りの間隔の
和に等しい．よって
$$\log_{10}a=\log_{10}2+\log_{10}b$$
である．したがって，$\log_{10}a=\log_{10}2b$，
つまり $a=2b$ である．

(iii) 対数ものさしAの 1 の目盛りと d の目
盛りの間隔が，ものさしCの 0 の目盛り
と c の目盛りの間隔に等しい．よって，
$$\log_{10}d=c\log_{10}2$$
である．したがって，$\log_{10}d=\log_{10}2^c$，つ
まり $d=2^c$ である．

(iv) (ii)のようにして 2 つの正の整数 p, q の積 $pq = r$ を求められる．またこのとき，r を q で割った商が p だから，2 つの正の整数の商も（それが正の整数であるならば）求められる．

(iii)のようにして，負でない整数 s に対して $2^s = t$ を求められる．またこのとき，$s = \log_2 t$ だから，正の整数 t に対して $\log_2 t$ も（それが負でない整数であるならば）求められる．

一方，2 つの数の和や差は，問題文にある使い方では求められない．

以上より，答えは②，③，④，⑤である．具体的には，次のようにする．

②

③

④

⑤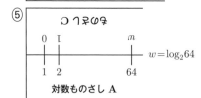

補説 電子計算機が広く実用化されるまで，"計算尺" と呼ばれる道具が，300 年以上，技術者や科学者に使われていた．シンプルなものから複雑なものまでいろいろな計算尺があるが，原理はどれも基本的に同じで，この問題に述べられているものである．

「積 pq を求めるには対数の和 $\log_{10} p + \log_{10} q$ を求めればよい」「累乗 a^s を求めるには対数の定数倍 $s \log_{10} a$ を求めればよい」のであるが，これを実用化するには，正数 x とその（常用）対数 $\log_{10} x$ の値の対応がわかっていなければならない．それが "(常用)対数表" と呼ばれるものであり，いまでも高校の教科書の巻末などに簡便なものが載っている．計算尺は，対数表の内容を長さとして目盛って，手で扱いやすい道具に仕立てたものである．科学技術の発展は，対数表や計算尺などの便利な道具の発明に，大きく助けられている．

4-2 解答 (1)　ア：1

イ $\log_{10} 2$ ＋ウ：$-\log_{10} 2 + 1$

エ $\log_{10} 2 + \log_{10} 3$ ＋オ：$-\log_{10} 2 + \log_{10} 3 + 1$

(2)　カキ：23　クケ：24　$\log_{10}$ コ：$\log_{10} 3$

サ：3

アドバイス　大きな数の桁数や最高位の数を，対数の計算を利用して求める問題．典型的な題材に問題文の丁寧な誘導がついているので，難しいところはないだろう．なお，(1)の計算も基本的であるが，

$\log_{10} 5 = \log_{10} 10 - \log_{10} 2 = 1 - \log_{10} 2$ など，

「10 が底なので $\log_{10} 2$ と $\log_{10} 5$ は関係がある」という感覚をもって臨めるのがよい．

解説 (1)　$10^1 = 10$ だから $\log_{10} 10 = 1$ である．したがって，

$$\log_{10} 5 = \log_{10} \frac{10}{2} = -\log_{10} 2 + \log_{10} 10$$
$$= -\log_{10} 2 + 1,$$
$$\log_{10} 15 = \log_{10}(5 \cdot 3) = \log_{10} 5 + \log_{10} 3$$
$$= -\log_{10} 2 + \log_{10} 3 + 1$$

である．

(2)　$\log_{10} 15^{20} = 20 \log_{10} 15$
$$= 20(-\log_{10} 2 + \log_{10} 3 + 1)$$

((1)より)

$$=20(-0.3010+0.4771+1)$$
$$=23.522$$

だから，$23<\log_{10}15^{20}<23+1$，すなわち $\log_{10}10^{23}<\log_{10}15^{20}<\log_{10}10^{24}$ である．よって，$10^{23}<15^{20}<10^{24}$ で，15^{20} は 24 桁の数である．

また，$\log_{10}15^{20}$ の小数部分は $\log_{10}15^{20}-23=0.522$ であり，これは $\log_{10}3=0.4771$ より大きく，

$\log_{10}4=2\log_{10}2=2\times0.3010=0.6020$ より小さい．ゆえに，

$\log_{10}3<\log_{10}15^{20}-23<\log_{10}(3+1)$ であり，ここから

$$3\times10^{23}<15^{20}<4\times10^{23}$$

がわかる．したがって，15^{20} の最高位の数字は 3 である．

補説 桁数や最高位の数をまちがえずに確実に求めるために，「$23<\log_{10}15^{20}<24$ だから $10^{23}<15^{20}<10^{24}$ だ」

「$\log_{10}3<\log_{10}15^{20}-23<\log_{10}4$ だから $\log_{10}3+23<\log_{10}15^{20}<\log_{10}4+23$，したがって $3\times10^{23}<15^{20}<4\times10^{23}$ だ」のように，不等式を用いて目標の数（ここでは 15^{20}）の大きさを明示的に評価することをおすすめする．

4-3 解答 ア：⓪ イ：① ウ：③

アドバイス それぞれの等式(i), (ii), (iii)をみたす 1 でない正の実数 a がいくつあるか，という問題なので，これらを方程式だと思って解けばよい．あるいは，左辺を計算していって右辺と比べてもよいが，手間は少し余計にかかる．実際上は，$a\neq1$ という条件を読み落とさないように注意が必要である．

解説 (i) $\sqrt[4]{a^3}\times a^{\frac{2}{3}}=a^2 \iff a^{\frac{3}{4}}\times a^{\frac{2}{3}}=a^2$

$\iff a^{\frac{3}{4}+\frac{2}{3}}=a^2 \iff a^{\frac{17}{12}}=a^2$

で，$a^{\frac{17}{12}}=a^2$ を成り立たせる正数 a の値は 1 しかない．よって，$a\neq1$ の条件下では与えられた等式を満たす a の値は**存在しない**．

(ii) $\dfrac{(2a)^6}{(4a)^2}=\dfrac{a^3}{2} \iff \dfrac{2^6a^6}{(2^2)^2a^2}=\dfrac{a^3}{2}$

$\iff 2^2a^4=\dfrac{a^3}{2} \iff \dfrac{a^4}{a^3}=\dfrac{1}{2^2\cdot2}$

$\iff a=\dfrac{1}{8}$

なので，与えられた等式を満たす a の値は $\dfrac{1}{8}$ のちょうど**一つ**である．

(iii) $4(\log_2a-\log_4a)=\log_{\sqrt{2}}a$

$\iff 4\left(\log_2a-\dfrac{\log_2a}{\log_24}\right)=\dfrac{\log_2a}{\log_2\sqrt{2}}$

$\iff 4\left(\log_2a-\dfrac{\log_2a}{2}\right)=\dfrac{\log_2a}{\dfrac{1}{2}}$

$\iff 2\log_2a=2\log_2a$

であるから，与えられた等式はどのような a の値を代入しても成り立つ．

補説 共通テストの形式上，記号の定義の理解や計算技術を問う「計算せよ」という問題をそのまま出しても，式の一部の穴埋めや選択肢での解答になってしまい，ダイレクトに実力を測りにくくなってしまう．そこでこの問題のように，いろいろに工夫した形式での出題が，これからもあり得る．受験生としては何をどう問われても対応できるような基礎力を培って臨むよりない．

5-1 解答 (1) ア：3 イx＋ウ：$2x+3$

エ：④ オ：c カx＋キ：$bx+c$

$\dfrac{ク ケ}{コ}$：$\dfrac{-c}{b}$ $\dfrac{ac^+}{シ b^ズ}$：$\dfrac{ac^3}{3b^3}$ セ：⓪

(2) ソ：5 タx＋チ：$3x+5$ ツ：d

テx＋ト：$cx+d$ ナ：②

$\dfrac{ニ ヌ}{ネ}$，ノ：$\dfrac{-b}{a}$，0 $\dfrac{ハ ヒ フ}{ヘ ホ}$：$\dfrac{-2b}{3a}$

🖋 アドバイス 複雑な計算はまったくいらない
が，話の流れについていくのがなかなか大変
な問題である．大きなテーマが1つあり，そ
れに関連するいくつかの話題があるというの
が全体像なのだが，これを限られた時間内で
うまく読み取るのは多くの受験生には難しい
ことだろう．まずは問題文をはじめから順に
丁寧に読み，脳内にだんだんと出題者の意図
した数学的世界がインストールされるのを待
つのがよいだろう．

解説 (1) ①，②どちらでも，$x=0$ のとき
$y=3$ だから，グラフとy軸との交点のy座
標は3である．また，①では $y'=6x+2$，②
では $y'=4x+2$ だが，どちらでも $x=0$ の
とき $y'=2$ だから，グラフとy軸との交点
$(0,3)$ における接線の傾きはどちらでも2
であり，したがって，この接線の方程式はど
ちらも $y=2x+3$ である．

この議論をみると，曲線 $y=ax^2+bx+c$
（a, b, c は定数）では，$y'=2ax+b$ なので，
$x=0$ のとき $y=c$，$y'=b$ であり，$x=0$ で
の接線（つまり点 $(0, c)$ での接線）の方程式
は，$y=bx+c$ であるとわかる．だから
エ に対する解答としては④の
$y=-x^2+2x+3$ だけが適する．

$y=bx+c$ で $y=0$ とおくと $0=bx+c$
で，（$b\neq0$ とすれば）$x=-\dfrac{c}{b}$ を得る．こ
れが接線 l とx軸との交点のx座標である．

a, b, c が正のとき，グラフの様子は図の
ようである．だから

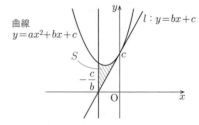

曲線
$y=ax^2+bx+c$

$l:y=bx+c$

S

c

$-\dfrac{c}{b}$

$$S=\int_{-\frac{c}{b}}^{0}\left((ax^2+bx+c)-(bx+c)\right)dx$$

$$=\int_{-\frac{c}{b}}^{0}ax^2dx=\left[\frac{1}{3}ax^3\right]_{-\frac{c}{b}}^{0}=\frac{ac^3}{3b^3}$$

である．ここで a, S が一定値だとすると，
b^3 と c^3 が比例する．これは b と c が比例す
ることを意味する．だから b と c の関係を
表すグラフは⓪である．

(2) (1)とまったく同様にして，曲線
$y=ax^3+bx^2+cx+d$（a, b, c, d は定数）
について，$x=0$ で $y=d$，$y'=c$ なので，
点 $(0, d)$ での接線の方程式は $y=cx+d$
である．④，⑤，⑥のグラフはすべて，y軸
との交点のy座標は5であり，その交点で
の接線の方程式は $y=3x+5$ である．

$f(x)=ax^3+bx^2+cx+d$，$g(x)=cx+d$
（a, b, c, d は0でない定数）に対し，
$h(x)=f(x)-g(x)=ax^3+bx^2=x^2(ax+b)$
である．よって，曲線 $y=h(x)$ は，x軸と
点 $(0, 0)$ で接し（$h(x)$ が x^2 を因数に持つか
ら），点 $\left(-\dfrac{b}{a}, 0\right)$ で交わる．$a, b(, c, d)$

が正の実数だとするときは $-\dfrac{b}{a}$ が負である

ことを考えると，このとき，$y=h(x)$ のグ
ラフの概形は②だとわかる．

$y=f(x)$ のグラフと $y=g(x)$ のグラフの
共有点のx座標は $h(x)=0$ をみたす値であ
るから，$-\dfrac{b}{a}$ と 0 である（この2つは相異

なるが，その大小は a, b の正負によって決
まる）．そして，

$$h'(x)=3ax^2+2bx=3ax\left(x+\frac{2b}{3a}\right)$$

であり，この値を 0 にする x の値
$\left(0 \text{ と } -\dfrac{2b}{3a}\right)$ のうち，$-\dfrac{b}{a}$ と 0 の間にある
ものは $-\dfrac{2b}{3a}$ だけである．$h'(x)$ の符号を
考えると，$-\dfrac{b}{a}$ と 0 の間においては，
$x=-\dfrac{2b}{3a}$ のときにだけ $h(x)$ は極値をとる．
このことと $h\left(-\dfrac{b}{a}\right)=0$，$h(0)=0$ より，x
が $-\dfrac{b}{a}$ と 0 の間を動くとき，$|h(x)|$ の値が
最大になるのは $x=-\dfrac{2b}{3a}$ のときである．

補説　この問題全体を通じてのテーマは，2次
関数でも3次関数でも，それを「2次以上の部
分」と「1次以下の部分」に分けたとき，$x=0$
周辺での関数の様子は「1次以下の部分」で近
似され，そこでのグラフの接線もちょうど「1
次以下の部分」のグラフになるということで
ある．$x=0$ での関数の微分係数と，$x=0$ の
ときの関数の出力値を計算する体験により，
それを体得してほしいというのが出題者の意
図だろう．
　グラフの観察は共通テストでは重視されると
思われる．　セ　については，b と c が比例する
ことがただちにわかるので解答に迷うことはな
いだろう．一方，　ナ　については，$h(x)=0$
の重解となる $x=0$ では $y=h(x)$ のグラフが
x 軸に接することを認識しなければならない．
この「重解」と「接する」の関係は重要である．
(注) 5-1 の解答では，解答欄に a, b, c, d を
記入させています．2024 年 3 月時点では，2025
年からの共通テストにおいて，マークシート
の欄に，a, b, c, …の表記がなくなります．

5-2 解答
(1) $(x+$ ア $)(x-$ イ $)^{ゥ}$：$(x+1)(x-2)^2$
$S(a)=$ エ：$S(a)=0$　$a=$ オカ：$a=-1$
キ，ク：0, 2　ケ：⓪　コ：⓪
サ：②　シ：①

(2) ス：①, ④　(2つマークして正解)
💡アドバイス　微分積分学の基本定理
「$S(x)=\displaystyle\int_a^x f(t)dt$ とすると $S'(x)=f(x)$ だ」
が全体のテーマで，これだけわかっていれば
すべて答えられるとも言える．ただし実際に
は，グラフを見て（そのときの議論に必要な）
ポイントを正しく観察する能力がかなり試さ
れる問題になっている．グラフの増減，極値，
x 軸との共有点（特にグラフが x 軸に接すると
ころでは情報が多く得られる）などに注目す
る．

解説　(1) $S(x)$ は x の3次式で，与えられた
条件より，$x+1$ と $(x-2)^2$ で割り切れるか
ら，$S(x)=k(x+1)(x-2)^2$ となる定数 k が
ある．さらに，$x=0$ のとき $S(x)=4$ であ
るから，$4=k\cdot1\cdot(-2)^2$ なので，$k=1$ であ
る．よって，$S(x)=(x+1)(x-2)^2$ である．
　また，$S(x)=\displaystyle\int_a^x f(t)dt$ より，
$S(a)=\displaystyle\int_a^a f(t)dt=0$ である．$S(x)=0$ とな
る x の値は -1 と 2 だけだから，a が負であ
るならば，$a=-1$ である．
　$S(x)$ は $x=0$ を境に増加から減少に移り，
$x=2$ を境に減少から増加に移る．$x=0$ の
とき $S(x)$ は極値をとるから $S'(x)=0$ で，
$S'(x)=f(x)$ だから，$x=0$ のとき $f(x)$ の
値は 0 である．同様に $x=2$ のときも $f(x)$
の値は 0 である．そして $0<x<2$ の範囲
では $S(x)$ は減少するので $S'(x)<0$，つま
り $f(x)$ の値は負である．
　一方，$f(x)$ の値が負である範囲，すなわ
ち $S(x)$ が減少する範囲は $0<x<2$ だけで
ある．⓪〜⑤のグラフのうち，そのように
なる可能性があるのは①だけである．

(2) $S(x)=\displaystyle\int_0^x f(t)dt$ とする．$f(x)=S'(x)$
である．
　①では，$y=S(x)$ のグラフによると，
$S(x)$ が極大となる x の値が $0<x<1$ の範
囲にあり，その x の値で $S'(x)=0$，すなわ

ち $f(x)=0$ となるはずなのに，$y=f(x)$ のグラフでは $0<x<1$ の範囲でそのような x の値はないので，おかしい．

④では，$y=S(x)$ のグラフによると，$x>1$ の範囲で $S(x)$ が増加しているので，この範囲で $S'(x)>0$，すなわち $f(x)>0$ となるはずなのに，$y=f(x)$ のグラフはそうではないので，おかしい．

一方，⓪，②，③にはおかしいことはない．よって，答えは①，④である．

[補説] (1)ではまずはじめに $S(x)$ を具体的に求めることになるが，ここで「グラフが $x=2$ で x 軸に接するのだから，多項式 $S(x)$ は $(x-2)^2$ で割り切れる」とわかることが大きなポイントとなる．"接する"は重大な情報なので，常に注意したい．そのあとは，$S'(x)=f(x)$ を用いて，$S(x)$ の増減が $f(x)$ の符号（正・0・負）に対応していることを見ればよい．

(2)はさらに一般的に，関数 $S(x)$ とその導関数 $S'(x)=f(x)$ との関係を考える．端的に言えば，$S(x)$ の微分係数をグラフから読み取り，その値が $f(x)$ のグラフの示す値と合致しているかをチェックすることになる．解説には「おかしいことはない」の一言しか述べなかった⓪，②，③であるが，もちろんそのチェック作業は必要である．なお，この問題に答えるには不要のことではあるが，⓪〜④どの $S(x)$ でも $S(0)=0$ となっていて，これは $S(0)=\displaystyle\int_0^0 f(t)dt$ から当然である．(1)でも「$S(a)=$ エ であるから」というところがあり，このときは $S(x)=\displaystyle\int_a^x f(t)dt$ であったから $S(a)=\displaystyle\int_a^a f(t)dt=0$ が当然であった．上端と下端が一致する定積分の値は 0，というのは簡単なことなのだが，実際にはこれに着目できずに悩む人は多いので，気をつけたい．

6-1 [解答] (1) ア：4 イ，ウ：1，1
エオ：15 カ，キ：1，2
(2) クケ：41 コサシ：153

[アドバイス] 2つの数列 $\{r_n\}$ と $\{t_n\}$ が設定され，この2つが入りまじった漸化式を立てることが主眼となる問題である．易しい問題ではない．右上隅が欠けた長方形 T_n，完全な長方形 R_n それぞれについて，右下隅にどのようにタイルが置かれるかで場合分けし，タイルの置き方の総数をもとの図形（T_n や R_n）より小さい図形へのタイルの置き方の総数を用いて表す．問題文をよく読んで，わかるまで考えるしかない．

[解説] (1) t_1 は，図1の図形 T_1 内のタイルの配置の総数である．T_1 の右下隅にタイルを縦向きに置くか横向きに置くかで場合分けする．縦向きに置くと，そのあとは R_1 への配置となり，$r_1=3$ 通りの配置がある（図2）．横向きに置くと，そのあとの置き方は1通りしかない．

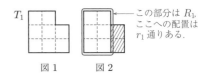

T_1 ← この部分は R_1，ここへの配置は r_1 通りある．

図1　　図2

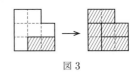

図3

よって，$t_1=r_1+1=3+1=4$ である．

同じように，図形 T_n 内の配置を，T_n の右下隅にタイルを縦向きに置くか横向きに置くかで場合分けする．問題文にある図のように，縦向きに置くとそのあとは R_n への配置となり，横向きに置くと，あと2枚のタイルの位置が確定して（2段目，1段目の最

右端）そのあとは T_{n-1} への配置となる．よって，$t_n=r_n+t_{n-1}$ …① が成り立つ．そしてこの等式で $n=2$ として，
$$t_2=r_2+t_1=11+4=15$$
を得る．

R_n 内の配置も同様に，R_n の右下隅にタイルをどう置くかで場合分けする．縦向きに置くと，R_n の右上隅にタイルを1つ横向きに置くことが確定し，そのあとは T_{n-1} への配置になる（問題文にある図のいちばん下のケース），横向きに置くと，R_n の2段目の最右端にタイルを1つ横向きに置くか縦向きに置くかで場合が分かれ，前者ではそのあと R_{n-1} への配置になり（図のいちばん上のケース），後者ではそのあと「T_{n-1} を上下入れ替えた図形」への配置になる（図の上から2つ目のケース）．したがって，
$$\begin{aligned} r_n&=t_{n-1}+(r_{n-1}+t_{n-1})\\ &=r_{n-1}+2t_{n-1} \qquad \cdots② \end{aligned}$$
が成り立つ．

(2) ②で $n=3$ として，
$$r_3=r_2+2t_2=11+2\times15=41$$
である．これと，①で $n=3$ としたものをあわせて
$$t_3=r_3+t_2=41+15=56$$
であり，これと，②で $n=4$ としたものをあわせて
$$r_4=r_3+2t_3=41+2\times56=153$$
である．

補説 漸化式というと受験生はすぐ「解く」ことばかり考えてしまいがちかもしれない．実際には，漸化式は解けない（一般項を明確な数式で表せない）ことが多く，教科書に載っているような，汎用性のある解き方が確立している漸化式は少数派である．

この問題で得られた（連立）漸化式
$$\begin{cases} r_n=r_{n-1}+2t_{n-1} \\ t_n=r_n+t_{n-1} \end{cases}$$
は，解くことはできるものである．しかしこの問題に答えるには，それは必要ない．この問題で出題者が問いたいのは漸化式の解き方ではなく「立て方」である．そのことに気づけば，短い時間内とはいえ，漸化式を「立てる」(1)の部分に集中的に注力して，この問題に完答することも決して不可能ではないだろう．

この問題で勉強した人には，もう一度全体を振り返り，どのような発想から漸化式を立てられたかをよく考え直すとよい．次に似た構造の問題に出会ったとき，大きな力になる．

6-2 解答 (1) ア：4
$$a_n=イ\cdot ウ^{n-1}+エ：a_n=2\cdot3^{n-1}+4$$
(2) オ：6　$p_{n+1}=カ\,p_n-キ：p_{n+1}=3p_n-8$
$$p_n=ク\cdot ケ^{n-1}+コ：p_n=2\cdot3^{n-1}+4$$
(3) サ，シ：③，⓪　スセ，ソ：-4，1
(4) $b_n=タ^{n-1}+チ n-ツ：b_n=3^{n-1}+4n-1$
(5) $c_n=テ\cdot ト^{n-1}+ナ n^2+ニ n+ヌ：$
$$c_n=2\cdot3^{n-1}+2n^2+4n+8$$

アドバイス 教科書に載っているタイプの漸化式 $a_{n+1}=3a_n-8$ の解き方を参考に，より複雑な漸化式 $b_{n+1}=3b_n-8n+6$ や $c_{n+1}=3c_n-4n^2-4n-10$ の解き方を考える問題．(2)は，もとの数列 $\{b_n\}$ から問題文に従って新しい数列 $\{p_n\}$ を作れば，大きな困難なしに解決できるだろう．しかし(3)は，本書でいえば POINT 129 の発想を用いるのだが，一度は同じような問題に触れた経験がないと，正しく問題文の誘導についていくのは難しいだろう．サ，シ に正解できなかった人は，完全に理解できるまでずっと考えてほしい．

解説 (1) $a_{n+1}-k=3(a_n-k)$ は $a_{n+1}=3a_n-2k$ と同値である．これが $a_{n+1}=3a_n-8$ と同じ漸化式になるのは $-2k=-8$，すなわち $k=4$ のときである．
$a_{n+1}-4=3(a_n-4)$（$n=1,\ 2,\ 3,\ \cdots$）だから，$\{a_n-4\}$ は初項 $a_1-4=6-4=2$，公比3の等比数列で，一般項は $a_n-4=2\cdot3^{n-1}$，よって，$a_n=2\cdot3^{n-1}+4$ である．

(2) まず $p_1=b_2-b_1=10-4=6$ である．そして，すべての n に対して成立する2つの等

式
$$b_{n+2}=3b_{n+1}-8(n+1)+6,$$
$$b_{n+1}=3b_n-8n+6$$

を辺々ひき算して,

$b_{n+2}-b_{n+1}=3(b_{n+1}-b_n)-8$, すなわち

$p_{n+1}=3p_n-8$ を得る. これで, 2つの数列 $\{p_n\}$ と $\{a_n\}$ は, 初項と漸化式が共通しているとわかった. よって, $\{p_n\}$ の一般項は $\{a_n\}$ と同じく, $p_n=2\cdot3^{n-1}+4$ である.

(3) シ における n を $n+1$ にとりかえると サ になるようにしたい. それには, 与えられた選択肢の中では, シ を b_n+sn+t に, サ を $b_{n+1}+s(n+1)+t$ にするしかない.

$q_{n+1}=3q_n$ は

$b_{n+1}+s(n+1)+t=3(b_n+sn+t)$ に, さらに
$$b_{n+1}=3b_n+2sn+(-s+2t)$$

に書き換えられる. これを

$b_{n+1}=3b_n-8n+6$ と一致させるには,

$2s=-8$ かつ $-s+2t=6$, すなわち

$s=-4$ かつ $t=1$ とすればよい.

(4) (2)の方法では, $n\geqq2$ に対して
$$b_n=b_1+\sum_{k=1}^{n-1}p_k$$
$$=4+\sum_{k=1}^{n-1}(2\cdot3^{k-1}+4)$$
$$=4+\frac{2(3^{n-1}-1)}{3-1}+4(n-1)$$
$$=3^{n-1}+4n-1$$

を求め, これが $n=1$ のときも通用することを確かめる.

(3)の方法では, $q_1=b_1-4\cdot1+1=1$ と $q_{n+1}=3q_n$ ($n=1,\ 2,\ 3,\ \cdots$) より

$q_n=1\cdot3^{n-1}=3^{n-1}$, よって $b_n-4n+1=3^{n-1}$, ゆえに, $b_n=3^{n-1}+4n-1$, とする.

(5) (3)の方法を用いるとすると, 定数 $u,\ v,\ w$ を
$$c_{n+1}+u(n+1)^2+v(n+1)+w$$
$$=3(c_n+un^2+vn+w)$$

となるように決めればよい. これを

$c_{n+1}=\cdots$ の式に書き換えて与えられた漸化式と見比べると, $u=-2,\ v=-4,\ w=-8$

とすればよいとわかる. $\{c_n\}$ の一般項は,
$$c_n=(c_1-2\cdot1^2-4\cdot1-8)\cdot3^{n-1}+2n^2+4n+8$$
$$=2\cdot3^{n-1}+2n^2+4n+8$$

である.

補説 (5)の $\{c_n\}$ の一般項の求め方は, 解説では計算の過程を詳しく書いていないのだが, 実際にやってみるとかなり大変である. これは「(2)の方法」でも「(3)の方法」でも, 同じくらい面倒である. 必要な労力の相場感を知るのは受験生には大切なことなので, ただ解説を読んで終わりにするのではなく, 「(2)の方法」「(3)の方法」両方について, 自分の力で計算を完遂する——途中で何回もまちがえるだろうが, そのつど自力で修正して——ことを強くすすめる.

7-1 解答　(1) アイ：45　ウエ：15

オカ：47　$\dfrac{\text{キ}}{\text{ク}}:\dfrac{a}{5}$　$\dfrac{\text{ケ}\sqrt{\text{コサ}}}{\text{シ}}:\dfrac{3\sqrt{11}}{8}$

ス：①

(2) セ：4　ソタチ.ツテ：112.16

トナニ.ヌネ：127.84

(3) ノ：②　ハ.ヒ：1.5

📝 **アドバイス**　教科書に載っている基礎的なこと，公式として示されていることだけをまんべんなく問う問題．難しくはないので，一つ一つの事項の自分の理解を確認しながら解き進められるはずだ．

解説　(1) 上級コース登録者は留学生全体の$(100-20-35)\%=45\%$いる．確率変数Xの分布は
$$P(X=10)=0.20,\quad P(X=8)=0.35,$$
$$P(X=6)=0.45$$
で与えられるから，その平均$E(X)$と分散$V(X)$は
$$E(X)=10\times0.20+8\times0.35+6\times0.45$$
$$=7.5=\frac{15}{2},$$
$$V(X)=\left(10-\frac{15}{2}\right)^2\times0.20$$
$$+\left(8-\frac{15}{2}\right)^2\times0.35+\left(6-\frac{15}{2}\right)^2\times0.45$$
$$=\frac{47}{20}$$
である．

確率変数Yは二項分布$B(a,\ 0.20)$に従う．よって，
$$E(Y)=a\times0.20=\frac{a}{5},$$
$$\sigma(Y)=\sqrt{a\times0.20\times(1-0.20)}=\frac{2\sqrt{a}}{5}$$
である．また確率変数Zは二項分布$B(a,\ 0.45)$に従うから
$$\sigma(Z)=\sqrt{a\times0.45\times(1-0.45)}=\frac{3\sqrt{11}\sqrt{a}}{20}$$
である．したがって，
$$\frac{\sigma(Z)}{\sigma(Y)}=\frac{3\sqrt{11}\sqrt{a}}{20}\cdot\frac{5}{2\sqrt{a}}=\frac{3\sqrt{11}}{8}$$
である．

$a=100$とするとき，$E(Y)=\dfrac{100}{5}=20$，

$\sigma(Y)=\dfrac{2\sqrt{100}}{5}=4$であり，$Y$は近似的に正規分布$N(20,\ 4^2)$に従うとしてよい．そこで$W=\dfrac{Y-20}{4}$とおくと，$W$は近似的に標準正規分布に従うとしてよい．これより
$$p=P(Y\geqq28)=P\left(\frac{Y-20}{4}\geqq\frac{28-20}{4}\right)$$
$$=P(W\geqq2)$$
$$=0.5-0.4772$$
$$=0.0228$$
と計算できて，　ス　に適する選択肢は①0.023である．

(2) 母分散が$\sigma^2=640$のとき，大きさ40の標本平均の標準偏差は$\dfrac{\sqrt{640}}{\sqrt{40}}=4$である．標本平均が120なので，母平均$m$に対する信頼度95%の信頼区間は
$$120-1.96\times4\leqq m\leqq120+1.96\times4$$
である．よって，$C_1=120-1.96\times4=112.16$，$C_2=120+1.96\times4=127.84$である．

(3) 母平均，母分散が同じ母集団から標本平均を作り母平均を区間推定するとき，標本の大きさを大きくすれば当然推定の精度が良くなる．だから，区間$C_1\leqq m\leqq C_2$より区間$D_1\leqq m\leqq D_2$の方が狭い（詳しくは，区間の幅が$\dfrac{1}{\sqrt{40}}:\dfrac{1}{\sqrt{50}}$になっている）．標本平均は120で変わらないので，これは$C_1<D_1$かつ$D_2<C_2$を意味する．

母分散がσ^2，標本の大きさがnのとき，信頼度95%の信頼区間の幅は$2\times1.96\dfrac{\sigma}{\sqrt{n}}$である．$\sigma$が$\sqrt{\dfrac{960}{640}}=\sqrt{\dfrac{3}{2}}$倍になってもこの幅を変えないためには，$\sqrt{n}$を$\sqrt{\dfrac{3}{2}}$倍にする．すなわち，$n$を$\dfrac{3}{2}=1.5$倍にすればよい．

補説　(3)ではまず，同じ母集団で標本調査をするとき，（同じ信頼度での）信頼区間の幅は，

標本の大きさが大きいほど狭くなる……という，まったく当たり前のことが問われている．がんばってたくさんの標本を集めても推定の精度がまるで上がらないのでは，がんばる甲斐もない．ただし，(この問題では関係ないが)それでは標本の大きさを4倍にしたら信頼区間の幅が $\dfrac{1}{4}$ になるかというと，そうは話は甘くないのだった $\left(\dfrac{1}{\sqrt{4}}=\dfrac{1}{2}\ \text{倍 になる}\right)$．これは十分気をつけなければいけないことである．

　次に，母分散が「640ではなく960」と，はじめに思っていたより大きかったらどうなるかが問われている．計算の詳細は解説に述べた通りだが，なによりまず，「分散が大きい → 変量の散らばりが大きい → 全体の傾向がつかみにくくなる → これまでと同じ信頼区間の幅を保証するには，標本をこれまでより大きくしなければならない」と，定性的に思考できるのが望ましい．その上で具体的な計算をはじめれば，とんでもない勘違いはしないですむだろう．

7-2 **解答** (1) 0.アイ：0.25　ウエオ：100
(2) カ：② キ：②
(3) ク：1 ケ，コ：4，2 サ：3 シス：11
セ：②

💡**アドバイス** (1)，(2)では，もともと母集団のうちの25％が持つとわかっている性質について，標本調査をしたときに，その性質を持つ個体がどのくらいあるかを考えている．教科書にも同様の例題が載っていることが多いだろう．問題文に述べられた考え方に従って答えていけばよい．

　一方(3)では，確率密度関数をまず自分で作ることからはじめる．こんなことはしたことがない，という受験生もいるだろう．とはいえ，実際に解答者がするべきことは1次関数 $f(x)=ax+b$ の定積分にすぎず，決して難しい問題ではない．むやみに怖れず，よく問題文を読んで前進しよう．

解説 (1)　A地区でジャガイモ1個をとるとき，それが200gを超える確率は0.25である．よって，Z は二項分布 $B(400,\ 0.25)$ に従い，$E(Z)=400\times0.25=100$，$V(Z)=400\times0.25\times(1-0.25)=75$，$\sigma(Z)=\sqrt{75}=5\sqrt{3}$ である．

(2) $R=\dfrac{Z}{400}$ より，

$\sigma(R)=\dfrac{\sigma(Z)}{400}=\dfrac{5\sqrt{3}}{400}=\dfrac{\sqrt{3}}{80}$ である．R は近似的に正規分布 $N\left(0.25,\ \left(\dfrac{\sqrt{3}}{80}\right)^2\right)$ に従うとしてよい $\left(\text{なお，}E(R)=\dfrac{E(Z)}{400}=\dfrac{100}{400}=0.25\right)$．

　$0.0465=0.5-0.4535$ であり，標準正規分布表で確率 0.4535 に対応する z_0 の値は 1.68 である．

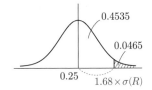

よって，$P(R\geqq x)=0.0465$ となる x の値は

$0.25+1.68\times\dfrac{\sqrt{3}}{80}=0.25+0.021\times1.73$

$=0.28633$

であり，$\boxed{\text{キ}}$ に適する選択肢は② 0.286 である．

(3) X は必ず 100 以上 300 以下の値をとるので，$P(100\leqq X\leqq300)=1$ である．一方，

$P(100\leqq X\leqq300)$

$=\displaystyle\int_{100}^{300}f(x)\,dx=\int_{100}^{300}(ax+b)\,dx$

$=\left[\dfrac{a}{2}x^2\right]_{100}^{300}+\left[bx\right]_{100}^{300}$

$=\dfrac{a}{2}\cdot80000+b\cdot200$

$=4\cdot10^4a+2\cdot10^2b$

である．したがって，

$4\cdot10^4a+2\cdot10^2b=1$　…① である．

　また，問題文にあるように $E(X)=180$ か

ら $\dfrac{26}{3} \cdot 10^6 a + 4 \cdot 10^4 b = 180$ $\cdots$② が導かれ

る．②−①×2・10^2 より $\dfrac{2}{3} \cdot 10^6 a = -20$，す

なわち $a = -3 \cdot 10^{-5}$ を得る．これを①に代

入して $-1.2 + 2 \cdot 10^2 b = 1$，すなわち

$b = 1.1 \cdot 10^{-2}$，つまり $b = 11 \cdot 10^{-3}$ を得る．

よって，$f(x) = -3 \cdot 10^{-5} x + 11 \cdot 10^{-3}$ である．

したがって，

$$P(X \geqq 200)$$
$$= P(200 \leqq X \leqq 300)$$
$$= \int_{200}^{300} f(x)\,dx$$
$$= \int_{200}^{300} (-3 \cdot 10^{-5} x + 11 \cdot 10^{-3})\,dx$$
$$= \left[\frac{-3 \cdot 10^{-5}}{2} x^2 \right]_{200}^{300} + \left[11 \cdot 10^{-3} x \right]_{200}^{300}$$
$$= \frac{-3 \cdot 10^{-5}}{2} \cdot 50000 + 11 \cdot 10^{-3} \cdot 100$$
$$= -0.75 + 1.1$$
$$= 0.35$$

であり，$\boxed{\text{セ}}$ に適する選択肢は② 35 である．

補説 (1)，(2)はもちろん(3)も自然で平易な問
題なのだが，「正規分布以外の確率密度関数な
んて考えたこともない…」という受験生には
難しく感じられたかもしれない．しかし，統
計の現場では確率密度関数が前もってわから
ないことなどよくあることであり（それだけ
にはじめから正規分布で近似できるとわかっ
ている二項分布や標本平均の分布は貴重なの
だ），(3)のようにして確率密度関数を自作する
のも普通のことである．もっとも，そのため
には平均 $m = \int_{100}^{300} x f(x)\,dx$ がこのように表
されることを知らねばならないが，ここでは
これは問題文に書いてあり，しかも具体的な
計算結果まで書いてある．

日頃から，授業で習うことに加えて，ほんの
少しでもいろいろ自分で考えてみる習慣のあ
る人には，面白く考えられる問題であろう．

7-3 解答 (1) ア：⓪ イ：⑦ ウ：④

エ：⑤ オカキ，クケコ：193，207

(2) サ，シ：②，⑥ ス：⑦ セ：①

ソ：① タ：⓪

アドバイス 標本平均に対する推定と検定に
ついて，基本的なことを正しく学べているか
どうかを問う，至って穏やかな問題である．
この問題であれば，ぜひ，完璧に正確に解き切
ってほしい．事前の学習の段階でもしわから
ないところがあれば，それは明らかに基礎力
不足なので，必ずしっかり復習しよう．

解説 (1) X の母平均が m，母標準偏差が σ

であり，標本数 49 は十分に大きいので，標

本平均 $\overline{X}$ は平均 m，標準偏差 $\dfrac{\sigma}{\sqrt{49}} = \dfrac{\sigma}{7}$

の正規分布に近似的に従う．そして

$W = 125000 \overline{X}$ だから，W は平均 $125000 m$，

標準偏差 $|125000| \cdot \dfrac{\sigma}{7} = \dfrac{125000}{7} \sigma$ の正規分

布に近似的に従う．

以下，$\sigma = 2$ だと仮定する．このことと，

花子さんたちが調べた 49 区画での 1 区画あ

たりの MP の個数の平均値が 16 であった

ことから，M に対する信頼度 95 % の信頼区

間は

$$125000 \cdot 16 - 1.96 \cdot \frac{125000}{7} \cdot 2$$
$$\leqq M \leqq 125000 \cdot 16 + 1.96 \cdot \frac{125000}{7} \cdot 2$$

である．計算して，これは

$1930000 \leqq M \leqq 2070000$，すなわち

$$193 \times 10^4 \leqq M \leqq 207 \times 10^4$$

となる．

(2) 問題文に「今年の母平均 m が昨年と異な

るといえる」かを仮説検定するとあるので，

ここでは，検定により得たい結論はこのこ

とだと考える．したがって，この否定であ

る「今年の母平均は昨年と異ならない」を帰

無仮説とする．昨年の調査によると 1 区画

あたりの MP の個数の母平均は 15 だから，

これは帰無仮説として「今年の母平均は 15

である」を設定するということである。そして対立仮説はその否定，「今年の母平均は15ではない」である。

母標準偏差は今年も（昨年も）2として考えるので，帰無仮説のもとで，$\overline{X}$ は平均15，標準偏差 $\dfrac{2}{\sqrt{49}}=\dfrac{2}{7}$ の正規分布に近似的に従う。よって，確率変数

$$Z=\frac{\overline{X}-15}{\dfrac{2}{7}}$$

は標準正規分布に近似的に従う。

花子さんたちの調査結果「1区画あたりの平均が16」は，この Z の値が

$$Z=\frac{16-15}{\dfrac{2}{7}}=3.5$$

であったことに相当する。したがって，帰無仮説が正しいとすると，母平均と調査結果の平均の間に $16-15$，すなわち1以上の差が生じる確率は近似的に

$$P(Z\leqq-3.5)+P(Z\geqq3.5)$$
$$=(0.5-0.4998)+(0.5-0.4998)$$
$$=0.0004$$

であり，これは 0.05 より小さい。だから，有意水準5%で帰無仮説は棄却され，今年の母平均 m は昨年と異なるといえる。

補説 (1)は「母平均 m，母標準偏差 σ の母集団から大きさ n の標本を抽出するとき，その標本平均は近似的に正規分布 $N\!\left(m,\ \dfrac{\sigma^2}{n}\right)$ に従う」ことと，正規分布に従う確率変数による区間推定の考え方とを正確に理解していれば，困難なく解決する。a（アール）という単位にとまどう人もいるかもしれないが，「1aは100m²に等しい」ことを忘れていても，問題文に必要なことはすべて書いてあるので，困らない。

(2)が新課程で盛り込まれた仮説検定の問題である。帰無仮説の立て方は，問題文に従いつつ，「母平均は15である」と仮説することによって，そのあとの確率計算ができるように

する。対立仮説は「母平均は15ではない」であって「母平均は16である」ではないことに注意。「15である」が（有意水準5%で）棄却できたとしても，それを理由に「16である」と言えるわけではない。

ここで行われた検定は両側検定である。高校生が学ぶ検定には両側検定と片側検定があり，応用的な課題解決においてはどちらを用いるのが適切かはけっこう難しい問題なのだが，ここでは問題文の指示に従えば自然に両側検定をすることになる。

砂浜の1区画あたりのMPの個数が，本当は15である（帰無仮説）のに調査結果ではそれより1以上の差が出る（花子さんたちの調査では16となったが，ここでいうのはさらに17や14になる場合も含む）ということが起こる確率は，母標準偏差2，標本数49とするとき，0.0004，つまり0.04%である。これは有意水準を5%としても1%としても，「そんなことが起こるとは思えない」といえるような低い確率である。だから，母平均が昨年と同じ15だ，なんてことはないだろう，というわけだ。推論の流れを，よく理解しよう。

8-1 解答 (1) ア：5　$\dfrac{イ}{ウエ}$：$\dfrac{9}{10}$

$\dfrac{オ}{カ}\cdot\dfrac{キ}{ク}$：$\dfrac{2}{5}$, $\dfrac{1}{2}$　ケ：4

コ, $\sqrt{サ}$：3, $\sqrt{7}$

(2) シ：$-$　$\dfrac{ス}{セ}$：$\dfrac{1}{3}$　$\dfrac{ソ}{タチ}$：$\dfrac{7}{12}$　ツ：①

💡 **アドバイス**　座標空間内の話で, 2点A, Bの座標も与えられている(Bの座標ははじめは文字p, qで表されているが, (1)の最後ではp, qの値が求まる). そこで, ベクトルの成分を用いる計算と, 成分なしでベクトルの和と定数倍だけを用いる計算と, 双方をうまく使い分けて問題を解き進めることになる. この問題では, いくつかのベクトルの間に成り立つ等式を何回も問われている($\overrightarrow{OA}$などの係数を穴埋めで答える形式)が, これらの問題では成分を持ち出さずに計算していくのがよい.

　ツ に正しく答えるには, 点が三角形の内部にあることを, ベクトルの言葉ではどう表現するか, をしっかりわかっている必要がある(本書ではPOINT 155).

解説 (1) まず, $\overrightarrow{OA}=(-1,\ 2,\ 0)$より$|\overrightarrow{OA}|^2=(-1)^2+2^2+0^2=5$である. 次に, 3点O, D, Aはこの順に一直線上にありOD : OA＝9 : (9+1)＝9 : 10だから, $\overrightarrow{OD}=\dfrac{9}{10}\overrightarrow{OA}$である. これとCがABの中点であることを用いて

$$\overrightarrow{CD}=\overrightarrow{OD}-\overrightarrow{OC}$$
$$=\dfrac{9}{10}\overrightarrow{OA}-\dfrac{1}{2}(\overrightarrow{OA}+\overrightarrow{OB})$$
$$=\dfrac{2}{5}\overrightarrow{OA}-\dfrac{1}{2}\overrightarrow{OB}$$

を得る. したがって,

$$\overrightarrow{OA}\cdot\overrightarrow{CD}=\overrightarrow{OA}\cdot\left(\dfrac{2}{5}\overrightarrow{OA}-\dfrac{1}{2}\overrightarrow{OB}\right)$$
$$=\dfrac{2}{5}|\overrightarrow{OA}|^2-\dfrac{1}{2}\overrightarrow{OA}\cdot\overrightarrow{OB}$$
$$=\dfrac{2}{5}\cdot5-\dfrac{1}{2}\overrightarrow{OA}\cdot\overrightarrow{OB}$$

$$=2-\dfrac{1}{2}\overrightarrow{OA}\cdot\overrightarrow{OB}$$

であるが, $\overrightarrow{OA}\perp\overrightarrow{CD}$よりこの値は0に等しい. よって, $\overrightarrow{OA}\cdot\overrightarrow{OB}=4$である.

　以上と同様の議論により, 問題文にある$|\overrightarrow{OB}|^2=20$も得られる.

　$\overrightarrow{OA}=(-1,\ 2,\ 0)$, $\overrightarrow{OB}=(2,\ p,\ q)$をまず$\overrightarrow{OA}\cdot\overrightarrow{OB}=4$に代入して$-2+2p=4$, すなわち$p=3$がわかる. よって, $\overrightarrow{OB}=(2,\ 3,\ q)$で, これを$|\overrightarrow{OB}|^2=20$に代入して$4+9+q^2=20$, ここで$q>0$より$q=\sqrt{7}$がわかる. ゆえに, Bの座標は$(2,\ 3,\ \sqrt{7})$である.

(2)　$\overrightarrow{OH}=s\overrightarrow{OA}+t\overrightarrow{OB}$としたので, $\overrightarrow{GH}=-\overrightarrow{OG}+\overrightarrow{OH}=-\overrightarrow{OG}+s\overrightarrow{OA}+t\overrightarrow{OB}$である. これを, $\overrightarrow{GH}\perp\overrightarrow{OA}$, $\overrightarrow{GH}\perp\overrightarrow{OB}$から導かれる$\overrightarrow{GH}\cdot\overrightarrow{OA}=0$, $\overrightarrow{GH}\cdot\overrightarrow{OB}=0$に代入して,

$$-\overrightarrow{OG}\cdot\overrightarrow{OA}+s|\overrightarrow{OA}|^2+t\overrightarrow{OA}\cdot\overrightarrow{OB}=0,$$
$$-\overrightarrow{OG}\cdot\overrightarrow{OB}+s\overrightarrow{OA}\cdot\overrightarrow{OB}+t|\overrightarrow{OB}|^2=0$$

を得る. ここで
$$\overrightarrow{OG}\cdot\overrightarrow{OA}=(4,\ 4,\ -\sqrt{7})\cdot(-1,\ 2,\ 0)=4,$$
$$\overrightarrow{OG}\cdot\overrightarrow{OB}=(4,\ 4,\ -\sqrt{7})\cdot(2,\ 3,\ \sqrt{7})=13$$

であることと, (1)で求めた$|\overrightarrow{OA}|^2=5$, $\overrightarrow{OA}\cdot\overrightarrow{OB}=4$, $|\overrightarrow{OB}|^2=20$を用いて, これは
$$-4+5s+4t=0,\quad -13+4s+20t=0$$

と書きかえられる. これを解いて, $s=\dfrac{1}{3}$, $t=\dfrac{7}{12}$を得る.

　以上より, $\overrightarrow{OH}=\dfrac{1}{3}\overrightarrow{OA}+\dfrac{7}{12}\overrightarrow{OB}$ …(*)である. $\dfrac{1}{3}$, $\dfrac{7}{12}$はともに0より大きく, $\dfrac{1}{3}+\dfrac{7}{12}=\dfrac{11}{12}$は1より小さいから, Hは△OABの内部の点である. この時点で, ツ として選択肢③, ④は適さないとわかる. ⓪, ①, ②のどれが適するかを知るために, (*)を$\overrightarrow{OC}$を用いた等式に変形する. $\overrightarrow{OC}=\dfrac{1}{2}(\overrightarrow{OA}+\overrightarrow{OB})$より$\overrightarrow{OA}=2\overrightarrow{OC}-\overrightarrow{OB}$

で，これを（＊）に代入して

$$\overrightarrow{OH}=\frac{1}{3}(2\overrightarrow{OC}-\overrightarrow{OB})+\frac{7}{12}\overrightarrow{OB}$$
$$=\frac{1}{4}\overrightarrow{OB}+\frac{2}{3}\overrightarrow{OC}$$

を得る．$\frac{1}{4}$，$\frac{2}{3}$ はともに 0 より大きく，

$\frac{1}{4}+\frac{2}{3}=\frac{11}{12}$ は 1 より小さいから，H は

△OBC の内部の点である．よって，⬚ツ

には①が適する．

補説　たくさんの点が登場するが，(1)までに現れた点のうち(2)でも話題になるのは，原点O，2点A，B，そして AB の中点Cだけである．そして(2)は（誤解を生まないために問題文は丁寧に書いてあるが，結局は）「点Gから平面OABに下ろした垂線の足Hは，△OAC，△OBC，△OAB とどのような位置関係にあるか？」という問題である．

(1)では C，D，E についての情報をもとにBの座標を確定する．そこではベクトルの大きさ，内分点や外分点のベクトルによる表示，内積の計算，直交の処理など，ベクトルの基本的な手法の総復習となる．そして，B の座標が求まれば（この問題では）D，E の存在は忘れてよい．

一方(2)では，$\overrightarrow{OH}=\frac{1}{3}\overrightarrow{OA}+\frac{7}{12}\overrightarrow{OB}$ を得たあと，これを解釈してHの位置を考えることになる．⬚ツ の選択肢③，④が除外されたあとは，この等式から $\overrightarrow{OA}$ か $\overrightarrow{OB}$ を消去して $\overrightarrow{OC}$ を含むように変形する．解説では $\overrightarrow{OA}$ を消去したが，もちろん $\overrightarrow{OB}$ を消去してもよい．こうすると $\overrightarrow{OH}=-\frac{1}{4}\overrightarrow{OA}+\frac{7}{6}\overrightarrow{OC}$ となり，$-\frac{1}{4}$ が負であることから選択肢⓪，②が否定できる．

8-2 解答　(1) $\dfrac{アイ}{ウ}:\dfrac{-2}{3}$

エ，オ：①，⓪　カ，キ：④，⓪　$\dfrac{ク}{ケ}:\dfrac{3}{5}$

(2) $\dfrac{コ}{サ t - シ}:\dfrac{3}{5t-3}$　ス：③　セ：⓪

(3) $\sqrt{ソ}:\sqrt{6}$　タ：−

チ$\overrightarrow{OA}$＋ツ$\overrightarrow{OB}:2\overrightarrow{OA}+3\overrightarrow{OB}$　$\dfrac{テ}{ト}:\dfrac{3}{4}$

💡アドバイス　状況の設定も問題の設定もなかなか複雑で，全容を把握するのは大変である．試験場では，わけがわかる前にとにかくどんどん指示に従って計算していった人も多かっただろう．しかし，受験の準備のためにこの問題を教材として用いて勉強するのであれば，落ち着いてよく考えたい．

特に(2)では，∠OCQ は直角だと定めてしまったので，状況は実はそれほど複雑ではない．

解説　(1) $\overrightarrow{OA}\cdot\overrightarrow{OB}=|\overrightarrow{OA}||\overrightarrow{OB}|\cos\angle AOB$

$=1\cdot1\cdot\cos\angle AOB$ で，一方 $\overrightarrow{OA}\cdot\overrightarrow{OB}=-\dfrac{2}{3}$

だから，$\cos\angle AOB=-\dfrac{2}{3}$ である．また，

$$\overrightarrow{OQ}=k\overrightarrow{OP}=k((1-t)\overrightarrow{OA}+t\overrightarrow{OB})$$
$$=(k-kt)\overrightarrow{OA}+kt\overrightarrow{OB}$$

であり，したがって，

$$\overrightarrow{CQ}=\overrightarrow{OQ}-\overrightarrow{OC}$$
$$=((k-kt)\overrightarrow{OA}+kt\overrightarrow{OB})+\overrightarrow{OA}$$
$$=(k-kt+1)\overrightarrow{OA}+kt\overrightarrow{OB}$$

である．そして

$$\overrightarrow{OA}\cdot\overrightarrow{OP}=\overrightarrow{OA}\cdot((1-t)\overrightarrow{OA}+t\overrightarrow{OB})$$
$$=(1-t)|\overrightarrow{OA}|^2+t\overrightarrow{OA}\cdot\overrightarrow{OB}$$
$$=(1-t)\cdot1^2+t\cdot\left(-\frac{2}{3}\right)$$
$$=1-\frac{5}{3}t$$

なので，$\overrightarrow{OA}\perp\overrightarrow{OP}$ となるのは $1-\dfrac{5}{3}t=0$，

すなわち $t=\dfrac{3}{5}$ のときである．

(2) $\overrightarrow{CO}\cdot\overrightarrow{CQ}=\overrightarrow{OA}\cdot((k-kt+1)\overrightarrow{OA}+kt\overrightarrow{OB})$
$$=(k-kt+1)|\overrightarrow{OA}|^2+kt\overrightarrow{OA}\cdot\overrightarrow{OB}$$
$$=(k-kt+1)\cdot1^2+kt\cdot\left(-\frac{2}{3}\right)$$
$$=-\frac{5t-3}{3}k+1$$

であることと，∠OCQ＝90° から

$\overrightarrow{CO}\cdot\overrightarrow{CQ}=0$ であることより，$k=\dfrac{3}{5t-3}$ で

ある（$t \neq \dfrac{3}{5}$ としていることより，この分母が 0 になることはない）．

　t の値を 0 から 1 まで変動させて考えると，$0 < t < \dfrac{3}{5}$ では点 Q が $D_2 \cap E_2$ に，$\dfrac{3}{5} < t < 1$ では点 Q が $D_1 \cap E_1$ に，それぞれ属することがわかる（なお $t = \dfrac{3}{5}$ のときは点 Q を適切にとれない）．

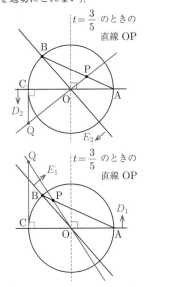

$t = \dfrac{3}{5}$ のときの直線 OP

$t = \dfrac{3}{5}$ のときの直線 OP

(3)　$t = \dfrac{1}{2}$ のとき，②より $k = \dfrac{3}{5 \cdot \dfrac{1}{2} - 3} = -6$ である．

これと①より，
$$\overrightarrow{OQ} = \left(-6 + 6 \cdot \dfrac{1}{2}\right)\overrightarrow{OA} - 6 \cdot \dfrac{1}{2}\overrightarrow{OB}$$
$$= -3\overrightarrow{OA} - 3\overrightarrow{OB}$$
だから，
$$|\overrightarrow{OQ}|^2 = |-3\overrightarrow{OA} - 3\overrightarrow{OB}|^2$$
$$= 9(|\overrightarrow{OA}|^2 + 2\overrightarrow{OA} \cdot \overrightarrow{OB} + |\overrightarrow{OB}|^2)$$
$$= 9\left(1^2 + 2 \cdot \left(-\dfrac{2}{3}\right) + 1^2\right) = 6,$$
よって，$|\overrightarrow{OQ}| = \sqrt{6}$ である．このときの Q を Q_1 とし，問題文にいう R を Q_2 としたの

が下の図（ここでは Q_1 に対応する P を P_1，Q_2 に対応する P を P_2 と記している）であり，$|\overrightarrow{OQ_2}| = |\overrightarrow{OQ_1}| = \sqrt{6}$ である．

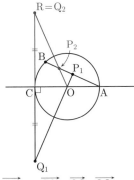

$$\overrightarrow{CQ_2} = -\overrightarrow{CQ_1} = \overrightarrow{OC} - \overrightarrow{OQ_1}$$
$$= -\overrightarrow{OA} - (-3\overrightarrow{OA} - 3\overrightarrow{OB})$$
$$= 2\overrightarrow{OA} + 3\overrightarrow{OB}$$

である．Q が Q_2 と一致するのは，(1)で求めた $\overrightarrow{CQ} = (k - kt + 1)\overrightarrow{OA} + kt\overrightarrow{OB}$ といま求めた $\overrightarrow{CQ_2} = 2\overrightarrow{OA} + 3\overrightarrow{OB}$ を見比べて，
$$k - kt + 1 = 2 \ \ \text{かつ} \ \ kt = 3$$
のときである．2式を辺々加えて $k + 1 = 5$，よって，$k = 4$，これを $kt = 3$ に代入して $4t = 3$，したがって，$t = \dfrac{3}{4}$．ゆえに，$t = \dfrac{3}{4}$ のとき，点 Q は点 Q_2，すなわち点 R と一致し，$|\overrightarrow{OQ}| = |\overrightarrow{OR}| = |\overrightarrow{OQ_2}| = \sqrt{6}$ となる．

補説　円 O と 3点 A，B，C は固定して考えられる．P は線分 AB 上の点であり，(1)の結果から，$t = \dfrac{3}{5}$ のとき OP が直線 AC と垂直になることがわかる．一方，Q は直線 OP 上の点であり，(2)以降では CQ が直線 AC と垂直である．

　ここまでの状況を正しく把握できると，(2)の ス ， セ はベクトルの計算をしなくても図を眺めればわかってしまう．「ベクトルの問題」といっても図形の問題でもあるので，図が有効に利用できるチャンスは大切にしたい．

　また(3)も，とりあえず図をかいてみれば，かなり安心して取り組めるのではないだろうか．

いきなり点Rが登場するが，図を見れば，$\overrightarrow{\mathrm{CR}}$（解説では $\overrightarrow{\mathrm{CQ_2}}$ としている）を O，A，B，C，$t=\dfrac{1}{2}$ のときの Q（解説では $\mathrm{Q_1}$）を用いたベクトルで表せるとすぐわかるだろう．

　筋道の込み入った問題を短時間に解けるようになるには日頃の練習が必要だが，それには「練習のときに速く解こうとする」ことだけではいけない．「ゆっくり徹底的にいろいろ考え尽くす」ことも大事である．

9-1 解答　ア：②

📝 アドバイス　xy 平面上で，x，y に関する 2 次方程式が表す図形は，いろいろある．1 次方程式であれば直線しか表さないのとはずいぶん状況が異なる．

　この問題は，教科書に説明されている基本的な考え方だけで答えられるように作られている．はじめに与えられた a，c，d，f の値をそのままに，b の値を 0 からだんだん増やしていくとどうなるか，式を見ながら想像すればよい．計算面では，平方完成がポイントとなる．

解説　$a=2$，$c=-8$，$d=-4$，$f=0$ から a，c，d，f の値を変えないとすると，方程式 $ax^2+by^2+cx+dy+f=0$ は
$$2x^2+by^2-8x-4y=0 \qquad \cdots ①$$
と変形できる．

● $b=0$ のとき，①は $2x^2-8x-4y=0$，すなわち
$$y=\frac{1}{2}x^2-2x$$
と変形できる．これは y が x の 2 次関数であることを示している．よって，そのグラフは（軸が y 軸に平行な）放物線である．

● $b>0$ のとき，①は平方完成により
$$2(x-2)^2+b\left(y-\frac{2}{b}\right)^2=8+\frac{4}{b} \qquad \cdots ②$$
と変形できる．ここで $8+\dfrac{4}{b}>0$ に注意する．このことから，このグラフは $b=2$ のときは円，$b \neq 2$ のときは楕円だとわかる．なぜなら，②は $b=2$ のときは $2(x-2)^2+2(y-1)^2=10$，すなわち $(x-2)^2+(y-1)^2=5$ と同値でありこれは円の方程式，$b \neq 2$ のときは
$$\frac{(x-2)^2}{\frac{1}{2}\left(8+\frac{4}{b}\right)}+\frac{\left(y-\frac{2}{b}\right)^2}{\frac{1}{b}\left(8+\frac{4}{b}\right)}=1$$
と同値であり，左辺の各項の分母が相異なる正数であることから，これは楕円の方程

式であるからである.

まとめると, b の値が $b \geqq 0$ の範囲で変化するとき, グラフは

$$\begin{cases} b=0 & \text{のとき} & \text{放物線,} \\ 0<b<2 & \text{のとき} & \text{楕円,} \\ b=2 & \text{のとき} & \text{円,} \\ 2<b & \text{のとき} & \text{楕円} \end{cases}$$

である. 他の図形は現れない.

補説　「x, y に関する 2 次方程式」の一般形は本来は

$$ax^2+pxy+by^2+cx+dy+f=0$$

である. しかし, $p \neq 0$ で xy の項が現れると (現行の) 高校課程での処理は (特別な場合を除いて) 難しくなる. そこで $p=0$ の場合に話を限定したのがこの問題で, これなら数学 C の教科書に載っていることだけで無理なく考えられる.

2 次方程式 $ax^2+by^2+cx+dy+f=0$ の表す図形を考えるには, 平方完成という計算技術が必須である. 基本的には,

$$ax^2+cx$$
$$=a\left(x^2+2\cdot\frac{c}{2a}x+\left(\frac{c}{2a}\right)^2-\left(\frac{c}{2a}\right)^2\right)$$
$$=a\left(x+\frac{c}{2a}\right)^2-\frac{c^2}{4a}$$

などの計算により, この方程式を

$$a\left(x+\frac{c}{2a}\right)^2+b\left(y+\frac{d}{2b}\right)^2$$
$$=-f+\frac{c^2}{4a}+\frac{d^2}{4b} \qquad \cdots \text{★}$$

と書き換えればよい. ただし, もし a や b が 0 に等しいと, ★ に「分母が 0 の分数式」が出現してしまうのでこうはできず, 特別扱いとなる. 以下ではまず $a \neq 0$, $b \neq 0$ として考える.

★ を見て, a, b, そして $-f+\dfrac{c^2}{4a}+\dfrac{d^2}{4b}$ の正負を調べる. その結果により, ★ が表す図形は, ほぼ楕円, 双曲線, 1 点, 2 直線, そして空集合, のいずれかになる――"ほぼ"というのは「$a=b$ かつ a, b, $-f+\dfrac{c^2}{4a}+\dfrac{d^2}{4b}$ が同

符号」のときだけ, ★ は円の方程式になるからである. 円は楕円の極限……と考えられる場面も数学にはあるのだが, 高校の教科書の定義に基づけば, 円は楕円ではないと言うべきである.

そして, 先ほど「特別扱い」と述べた, $a=0$ または $b=0$ のケースでは, c や d も 0 であって x や y が消えてしまわない限り, 元の方程式は放物線を表す. それは, x, y のうち 2 乗の項が消えてしまった方の文字について元の方程式を解いてみればすぐわかる.

……と, すべてをまとめて説明すればこうなるのだが, この問題では何しろ b 以外の係数は動かないので, 話は単純だ. b の値が 0, 1, 2, 3 くらいのときを実際に調べてみるだけでも, すぐに様子はつかめるだろう.

なお, 問題文の「方程式 $ax^2+by^2+cx+dy+f=0$ の a, c, d, f の値は変えずに,」のところ, 〈何から〉変えないのかがわかりづらいように思う.「さきほど設定した値から」を挿入するか, またはいっそ「$a=2$, $c=-8$, $d=-4$, $f=0$ としたままで」と書いたほうが, 解答者がとまどいにくかったと思う.

9-2　解答　$|w|=$ イ : $|w|=1$
ウ : ① エ : ③ オ : 6 カ : ⑥

🖈 アドバイス　複素数の加減乗除が, 複素数平面上の図形としてはどのような意味を持っているか. その一点だけきちんとわかっているかどうかを見たいという問題である. 加減についてはベクトルの計算と同様に考え, 乗除については絶対値と偏角に注目する. それに加え, ごくやさしい式計算 (因数分解など). それで, この問題にはすべて答えられる. しかし実際には, 初心者にはなかなか正しい考えの道筋が見えにくいとも思う. よくよくこの問題を研究してほしい.

解説　2 以上の整数 n で, A_1 と A_n が重なるものがとれるとする ($n \geqq 2$ のことは問題文に

チャレンジテスト解答

はっきり書かれてはいないが，そうだと思わないと不自然である）．このとき $w=w^n$ であるから，$|w|=|w^n|$，つまり $|w|=|w|^n$ であり，これは $|w|^n-|w|=0$，すなわち $|w|(|w|^{n-1}-1)=0$ と同値である．$w \neq 0$ が前提であったから，$|w|^{n-1}-1=0$，つまり $|w|^{n-1}=1$ であり，$|w|>0$ と $n-1 \geqq 1$ を考えると，$|w|=1$ であることがわかる．

A_k，A_{k+1} を表す複素数は w^k，w^{k+1} であるから，

$$\begin{aligned}
A_kA_{k+1} &= |w^{k+1}-w^k| \\
&= |w^k(w-1)| \\
&= |w|^k|w-1| \\
&= 1^k|w-1| \quad (|w|=1 \text{ を用いた}) \\
&= |w-1|
\end{aligned}$$

である．また，

$$\begin{aligned}
\angle A_{k+1}A_kA_{k-1} &= \arg\left(\frac{w^{k-1}-w^k}{w^{k+1}-w^k}\right) \\
&= \arg\left(\frac{w^{k-1}(1-w)}{w^k(w-1)}\right) \\
&= \arg\left(-\frac{1}{w}\right)
\end{aligned}$$

である．A_kA_{k+1} も $\angle A_{k+1}A_kA_{k-1}$ も k によらずつねに一定だとわかる．

以下，$n=25$ のときを考える．A_1 と A_{25} が重なるので $w=w^{25}$，ここで $w \neq 0$ だから $1=w^{24}$ で，w は 1 の 24 乗根である．だから，A_{24} は点 1（複素数 1 が表す複素数平面上の点）と重なる．

A_1 から A_{25} までを順に線分で結んでできる図形が正 m 角形であるとする（$0<\arg w<\pi$ なので A_1 は点 1 や点 -1 とは

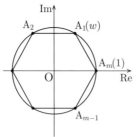

異なることに注意）．A_1，A_2，A_3，… と進むにつれ，点は単位円周上を一定の大きさの角（$\arg(w)$）だけ回転していき，A_m が点 1 と一致する．だから，$\arg(w)$ は「m 倍すると 2π

になる角」，すなわち $\dfrac{2\pi}{m}$ に等しい．これと $|w|=1$ をあわせて考えて，

$$w=\cos\frac{2\pi}{m}+i\sin\frac{2\pi}{m} \qquad \cdots ①$$

がわかる．

一方，A_m のあと，A_{2m}，A_{3m}，… も点 1 と一致する．このうちどれかが A_{24} である．だから，$jm=24$ となる正の整数 j が存在する．したがって，m は 24 の約数である．

これで，①での m の値の可能性は 3，4，6，8，12，24 に限られた（$w \neq 1$，$w \neq -1$ であり「正 1 角形」や「正 2 角形」はないことに注意）．逆に，このような m の値すべてに応じて正 m 角形が実際にできることは確かめられる（補説に掲げた図も参照）．これで，このようになる w の値は全部で 6 個あるとわかった．

正多角形に内接する円は，正多角形の辺 A_kA_{k+1} に対して，その中点で接する．この点を $P(p)$ とすると，

$$p=\frac{w^k+w^{k+1}}{2}=\frac{w^k(1+w)}{2}$$

である．さて，この円上の点 z は，いつでも $|z|=|p|$ をみたす（この値が $O(0)$ を中心とするこの円の半径だから）．このことと

$$\begin{aligned}
|p| &= \left|\frac{w^k(1+w)}{2}\right| = |w|^k \cdot \left|\frac{1+w}{2}\right| \\
&= 1^k \cdot \frac{|1+w|}{2} = \frac{|w+1|}{2}
\end{aligned}$$

より，つねに $|z|=\dfrac{|w+1|}{2}$ が成り立つとわかる．

[補説] 論理的に厳密な答案を書くのはなかなか大変だが，これはマークシート式の共通テストであるから，直観的な理解力が育っている受験者であれば，図をイメージしながらどんどん進めるだろう．

以下，この問題をより視覚的にイメージするための説明をしてみよう．

$|w|=r$, $\arg(w)=\theta$ とする. $r>0$,
$0<\theta<\pi$ である. $A_0(1)$, $A_1(w)$, $A_2(w^2)$, …,
$A_k(w^k)$, … という点列が, 複素数平面上でど
う分布するかを考えよう.

まず, $|w^k|=|w|^k=r^k$ だから, OA_0, OA_1,
OA_2, …, OA_k, … の長さは, 公比 r の等比数
列である. 番号が 1 つ進むと, OA_k の長さは
r 倍になる. このことから, 点列 A_0, A_1, A_2,
… は

$0<r<1$ ならば

どんどん O に近づいていく

$r=1$ ならば

ずっと O からの距離が 1 のままである

$1<r$ ならば

どんどん O から遠ざかっていく

とわかる. これだけで, この問題のテーマで
ある「A_1, A_2, A_3, … と点をとっていって再
び A_1 に戻る場合」が, $r=1$ でないと起こら
ないとわかる.

以下 $|w|=r=1$ だとする. このとき,
$w^{k+1}=w^k\cdot w$ であることから, 点 A_{k+1} は点
A_k を O を中心として角 $\arg(w)=\theta$ だけ回転
させた点である. つまり, A_0, A_1, A_2, … と
いう点列は, 番号が 1 つ進むと, 単位円上を角
θ だけ進む. この進み方は一様であるから,
A_k から A_{k+1} までの距離 A_kA_{k+1} や, A_k から
両隣の点 A_{k-1}, A_{k+1} を見込む角
$\angle A_{k+1}A_kA_{k-1}$ が一定であるのは当然である.

さて, A_1 と A_{25} が重なるとする. このとき,
それぞれの番号が 1 つ前の点, A_0 と A_{24} が重
なっている. これだけで, A_0, A_1, A_2, …, が,
O を中心として A_0 を 1 つの頂点とする正 24
角形の頂点のどれかであることがわかる. た
だし, 点どうしの重なりがあり得るので,「A_1
から A_{25} までを順に結んでできる図形」は正
24 角形だとは限らない. 具体的に図示すると,
次の 6 通りがあり得る.

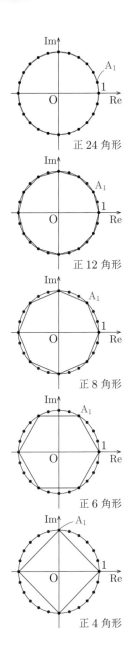

正 24 角形

正 12 角形

正 8 角形

正 6 角形

正 4 角形

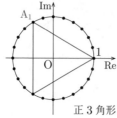

正 3 角形

最後の「正多角形に内接する円上の点」z が
つねにみたす性質は発想しにくいかもしれな
いが，この「円」が O を中心としていることか
ら $|z|$ が一定であることを想起できればよい．
これも，「正多角形」と「円」の中心が共通して
いるという，図形的には当然の事実がイメー
ジできていることが大切である．

　すらすら正答できる人は少ないかもしれな
い．問題文の流れに乗りにくいと感じる人も
いるだろう．しかしこの問題には，出題者の
「複素数平面の学習ではこういうことがわか
ってほしい！」という心情が込められている．
数学的には，きわめてまっとうな，本筋に位置
することが語られている．ぜひ，よく勉強し
て，ゆっくり考えてほしい．

　来月にははじめての大学入学共通テストがいよいよ実施されるという2020年の12月ごろ，旺文社の編集者の方から私は，共通テスト対策の本を書いてみないかと尋ねられました．

　非常にとまどったのをよく覚えています．それまで私は，高校生や受験生が数学を学ぶための参考書は何冊か書いていましたが，私の意識としてはあくまで「数学の力をつけるために」「数学を楽しく学ぶために」というつもりであって，何か特定の入学試験問題に対応するための本を書こうとは思っていなかったからです．もちろん，数学を筋よく基礎からきちんと学べば，そのこと自体が自然に受験対策になりますから，その意味では私のこれまでの本も受験向けの本でもあるでしょう．しかし，共通テスト対策！　とはっきり銘打った本を書く話が，こんな私のところにやってくるとは，まったくの予想外のことでした．

　その時点ではなにしろ，世の中に「共通テストの問題」が一つも存在しませんでした（試行調査の問題はありましたが）．共通テストの前身であるセンター試験の問題は大量にありましたが，新しい共通テストとセンター試験ではどこが似ていてどこが違うのか，まったくわからない状況でした．そこで私は「まずは共通テストの問題がどんなものかを見た上で，この本が書けそうかどうか考えます」とお返事して，共通テストの実施をじっと待ちました．

　実際に目にした第1回の共通テストの問題は，私には，数学の基礎，数学で大切な考え方にきちんと立脚したものが多いと感じられました．もちろん，問題によっていろいろですし，そもそも共通テストは圧倒的に時間が足りない試験である（これではせっかくの問題も数学的にしっかり考え抜くことが極めて難しい．できれば1教科あたり120分，せめて90分にならないものかと心底思います）ので一概にすべてを「よい，理想的だ」とは言えないのですが，出題された方々の数学と数学教育にかける情熱，「こういうことができてほしい」「こういうことが高校で学ぶ数学では大切なのだ」という主張と意気込みは十分に感じられるものでした．それで——私ごときが偉そうな物の言い方をしてしまって申し訳ないのですが——私も，これなら共通テストの本が書ける，と確信して，そこからがんばって，いまあなたが手にされている本ができあがるに至ったのでした．

　教員になってからの約25年，そしてそれ以前にも高校生・受験生として，私もそれなりには大学入試問題に触れてきました．また，さらに古い大学入試問題を調べたこともあります．長い年月にわたる大学入試問題を観察してみると，時代によって，問題の難易や傾向，そして「何を問うているか」「何が大切なこととされているか」が，けっこう変化していることがわかります．ときにはたいがいの高校生には無理だろうと思われる問題が多く見られ，ときにはパズルを解くキーを見つけられるかどうかの一点にかかっている問題が流行っています．それでは

——過去のことはいったんおくとして——いま，みなさんが高校生や受験生であるいまは，どうなのでしょうか．私には，いまは数学を真摯に学ぶ皆さんにとって，よい時代であると感じられます．それは，共通テストをはじめとして，さまざまな大学入試問題が，学問としての数学にとってもっとも大切なこと，これがわかっていなければ数学を理解したとは言えない基礎事項，をストレートにありのままに問おうとしているからです．もちろんいろいろな問題があり，受験する側の態勢もさまざまですから一概には言えませんが，全体的な潮流は明らかにそうだと，私は考えています．

　私はこの本を，そんな大きな流れに沿うように，この本を傍らに懸命に学んだ人たちが数学の大海原を力強く漕ぎ進められるように，と念じて書きました．そのために，高校での数学にとって大事なこと，決して譲れないことはなんだろうと（いつも考えていることとはいえ，改めて）深刻に考えて，それを1つ1つのTHEME，1つ1つの **POINT** にまとめていきました．ここで「共通テストでの成功のために必要になりそうなこと」と「学問としての数学にとって大事なこと」とが，多くの場合において一致してくれたからこそ，私はこの本を書けたのです．そしてこの本の執筆という経験は，数学の教員としての私にとっても非常に勉強になる，とても貴重なものでした．

　この本の内容は，決して容易なことばかりではありません．もともとの企画段階では「易しめに……」ということだったのですが，いま述べた通り，実際の共通テストに対応するために数学の要点はきちんと押さえようというつもりで書くと，なかなか容易なところばかりにはなりませんでした．それは，数学に限らず学問では基礎はだいたい易しくないということでもありますし，一方で，数学の基礎事項に立脚した共通テストが，よく言われるほど（しばしば，おのおのの大学が出題する二次試験と比べて言われるほど）易しい問題ではないということでもあります．確かに，共通テストの問題の解答例だけを見ると，使われていることは教科書に載っている基礎事項ばかりです．しかし，問題文の意図を正しく読み取り，誰でも知っているはずの基礎事項のうち有効なものを選り抜いてそれらを組み合わせて正解への道筋を構築することは，決して簡単なことではないのです．それには，基礎事項をただ「知っている」「覚えた」というだけではなく，その基礎事項がなぜ重要なのか，どのような文脈から現れた概念なのかをよくわかっている必要があります．これは基礎事項の理解そのものより一段ランクが上の難しいことで，すぐに誰でもできるようになることではありません．

　そこでこの本の読み方を考えましょう．ほとんどは CHAPTER 0 や「本書の構成と使い方」のページに書いたのですが，一つ追加させてください．この本では，各 **POINT** での解説，**EXERCISE** の問やその解説，さらに **GUIDANCE** や **PLUS**，とあちこちに，なるほどこの基礎事項は大事だ，これは初歩的なことだが興味深い，とみなさんに感じてもらえるような記述をちりばめたつもりです．ぜひ，何

度もあちこちを読み返してほしいです．一度目には気づかなかったことが，二度目，三度目にはいきなり見えるかもしれません．それは，学ぶという行為が本来的に持つ，大きな喜びです．

これまで旺文社さんから出版してきた本と同様に，今回も，原稿のチェックを同僚の﨑山理史先生に全面的にお願いしました．﨑山先生の鋭く緻密なご指摘を受けられることは，ほんとうに過分の幸運と思います．﨑山先生の高い数学の力と誠実なお人柄なしには，この本も形になることはなかったと思います．

また，旺文社の編集者の田村和久さん，そして小林健二さんには，いままでの本と同様に，企画そのものから編集・校正の作業まで大変にお世話になりました．私の都合のために原稿がまったく進まなかったこともあったのですが，そのたびに田村さんには親切なお心遣いをいただきました．田村さんの大きな度量と綿密なプランニングなしには，この本も存在し得ませんでした．

﨑山先生，田村さん，小林さん，そして（私が見ていないところで）ご尽力いただきました旺文社の方々や印刷製本，流通の方々に，この場を借りて，篤く御礼申し上げます．ありがとうございました．

この本はもともと，2023年度までの高等学校の指導要領に，そしてそれに基づいた大学入学共通テストに対応するように書いて，2022年8月に出版されたものでした．改訂された指導要領に合わせて，内容の一部を新しく書き直したのが，いまあなたが手に取ってくださったこの本です．みなさまのおかげで，新版を出せましたことを，大変幸せに思っています．

それでは，この本が，みなさんの数学ライフを楽しく充実したものにする助けになることを，心から祈っています！

2024年3月　松野陽一郎

著者紹介

松野陽一郎（まつの・よういちろう）

東京生まれ．武蔵高等学校，京都大学理学部卒業（数学専攻）．京都大学大学院理学研究科数学・数理解析専攻数学系修士課程修了．専攻は数理物理学，表現論．1997年より開成中学校・高等学校教諭．

"数学"と"人間"との関係を少しでもより幸せなものにできるように，日々努力している．本を読み，ピアノを弾く．2015年，第14回世界シャンチー（中国象棋）選手権大会にて，ノンチャイニーズ・ノンベトナミーズ部門6位入賞．

著書などに，

『プロの数学──大学数学への入門コース』（東京図書，2015），

『なるほど！とわかる微分積分』（東京図書，2017），

『なるほど！とわかる線形代数』（東京図書，2017），

『Excelが教師 高校の数学を解く』（正田良編著にて共著，技術評論社，2003），

『朝日中学生ウイークリー』（現『朝日中高生新聞』）に『数学ワールドの歩き方』を毎月連載（2013年4月～2014年3月），

『総合的研究 記述式答案の書き方─数学Ⅰ・A・Ⅱ・B』
（﨑山理史との共著，旺文社，2018），

『総合的研究 数学Ⅰ・A記述式答案の書き方問題集』（旺文社，2020），

『総合的研究 数学Ⅱ・B記述式答案の書き方問題集』（旺文社，2020），

『算数・数学で何ができるの？ 算数と数学の基本がわかる図鑑』
（監訳，東京書籍，2021），

『総合的研究 公式で深める数学Ⅰ・A──公式の意味がわかれば数学がわかる』
（旺文社，2021），

『総合的研究 公式で深める数学Ⅱ・B──公式の意味がわかれば数学がわかる』
（旺文社，2021），

『大学入学共通テスト数学Ⅰ・A集中講義 改訂版』（旺文社，2024），

『大学入学共通テスト数学Ⅱ・B・C集中講義 改訂版』（旺文社，2024）
がある．